电脑艺术设计系列教材

3ds max 2012 中文版实用教程
第 4 版

张凡　　等编著

设计软件教师协会　　　审

机械工业出版社

本书将艺术灵感和电脑技术相结合，全面介绍了 3ds max 2012 中文版的基本知识和使用方法。全书共 10 章，主要内容包括：3ds max 2012 的基本建模，常用编辑修改器，复合对象建模，高级建模，材质与贴图，灯光、摄影机、渲染与环境，动画与动画控制器，空间扭曲与粒子系统以及 Video Post（视频特效）。本书语言精练，通俗易懂，具有较强的实践性，使读者能够快速地掌握 3ds max 2012 的基本内容和使用方法。

本书内容丰富，实例典型，讲解详尽，既可作为大专院校及相关专业师生或社会培训班的教材，也可作为从事三维设计的初、中级用户的参考书。

图书在版编目（CIP）数据

3ds max 2012 中文版实用教程 / 张凡等编著. —4 版

—北京：机械工业出版社，2012.6（2015.1重印）
电脑艺术设计系列教材
ISBN 978-7-111-38325-3

Ⅰ. ①3… Ⅱ. 张… Ⅲ. ①三维动画软件

—教材 Ⅳ. ①TP391.41

中国版本图书馆 CIP 数据核字（2012）第 093539 号

机械工业出版社（北京市百万庄大街 22 号 邮政编码 100037）

责任编辑：王 凯

责任印制：张 楠

唐山丰电印务有限公司印刷

2015 年 1 月第 4 版·第 2 次印刷

184mm×260mm ·21.25 印张 ·527 千字

3001—4800 册

标准书号：ISBN 978-7-111-38325-3

ISBN 978-7-89433-550-0（光盘）

定价：49.00 元（含1DVD）

凡购本书，如有缺页、倒页、脱页，由本社发行部调换

电话服务 网络服务

社服务中心：(010) 88361066

销 售 一 部：(010) 68326294 门户网：http://www.cmpbook.com

销 售 二 部：(010) 88379649 教材网：http://www.cmpedu.com

读者购书热线：(010) 88379203 **封面无防伪标均为盗版**

前　　言

当您阅读本书时，您将接触到由著名的 Discreet 公司（Autodesk 公司下属的子公司）开发的优秀的三维设计软件 3ds max。如今，3ds max 已从最初的 1.0 版本发展到最新的 2012 版本，并在建筑效果图制作、动漫行业、游戏行业、影视片头和广告动画制作等领域得到了广泛应用，而且学习和使用 3ds max 的人也越来越多。但是对于国内的初学者来说，3ds max 的英文界面多少会造成一些障碍，使得很多人无法领略 3ds max 创造性的魅力。现在 Discreet 公司也注意到了 3ds max 在中国市场的无尽潜力，及时推出了 3ds max 的最新中文版本——3ds max 2012 中文版。

虽然对于想学习 3ds max 2012 的人来说，中文版本已经非常直观和容易接受，但是要了解使用 3ds max 的技法和 3ds max 2012 的新增功能，还必须深入学习。我们编写此书的目的就是希望所有喜欢并且正在学习 3ds max 的朋友，能够更快地掌握和了解 3ds max 2012。

本书将艺术灵感和电脑技术相结合，全面阐述了 3ds max 2012 中文版的使用方法和技巧。为了便于读者学习，本书随书光盘内包含大量的高清晰度视频教学文件；同时为了便于教师教学，随书光盘内还包含与图书相对应的教学课件。

与上一版相比，本书结构更加完整，同时添加了多个实用性更强的实例（比如制作山脉造型、勺子效果和冰块材质等）。

本书内容丰富，语言生动，结构清晰，实例典型，讲解详尽，富于启发性。书中实例均是各高校（北京电影学院、北京师范大学、中央美术学院、中国传媒大学、清华大学美术学院、首都师范大学、北京工商大学传播与艺术学院、首都经贸大学、天津美术学院、天津师范大学艺术学院、石家庄职业艺术学院等）教师从教学和实际工作中总结出来的。

本书由设计软件教师协会组织编写，主要作者有张凡、李岭，参与本书编写的人员还有谭奇、冯贞、李松、程大鹏、关金国、许文开、宋毅、李波、宋兆锦、于元青、孙立中、肖立邦、韩立凡、王浩、张锦、曲付、李羿丹、刘翔、田富源、顾伟和郭开鹤。

本书可作为大专院校相关专业师生或社会培训班的教材，也可作为三维设计爱好者的自学和参考用书。

由于作者水平有限，书中不妥之处，敬请读者批评指正。

编著

目　录

第1章 3ds max 2012概述

本章重点

学习本章，读者应了解 3ds max 的主要应用领域，熟悉 3ds max 2012 的操作界面和 3ds max 2012 版本的特色，掌握工具栏中常用工具的使用方法。

1.1 3ds max 2012介绍

三维动画制作技术作为近年来新兴的电脑艺术，发展势头非常迅猛，已经在许多行业得到了广泛的应用。本节将对 3ds max 2012 这个目前十分普及的三维制作软件作一个大体介绍。

1.1.1 认识3ds max 2012

3ds max 是一款非常成功的三维动画制作软件。随着版本的不断升级，3ds max 的功能越来越强大，应用的范围也越来越广泛，在诸多领域更是有着重要的地位，而且现在越来越多的外部插件使得 3ds max 更是如虎添翼，在画面表现和动画制作方面丝毫不逊于 Maya、Softimge 等专业软件，而且相对而言 3ds max 还比较容易掌握。

3ds max 目前的最高版本为 3ds max 2012，图 1-1 为它的启动界面。3ds max 2012 有着简单明了的操作界面、丰富简便的造型功能、简捷的材质贴图功能和更加便利的动画控制功能，更加贴近初级和中级用户。正是基于这些原因，3ds max 的用户越来越多，应用也越来越广泛，而且，如果把 3ds max 和其他相关软件结合使用，即使是电影特技这种复杂的应用都可以完成。通过本书的学习，没有接触过 3ds max 的用户可以了解 3ds max，初、中级用户能够得到一些提高，为以后更加深入地学习、掌握这一强大的工具打下良好的基础。

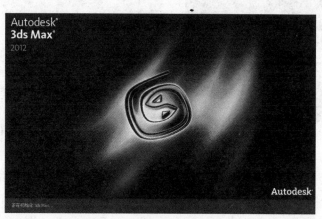

图 1-1　3ds max 2012 启动界面

1.1.2 3ds max 2012的应用领域

3ds max 2012 为各行业（建筑表现、场景漫游、影视动画、动漫角色、游戏角色、机械仿真等）提供了一个专业、易掌握和全面的解决方法。以下是 3ds max 2012 的主要应用领域。

1．动漫行业

随着动漫产业的兴起，三维电脑动漫片正逐步取代二维传统手绘动画片。而 3ds max 更是制作三维电脑动漫片的一个首选软件。图 1-2 为使用 3ds max 制作的动漫角色和场景（此图片出自动画片《超人家族》和《酒吧服务生》）。

图 1-2　3ds max 制作的动漫角色和场景

2．游戏行业

当前，许多电脑游戏中加入了大量的三维动画应用。细腻的画面、宏伟的场景和逼真的造型，使游戏的欣赏性和真实性大大增加，使得 3D 游戏的玩家越来越多，3D 游戏的市场不断扩大。图 1-3 为使用 3ds max 制作的游戏场景和角色（此图片出自游戏三国无双和 CS）。

图 1-3　3ds max 制作的游戏场景和角色

3．电影制作

现在制作的大部分电影都大量使用了 3D 技术，而由 3D 技术所带来的震撼效果在各种电影中的应用更是层出不穷。图 1-4 为使用 3ds max 制作的电影中的特效和场景（摘自电影《怪物史莱克 2》）。

4．工业制造行业

由于工业制造变得越来越复杂，其设计和改造也离不开 3D 模型的帮助。例如，在汽车行业，3D 的应用更为显著。图 1-5 为使用 3ds max 制作的汽车模型。

图 1-4 3ds max 制作的电影中的特效与场景

图 1-5 3ds max 制作的汽车模型

5. 电视广告

3D 动画的介入使得电视广告变得五彩缤纷，更加活泼动人。3D 动画制作不仅使广告制作成本比真实拍摄有明显下降，还显著提高了电视广告的收视率。图 1-6 为使用 3ds max 制作的电视广告。

图 1-6 3ds max 制作的电视广告

6. 科技教育

将 3D 动画引入课堂教学，可以明显提高学生的学习兴趣，教师们可以从繁琐的实物模型中解脱出来，增加与学生的互动。

7. 科学研究

科学研究是计算机动画应用的一大领域。利用计算机可以模拟出物质的微观状态，模拟分子、原子的高速运动，并且可以使它们的旋转速度减小或者停下来。

8. 军事技术

3ds max 被广泛应用于军事技术，比如最初导弹飞行的动态研究，以及爆炸后的轨迹研究。图 1-7 为使用 3ds max 制作的军事装备模型。

图 1-7　3ds max 制作的军事装备模型

9. 建筑行业

3ds max 在建筑行业的应用有很长的历史，利用它可以制作出逼真的室内外效果图。图 1-8 为使用 3ds max 制作的建筑效果图。

图 1-8　3ds max 制作的建筑效果图

1.2　3ds max 2012的用户界面

启动 3ds max 2012，即可进入用户界面，如图 1-9 所示。

3ds max 2012 用户界面可分为：快捷访问工具栏、菜单栏、主工具栏、视图区、命令面板、动画控制区和视图控制区 7 部分。

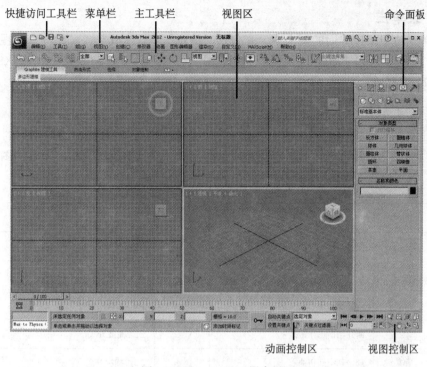

图 1-9　3ds max 2012 用户界面

1.2.1　快捷访问工具栏

快捷访问工具栏位于用户界面的左上方，如图 1-10 所示，它提供了 3ds max 2012 中一些最常用的文件管理命令。此外，用户还可以通过执行菜单中的"自定义 | 自定义用户界面"命令，在弹出的如图 1-11 所示的"自定义用户界面"对话框中自定义快速访问工具栏的相关工具按钮。

图 1-10　快捷访问工具栏　　　　　图 1-11　"自定义用户界面"对话框

1.2.2 菜单栏

菜单栏位于用户界面的最上方，它包括"编辑"、"工具"、"组"、"视图"、"创建"、"修改器"、"动画"、"图形编辑器"、"渲染"、"自定义"、MAXScript、"帮助"共 12 个菜单。

1.2.3 主工具栏

主工具栏位于菜单栏的下方，由多个图标和按钮组成，它将命令以图标的方式显示在主工具栏中。此工具栏包含了用户经常使用的工具。表 1-1 所示是这些工具的图标和名称。

表 1-1 主工具栏中工具的图标及名称

图标	名称	图标	名称
	撤销		使用轴点中心
	重做		使用选择中心
	选择并链接		使用变换坐标中心
	断开当前选择链接		三维捕捉开关
	绑定到空间扭曲		2.5维捕捉开关
	选择对象		二维捕捉开关
	按名称选择		角度捕捉切换
	矩形选择区域		百分比捕捉切换
	圆形选择区域		微调器捕捉切换
	围栏选择区域		编辑命名选择集
	套索选择区域		镜像
	绘制选择区域		选择过滤器
	交叉选择		对齐
	窗口选择		快速对齐
	法线对齐		放置高光
	对齐摄影机		对齐到视图
	层管理器		曲线编辑器（打开）
	图解视图（打开）		材质编辑器
	选择并移动		选择并操纵

（续）

图标	名称	图标	名称
	选择并旋转		选择并匀称缩放
	选择并非匀称缩放		选择并挤压
	阵列工具		快照
	间隔工具		克隆并对齐工具
YZ	锁定YZ轴	ZX	锁定ZX轴
XY	锁定XY轴		渲染设置
	渲染产品		渲染迭代
	键盘快捷键覆盖切换		自动栅格
X	锁定X轴	Y	锁定Y轴
Z	锁定Z轴	视图 ▼	参考坐标系

1.2.4 视图区

视图区占据了 3ds max 工作界面的大部分空间，它是用户进行创作的主要工作区域。建模、指定材质、设置灯光和摄像机等操作都在视图区进行。

视图区默认设置为：顶视图、前视图、左视图和透视图 4 个窗口，如图 1-12 所示。

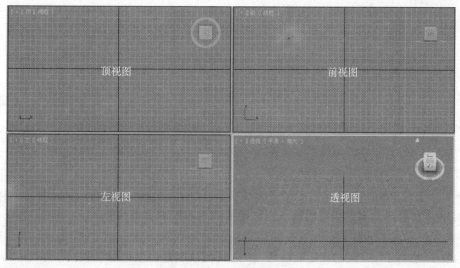

图 1-12 视图区

默认情况下，3ds max 2012 在各个视图的右上角都会有一个旋转图标，单击它可以在各个视图间进行切换。如果要隐藏旋转图标，取消勾选菜单中的"视图 |ViewCube| 显示 View-Cube"选项，即可将各个视图中右上角的旋转图标进行隐藏，如图 1-13 所示。

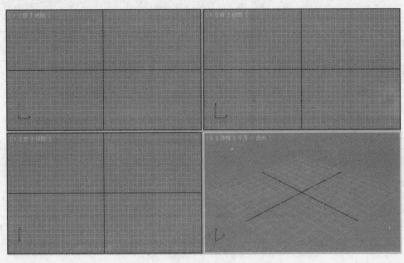

图 1-13　隐藏旋转图标后的视图

1.2.5　命令面板

默认状态下，命令面板位于用户界面的右侧，它是 3ds max 的核心工作区域，输入和调整参数都需在命令面板中进行，如图 1-14 所示。

1.2.6　动画控制区

动画控制区位于用户界面的右下方，如图 1-15 所示。它主要用于录制和播放动画以及设置动画时间。

图 1-14　命令面板　　　　　　　　　　　　　图 1-15　动画控制区

动画控制区中各按钮的功能如下。

　　：按下此按钮可以在当前位置添加一个关键点。这一功能对角色动画的制作非常有用，可以用少量的关键点实现角色从一种姿势向另一种姿势的变化。它的快捷键是〈K〉。

自动关键点：该按钮用于打开或关闭自动设置关键点的模式。当打开时，该按钮将变成红色，当前活动视图的边框也会变成红色，此时任何改变都会被记录成动画。再次单击该按钮，将关闭动画录制。

设置关键点：按下该按钮，将打开关键点设置模式。关键点设置模式允许同时对所选对象的多个独立轨迹进行调整。关键点设置模式赋予了用户任何时候对任何对象进行关键点设置的全部权利。

：按下该按钮可以在弹出的面板中设置"全部"、"位置"、"旋转"、"缩放"、"IK 参数"、"对象参数"、"自定义属性"、"修改器"、"材质"和"其他"关键点过滤选项。

- 转至开头：单击该按钮，可以使动画记录回到第 0 帧。
- 上一帧：单击该按钮，可以使动画记录回到前一帧。
- 播放动画：单击该按钮，开始播放动画。
- 下一帧：单击该按钮，可以使动画记录进到后一帧。
- 转至结尾：单击该按钮，可以使动画记录回到最后一帧。
- 时间配置：单击该按钮，可以设定动画的模式和总帧数。

1.2.7　视图控制区

视图控制区位于整个面板的右下角，如图 1-16 所示。

视图控制区中的工具可以在视图中直接使用，通过拖动鼠标就可以对视图进行放大、缩小或旋转等操作。注意，如果不是特殊需要，建议不要在顶视图、前视图和左视图中使用旋转视图工具。视图控制区中的工具图标及名称如表 1-2 所示。

图 1-16　视图控制区

表 1-2　视图控制区中的工具图标及名称

图标	名称
	缩放
	缩放所有视图
	最大化显示
	最大化显示选定对象
	所有视图最大化显示
	所有视图最大化显示选定对象
	缩放区域
	平移视图
	环绕
	环绕子对象
	选定的环绕
	最大化视口切换

1.3　3ds max 2012版本的特色

3ds max 2012 提供了用于创建模型和为模型应用纹理、设置角色动画和生成高质量图像的出色的新技术。3ds Max 2012 集成了可加快日常工作流程执行速度的工具，可显著提高个人和协作团队在处理游戏、视觉效果和电视制作时的工作效率。此外，艺术工作者可以专注于创新，自由地优化作品，并以最少的时间完成最高品质的最终输出成果。

1.3.1 "Slate 材质编辑器"改进功能

在 3ds max 2012 中，"Slate 材质编辑器"界面在各个方面都进行了更新，提高了可用性。用户可以使用键盘导航材质／贴图浏览器，还可以对"Slate 材质编辑器"操作进行撤销和重做，而不只是仅通过活动视图的导航更改才可进行撤销和重做。此外，在 3ds max 2012 的材质、贴图和控制器节点中，微调器和数字字段的行为方式与它们在 3ds max 界面的其他部分中的行为方式更为相似。

1.3.2 Nitrous 加速图形核心

作为优化 3ds max 的 Excalibur（XBR）计划的一个优先考虑事项，3ds max 2012 引入了一个全新的视口系统，显著改进了性能和视觉质量。Nitrous 利用当今的加速 GPU 和多核工作站，可以使用户加快重做工作，并能够处理大型数据集，而对交互性的影响却很有限。由于每个视口都是与 UI 分开的，用户可以在复杂的场景中调整参数，而无需等待视口刷新，从而形成更平滑、响应更快的工作流。而且，Nitrous 还提供了一个渲染质量显示环境，该环境支持无限灯光、软阴影、屏幕空间 Ambient Occlusion、色调贴图和高质量透明度，从而有助于用户在最终输出环境中做出更具创造性和艺术性的决策。

1.3.3 增强的UVW 展开功能

3ds max 2012 的"UVW 展开"修改器具有许多增强功能，比如简化、重新组织并图标化修改器界面等。在编辑器界面中，可在更新的工具栏和新增的卷展栏上通过单击图标访问许多以前只有在菜单中进行访问的工具。新增的"剥"工具集可通过执行 LSCM（最小方形保形贴图）方法来展开纹理坐标，从而使展平复杂曲面时使用的工作流更简单直观。新增的"分组"工具能够保留相关群集间的物理关系等。

1.3.4 向量置换贴图

3ds max 2012 可以使用从 Autodesk Mudbox 导出的向量置换贴图。这种类型的贴图是常规置换贴图的一种变体，允许在任意方向置换曲面，而不只是仅沿曲面法线进行置换。

1.3.5 Quicksilver 改进功能

在 3ds max 2012 中，Quicksilver 硬件渲染器不仅在界面上得到了改进，而且可以渲染样式化图像，创建各种非照片级真实感效果（例如铅笔、压克力、墨水、彩色铅笔、彩色墨水、Graphite、彩色蜡笔和工艺图等）。

1.3.6 MassFX 刚体动力学

3ds max 2012 引进了模拟解算器的 MassFX 统一系统，并提供了其第一个模块——刚体动力学。使用 MassFX，用户可以利用多线程 NVIDIA® PhysX® 引擎，直接在 3ds max 视口中创建更形象的动力学刚体模拟。MassFX 支持静态、动力学和运动学刚体以及多种约束（刚体、滑动、转枢、扭曲、通用，球和套管以及齿轮）。用户可以更快速地创建广泛真实的动态模拟，还可以使用工具集进行建模。

1.4　习题

1. 填空题

（1）3ds max 2012 用户界面可分为_____、_____、_____、_____、_____、_____和_____ 7 部分。

（2）3ds max 2012 视图区默认有 4 个视图，它们分别是：_____、_____、_____和_____。

（3）3ds max 2012 的菜单栏包括_____、_____、_____、_____、_____、_____、_____、_____、_____和_____，共 12 个菜单。

2. 选择题

（1）激活 自动关键点 的快捷键是（　　）。

A. A　　　　B. N　　　　C. M　　　　D. D

（2）下列哪个工具按钮可以在所有视图最大化显示选定对象。（　　）

A.　　　　B.　　　　C.　　　　D.

3. 问答题/上机练习

（1）简述 3ds max 2012 的用户界面构成。

（2）简述 3ds max 2012 的新增功能。

第2章 基础建模与基本操作

本章重点

3ds max 2012 自带许多基本的二维图形和三维造型。学习本章，读者应了解各种造型对象的参数，掌握创建基本的二维形体和三维造型的方法。

2.1 建模基础

在 3ds max 2012 中可以创建两种模型：一种是平面的，包括面片和二维形体（如线、矩形、多边形）；另一种是立体的，也就是三维基本造型（如长方体、圆锥体、球体）。

平面和立体的关系：平面图形没有厚度概念，只有长和宽的概念，也就是说只有 X 和 Y 两个轴向；立体模型除了包含长和宽的概念，还具有厚度的概念，也就是说具有 X、Y、Z 三个轴向。

模型和实物的关系：3ds max 2012 中自带许多基本的二维和三维模型，例如长方体和球体，使用它们可以创建简单虚拟的模型，但是模型不具有实物的使用功能。3ds max 2012 所要表现的就是用简单的模型来模拟现实中的复杂实物。

二维图形是由一条或者多条样条曲线组成的对象，样条曲线是由一系列顶点定义的曲线，每个顶点包含定义它的位置的坐标信息，以及曲线通过顶点方式的信息。样条线中连接两个相邻顶点的部分称为线段。通过修改二维图形可以生成三维造型。

下面介绍二维基本图形和三维基本造型的具体创建方法，其他建模方法将在以后章节中进行讲解。

2.2 二维基本样条线建模

3ds max 2012 提供了"线"、"矩形"、"圆"、"椭圆"、"弧"、"圆环"、"多边形"、"星形"、"文本"、"螺旋线"和"截面"11种二维基本样条线，如图 2-1 所示。

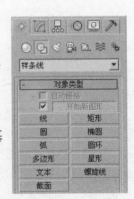

图 2-1 样条线面板

2.2.1 共有参数

"名称和颜色"、"渲染"和"插值"三个卷展栏是任何一个基本样条线所共有的，接下来分别说明它们的主要参数。

1. "名称和颜色"卷展栏

在 3ds max 场景中的每一个对象都有各自的名称和颜色，在对象刚被创建时，系统会赋予其默认的名称和颜色。

如果要更改对象的名称，可以直接在名称栏中进行输入；如果要更改对象的颜色，可以单击"名称和颜色"卷展栏中的颜色块，在弹出的如图 2-2 所示的"对象颜色"对话框中选择相应的颜色，然后单击"确定"按钮即可。

2. "渲染"卷展栏

"渲染"卷展栏用于设置二维对象的渲染属性,如图 2-3 所示。

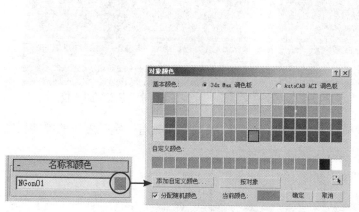

图 2-2　"对象颜色"对话框

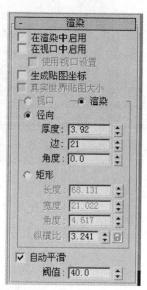

图 2-3　"渲染"卷展栏

- 选中"在渲染中启用"复选框后,二维对象才可以进行渲染。
- 选中"在视图中启用"复选框后,二维对象将在视图中显示实际厚度。
- 选中"生成贴图坐标"复选框后,二维对象会自动生成贴图坐标。
- "厚度"数值框用于设置二维对象的粗细程度,图 2-4 所示为不同"厚度"的比较。
- "边"数值框用于设置样条线横截面图形的边数,图 2-5 所示为不同"边数"的比较。

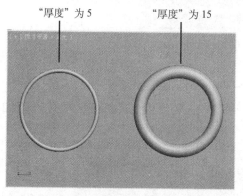

图 2-4　不同"厚度"的比较

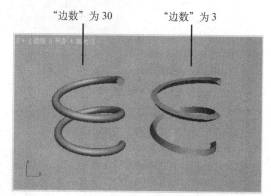

图 2-5　不同"边数"的比较

- "长度"数值框将二维线框进行拉伸处理,使之具有一定的厚度,图2-6所示为不同"长度"的比较。
- "宽度"数值框用于设置二维线框的在水平方向上的宽度,图2-7所示为不同"宽度"的比较。

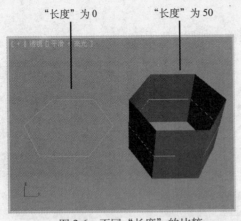

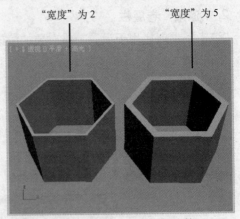

图 2-6　不同"长度"的比较　　　　　图 2-7　不同"宽度"的比较

●"角度"数值框用于设置横截面的角度，设置二维图形在具有一定长度后的倾斜程度，图 2-8 所示为不同"角度"的比较。

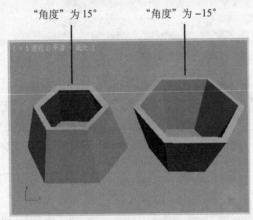

图 2-8　不同"角度"的比较

3. "插值"卷展栏

"插值"卷展栏用于设置节点之间的精细程度，如图 2-9 所示。

●"步数"用于设置节点之间的线段包括几个子节点，数值越大，曲线就越平滑，图 2-10 所示为不同"步数"值的比较。

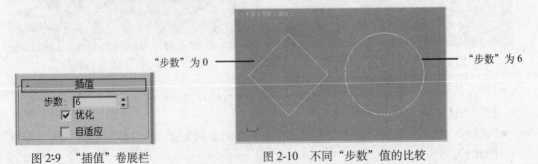

图 2-9　"插值"卷展栏　　　　图 2-10　不同"步数"值的比较

● 选中"优化"复选框后，会在不影响线段形状的前提下尽可能地减少步数。

● 选中"自适应"复选框后，系统会根据节点类型和线条精度自动设定"步数"。

2.2.2 创建二维基本样条线

1. 线

直线和曲线是各种平面造型的基础，任何一个平面造型都是由直线和曲线组成的。生成"线"的方法有两种：一种是使用鼠标，另一种是使用键盘。

鼠标生成"线"的方法如下：

1）单击 ⊕（创建）面板中的 ⊙（图形）按钮，进入图形面板。

2）单击"线"按钮，进行如图 2-11 所示的参数设置。

> 提示：这些参数是决定样条线之间是光滑还是有棱角的。"初始类型"选项组决定了在视图中移动鼠标引出线的开端部分的类型。单击"角点"，表示用鼠标单击创建折线时，拐点是不光滑的，适用于绘制直线和折线；单击"平滑"，表示拐角处光滑，适用于绘制曲线。

3）在顶视图中，利用鼠标单击 3 个不同的点就可以生成一个角度折线，如图 2-12 所示。然后右击鼠标结束创建工作。此时可以看到折线拐点处是不光滑、有棱角的。

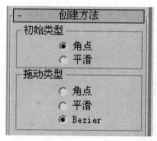

图 2-11　"创建方法"卷展栏

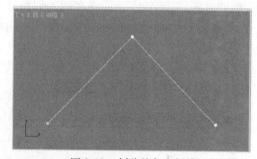

图 2-12　创建的角度折线

为进一步说明步骤 2）中所说的"初始类型"设置，继续进行下一步的操作。

4）在 ⊕（创建）面板的"创建方法"卷展栏中将"角点"改为"平滑"，如图 2-13 所示。然后在顶视图的其他地方重复步骤 3）的操作，得到另一条样条线，如图 2-14 所示。此时可以看出这是一个平滑的样条线。

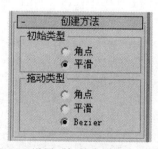

图 2-13　设置"初始类型"为"平滑"

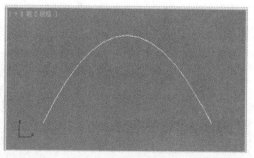

图 2-14　"初始类型"为"平滑"后的样条线

> 提示："拖动类型"选项组的设置决定推动鼠标时创建的节点类型。"角点"使每个节点都有拐点而不管是否拖动鼠标生成；"平滑"则在节点处产生一个不可调整的光滑过渡；"Bezier"和"平滑"正好相反，它将产生贝塞尔曲线，这是一种曲度可调节的曲线，可以通过两个调节杆来调节曲线的的曲度大小。

5）当要完成一个封闭曲线的生成时，即起点和终点重合时，会弹出如图2-15所示的对话框，单击"是"按钮可使所生成曲线闭合。只有闭合的曲线拉伸后，才能生成实体。

键盘生成"线"的方法如下：

激活顶视图，单击"线"按钮后展开"键盘输入"卷展栏，如图2-16所示。依次输入坐标值（-100，-50，0），单击"添加点"按钮，按照此方法再依次输入坐标值（-150，0，0）、（-100，50，0），然后单击"完成"按钮，结束输入操作即可。

图2-15　"样条线"对话框

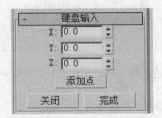

图2-16　"键盘输入"卷展栏

2. 圆

创建圆的方法比较简单，下面将在圆的创建过程中使用渲染功能，具体的创建过程如下：

1）在 （创建）命令面板上单击对象名右边的小色块，打开"对象颜色"对话框，选择一种颜色，并取消"分配随机颜色"复选框的选择（见图2-17），最后单击"确定"按钮。这样以后建立的所有对象都将以刚才选择的颜色来显示。

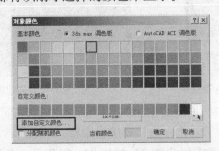

图2-17　取消勾选"分配随机颜色"复选框

2）激活顶视图，单击 （创建）命令面板中的 （图形）按钮，出现图形命令面板，再单击"圆"按钮，展开"键盘输入"卷展栏，输入圆心坐标值和圆半径值，如图2-18所示，单击"创建"按钮，即可得到如图2-19所示的结果。

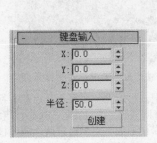

图2-18　输入圆心坐标值和半径值

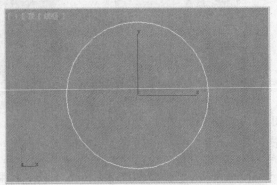

图2-19　创建的圆

3）利用工具箱上的 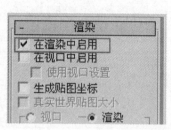 按钮，选择视图中的"圆"，然后进入 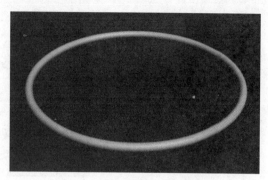（修改）命令面板，展开"渲染"卷展栏，选中"在渲染中启用"复选框，如图 2-20 所示。然后激活透视图，单击主工具栏中的 （渲染产品）按钮，渲染后的结果如图 2-21 所示。

图 2-20　选中"在渲染中启用"复选框

图 2-21　渲染圆环后的效果图

3. 弧

"弧"的创建过程与"圆"类似，不同之处如下所述：

激活顶视图，单击 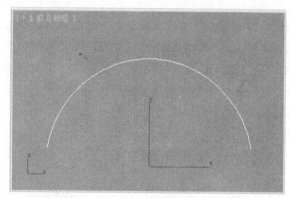（创建）命令面板中的（图形）按钮，然后在出现的图形命令面板中单击"弧"按钮，展开"键盘输入"卷展栏，如图 2-22 所示。然后输入弧所在的圆的圆心坐标点（X、Y、Z）、半径、"从"和"到"的数值，最后单击"创建"按钮，即可得到如图 2-23 所示的弧。

图 2-22　设置"弧"的参数

图 2-23　创建的弧

4. 多边形

多边形的创建过程如下：

单击（创建）命令面板中的（图形）按钮，在出现的图形命令面板中单击"多边形"按钮，展开"键盘输入"卷展栏，然后进行如图 2-24 所示的参数设置。最后单击"创建"按钮，即可得到如图 2-25 所示的多边形。

提示：选择"内接"选项时，"半径"值为显示的多边形的外接圆半径；选择"外接"选项，"半径"值为显示的多边形的内切圆半径；选择"圆形"复选框，所绘的多边形显示为圆；"边数"数值框用于设置多边形的边数。

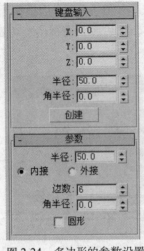

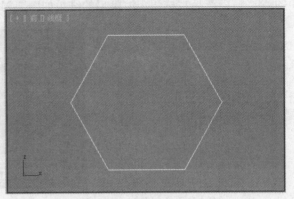

图 2-24　多边形的参数设置　　　　　　　　图 2-25　创建的多边形

5. 文本

在 3ds max 中，所有的文字都被定义为二维对象，这些文字对象在被建立后，还可以改变其大小、字型和渲染效果等。创建文字的具体过程如下：

1）单击 █（创建）命令面板中的 █（图形）按钮，在出现的图形命令面板中单击"文本"按钮。

2）在"参数"卷展栏的名为"文本"的文本框中输入文字"十二五规划"，如图 2-26 所示。

3）选择文字后，可以在"参数"卷展栏顶端的字符列表中选择所需的字型。

4）在"大小"数值框中输入字号大小，默认值为 100.0，改为 80.0。

5）在"字间距"和"行间距"数值框中可以设置字间距和行间距，默认值都为 0.0。

6）按钮 █ 和按钮 █ 的功能是对所选文字进行倾斜和加下画线的设置，可根据需要决定是否选择。按钮 █（左对齐）、█（居中）、█（右对齐）和 █（两端对齐）的功能是设定所选文字的对齐方式。

7）设置完毕后在顶视图中单击"确定"按钮，结果如图 2-27 所示。

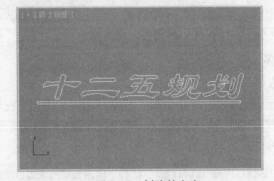

图 2-26　输入文本的内容　　　　　　　　图 2-27　创建的文字

6. 截面

截面是通过截取三维造型的剖面而获得的二维造型。具体创建过程如下：

1）在 ██（创建）命令面板中的 ○（几何体）面板下，单击"茶壶"按钮，然后调整"键盘输入"卷展栏和"参数"卷展栏中的参数，如图 2-28 所示。最后在"键盘输入"卷展栏中单击"创建"按钮，则视图中即可显示出创建的三维对象——茶壶。

2）单击 ██（创建）命令面板中的 ○（图形）按钮，然后单击其中的"截面"按钮，设置命令面板上的"截面参数"卷展栏中的参数，如图 2-29 所示。然后在顶视图中以茶壶为中心创建一个较大的矩形网格，并将其移动至茶壶高度的某个位置，该网格与茶壶相交的地方会出现一个黄色线框，此处将截取茶壶的剖面来获得二维图形。

3）单击主工具栏中的 ✛（选择并移动）按钮，将矩形网格移动到合适的位置，如图 2-30 所示。此时黄色线框也随之移动。

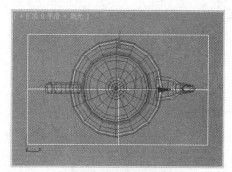

图 2-28　茶壶的参数　　图 2-29　"截面参数"卷展　　　图 2-30　移动截面位置
　　　　　　设置　　　　　　　　栏参数设置

4）单击"截面参数"卷展栏中的"创建图形"按钮，在弹出的对话框中进行如图 2-31 所示的命名，单击"确定"按钮，在相交处会产生一个茶壶横截面，如图 2-32 所示。

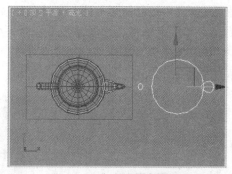

图 2-31　"命名截面图形"对话框　　　　　图 2-32　生成的茶壶横截面

7. 矩形

矩形的创建过程如下：

1）激活顶视图，单击 ██（创建）命令面板中的 ○（图形）按钮，再单击"矩形"按钮，然后在顶视图中单击并拖动创建一个矩形。

2）在"参数"卷展栏中将"长度"设置为50.0，"宽度"设置为100.0，"角半径"设置为10.0，如图2-33所示。单击"创建按钮"，即可生成如图2-34所示的矩形。

图2-33　矩形的参数设置

图2-34　创建的矩形

3）选择矩形，进入 （修改）命令面板，修改参数如图2-35所示，修改后的结果如图2-36所示。

图2-35　修改矩形的参数

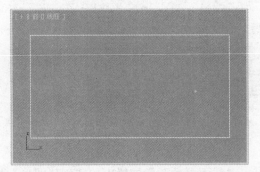
图2-36　修改参数后的矩形

8. 椭圆

椭圆的创建方法与矩形类似，具体创建过程如下：

激活顶视图，单击 （创建）命令面板中的 （图形）按钮，再单击"椭圆"按钮，然后在"键盘输入"卷展栏中进行如图2-37所示的参数设置，最后单击"创建"按钮，生成的椭圆如图2-38所示。

图2-37　椭圆的参数设置

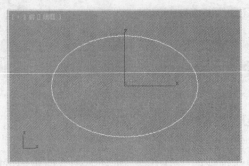
图2-38　生成的椭圆

9. 圆环

圆环的具体创建过程如下：

1）激活顶视图，单击　（创建）命令面板中的　（图形）按钮，然后单击其中的"圆环"按钮。

2）在"键盘输入"卷展栏中设置参数如图 2-39 所示，其中"半径 1"是圆环内环的半径参数，"半径 2"是圆环外环的半径参数。最后单击"创建"按钮，即可在顶视图中显示所创建的二维对象——圆环，如图 2-40 所示。

图 2-39　圆环的参数设置

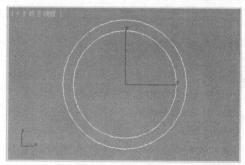

图 2-40　创建的圆环

10. 星形

星形的具体创建过程如下：

1）激活顶视图，单击　（创建）命令面板中的　（图形）按钮，然后单击其中的"星形"按钮。

2）将"键盘输入"卷展栏和"参数"卷展栏中的参数设置为图 2-41 所示。然后单击"创建"按钮，即可在视图中显示出创建的星形，如图 2-42 所示。

提示：在"参数"卷展栏中，"点"是设置星形中角的个数的参数，"扭曲"是设置扭曲角度的参数，"圆角半径 1"和"圆角半径 2"用于设置星形的内外倒角半径，"半径1"和"半径2"分别为星形的内外半径设置参数。

图 2-41　星形的参数设置

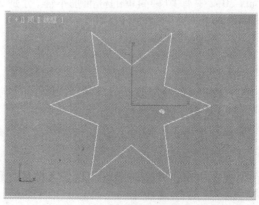

图 2-42　创建的星形

11. 螺旋线

螺旋线是 3ds max 中唯一具有三维高度值的二维图形，它经常被用来制作弹簧等螺旋状对象。螺旋线的创建过程如下：

1）激活顶视图，单击 ■（创建）命令面板中的 ◯（图形）按钮，然后单击其中的"螺旋线"按钮。

2）将"键盘输入"卷展栏和"参数"卷展栏中的参数设置成如图 2-43 所示。然后在"键盘输入"卷展栏中单击"创建"按钮，则视图中即可显示出创建的螺旋线，如图 2-44 所示。

提示：在"参数"卷展栏中，"圈数"用于设置螺旋线的圈数，"偏移"用于设置螺旋线的偏心程度，"顺时针"为顺时针螺旋线，"逆时针"为逆时针螺旋线，"半径1"和"半径2"分别为星形的内外半径设置参数。

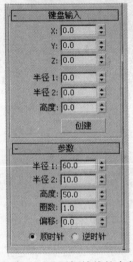

图 2-43　设置螺旋线的参数

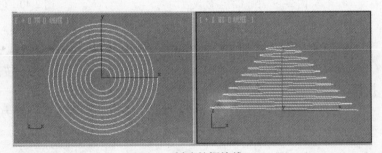

图 2-44　创建的螺旋线

2.3　三维基本造型建模

3ds max 2012 提供了"标准基本体"和"扩展基本体"两类基本造型。

2.3.1　创建标准基本体

3ds max 2012 中有 10 种简单的标准基本体，分别为："长方体"、"圆锥体"、"球体"、"几何球体"、"圆柱体"、"管状体"、"圆环"、"四棱锥"、"茶壶"和"平面"，如图 2-45 所示。

1. 长方体

使用长方体可以创建任意大小的正方体和任意宽度、长度、高度的长方体。长方体的创建过程如下：

1）单击 ■（创建）命令面板中的 ◯（几何体）按钮，然后单击其中的"长方体"按钮。

2）在顶视图中单击并拖动即可创建长方体的底面。然后松开

图 2-45　"标准基本体"面板

鼠标后在视图中继续移动，在长方体的高度位置单击鼠标，确认高度，则视图中即可显示出创建的长方体，如图 2-46 所示。

提示：如果单击"正方体"选项，创建的就是正方体。

3）进入 ⚙（修改）命令面板可在"参数"卷展栏中对长方体的参数进行修改（见图 2-47），结果如图 2-48 所示。

提示："长度分段"、"宽度分段"和"高度分段"可分别设置长方体长、宽和高的段数。

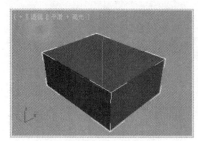

图 2-46　创建的长方体　　　图 2-47　改变长方体的参数　　　图 2-48　改变参数后的长方体

2．球体

球体的创建和修改与长方体相似。创建球体的过程如下：

1）单击 ⚙（创建）命令面板中的 ⚪（几何体）按钮，然后单击其中的"球体"按钮，在顶视图中单击并拖动即可创建球体，如图 2-49 所示。

2）进入 ⚙（修改）命令面板，在"参数"卷展栏中将"半球"数值改为 0.5（见图 2-50），结果如图 2-51 所示。

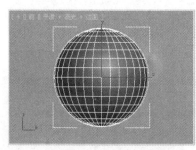

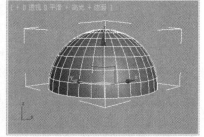

图 2-49　创建的球体　　　图 2-50　改变球体的参数　　　图 2-51　改变参数后的球体

3．圆柱体

圆柱体的创建过程如下：

1）单击 ⚙（创建）命令面板中的 ⚪（几何体）按钮，然后单击其中的"圆柱体"按钮。在顶视图中单击并拖动产生圆柱体的底面，再松开鼠标在高度位置上单击，产生圆柱体的高度，则视图中即可显示出创建的圆柱体，如图 2-52 所示。

2）进入 ⟨ ⟩（修改）命令面板，可在"参数"卷展栏（见图2-53）中对圆柱体参数进行再次设置。

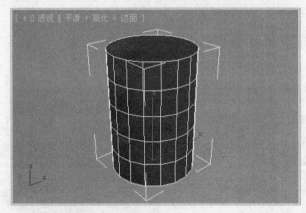

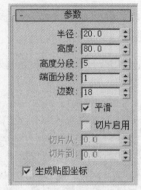

图2-52　创建的圆柱体　　　　　　　　　图2-53　"参数"卷展栏

4. 圆环

圆环在现实生活中处处可见，如汽车轮胎、救生圈、各种各样的轮子都要用到圆环几何体。圆环的具体创建过程如下：

1）单击 ⟨ ⟩（创建）命令面板中的 ⟨ ⟩（几何体）按钮，然后单击其中的"圆环"按钮。接着在顶视图中单击并拖动鼠标，确定圆环一侧的大小。再放开鼠标左键，拖动鼠标挤出圆环。最后单击鼠标左键建立圆环，如图2-54所示。

2）进入 ⟨ ⟩（修改）命令面板修改圆环参数，在"参数"卷展栏中设定"分段"为4（见图2-55），结果如图2-56所示。

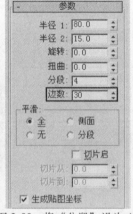

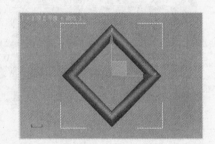

图2-54　创建的圆环　　　图2-55　将"分段"设为4　　　图2-56　将圆环"分段"设为4的效果

3）重新设定"分段"数为30，然后选中"切片启用"选项，并对其进行如图2-57所示的参数设置，结果如图2-58所示。

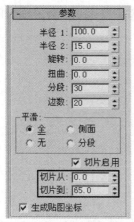

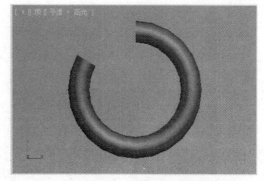

图 2-57　设置"切片启用"参数　　　　图 2-58　设置"切片启用"参数后的效果

5. 茶壶

茶壶的具体创建过程如下：

1）单击 ![创建] （创建）命令面板中的 ![几何体] （几何体）按钮，然后单击其中的"茶壶"按钮。在顶视图中从中心拖动鼠标，当认为茶壶的大小合适时，释放鼠标即可。在默认情况下创建的茶壶对象是完整的，如图 2-59 所示。

2）单击 ![修改] （修改）命令面板，在"参数"卷展栏中"茶壶部件"分为："壶体"、"壶把"、"壶嘴"和"壶盖"4 部分，如图 2-60 所示。

图 2-59　创建的茶壶　　　　　　图 2-60　"参数"卷展栏

3）选中不同的选项会显示不同的效果，如图 2-61 所示。

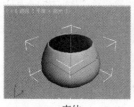

壶体　　　　　　　　壶把　　　　　　　　壶嘴　　　　　　　　壶盖

图 2-61　选中不同选项显示的效果

6. 圆锥体

圆锥体也是几何体中一个比较常见的对象，其创建过程如下：

1）单击 ❖（创建）命令面板中的 ◯（几何体）按钮，然后单击其中的"圆锥体"按钮，创建一个参数如图 2-62 所示的锥体。

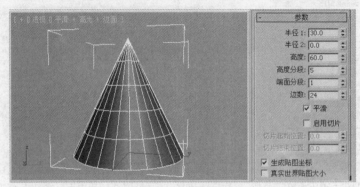

图 2-62　创建圆锥体

2）进入 ▱（修改）命令面板，选中"切片启用"选项，并对其进行如图 2-63 所示的参数设置，结果如图 2-64 所示。

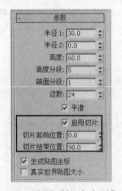
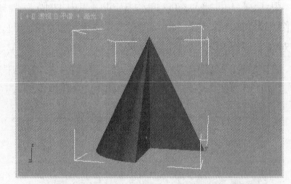

图 2-63　设置"切片启用"参数　　　　图 2-64　设置"切片启用"参数的效果

7．几何球体

几何球体与球体不同，它是用三角形曲面来构成球面。基于这个原因，在应用某些修改器时它有自己独到的优势，比如应用 FFD 变形修改器。几何球体的具体创建过程如下：

1）单击 ❖（创建）命令面板中的 ◯（几何体）按钮，然后单击其中的"几何球体"按钮，在顶视图中单击并拖动即可创建球体，如图 2-65 所示。

2）进入 ▱（修改）命令面板，可在"参数"卷展栏中设置 3 种基点面类型，如图 2-66 所示。

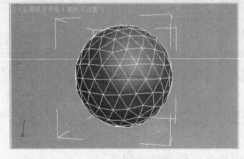

图 2-65　创建几何球体　　　　　　图 2-66　几何球体的参数面板

图 2-67 为选择不同基点面类型的效果。

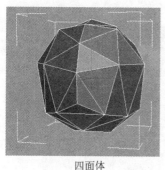
四面体

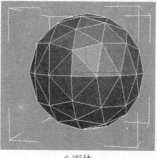
八面体

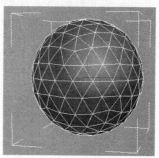
二十面体

图 2-67　选择不同基点面类型的效果

8. 管状体

管状体用来生成圆管或棱管等管的基本形状，如图 2-68 所示。其参数面板如图 2-69 所示。通过观察可以发现，圆管参数面板与圆柱参数面板的大多数参数功能基本相同，唯一的区别在于圆管对象需要两个半径值来定义管的内、外半径。

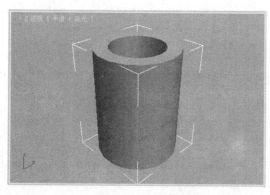

图 2-68　创建管状体

图 2-69　管状体的参数设置面板

9. 四棱锥

四棱锥是一种底面为矩形、侧面为三角形的几何体，如图 2-70 所示，类似于古埃及的金字塔形，所以四棱锥几何体非常适合用于建筑物的建模（例如屋顶）。四棱锥的创建比较简单，其参数面板如图 2-71 所示，参数含义如下：

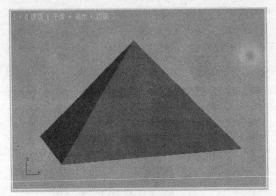

图 2-70　创建的四棱锥　　　　　　　图 2-71　四棱锥的参数设置面板

- "创建方法"卷展栏中定义了两种创建四棱锥底面的方式，一种是基点/顶点，另一种是中心。"基点/顶点"表示从一角到其对角来创建四棱锥的底面，"中心"表示从中心向外来创建四棱锥的底面。
- "键盘输入"卷展栏中通过直接输入底面的"宽度"、"深度"值和四棱锥的"高度"值来创建棱锥。
- "参数"卷展栏中，"宽度"和"深度"值用来设置底面的长宽值，"高度"值指四棱锥的高度值。

10. 平面

平面属于平面多边形网格的一种特殊形式，如图 2-72 所示。在渲染的时候，可以通过调整缩放参数来使平面扩展到任意程度，其参数面板如图 2-73 所示，参数含义如下：

- "创建方法"卷展栏中，"矩形"表示创建一个矩形平面，"正方形"表示创建一个正方形平面。
- "参数"卷展栏中，"长度"和"宽度"用来设置平面的长和宽的值，"长度分段"和"宽度分段"用来设置长和宽的段数。
- "渲染倍增"选项组用来定义渲染时平面缩放的比例，"缩放"值表示在渲染时原始长宽缩放的比例因子，"密度"值表示在渲染时平面长宽方向上段数倍增或倍减的比例因子。

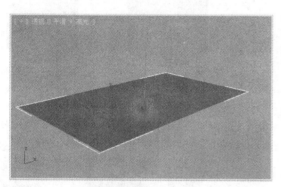

图 2-72　创建的平面

图 2-73　平面的参数设置面板

2.3.2　创建扩展基本体

扩展基本体是相对于标准基本体更为复杂的几何体单元。在创建面板的下拉列表框中选择"扩展基本体"，将会弹出"扩展基本体"面板，如图 2-74 所示。3ds max 2012 中有 13 种扩展基本体，分别为："异面体"、"环形结"、"环形波"、"棱柱"、"切角长方体"、"切角圆柱体"、"油罐"、"纺锤"、"球棱柱"、"胶囊"、"L-Ext"、"C-Ext" 和 "软管"，如图 2-75 所示。

图 2-74　扩展基本体面板

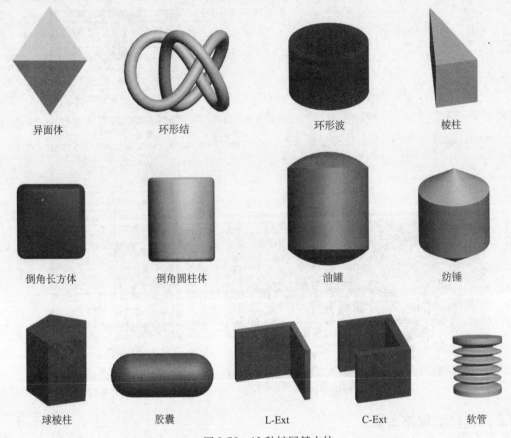

异面体　　环形结　　环形波　　棱柱

倒角长方体　　倒角圆柱体　　油罐　　纺锤

球棱柱　　胶囊　　L-Ext　　C-Ext　　软管

图 2-75　13 种扩展基本体

这里主要介绍一下"软管"的创建方法：

1）在左视图创建一个半径为 10、高度为 30 的圆柱体。

2）在前视图中利用 （镜像）工具镜像出圆柱体，设置如图 2-76 所示，单击"确定"按钮，结果如图 2-77 所示。

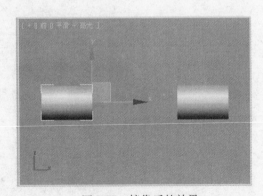

图 2-76　"镜像"对话框　　　　图 2-77　镜像后的效果

3）选择扩展基本体中的"软管"，在"软管参数"卷展栏中单击选中"绑顶到对象轴"选项，如图 2-78 所示，然后在左视图中绘制一个直径为 20 的软管。

4）在"软管参数"卷展栏中单击"拾取顶部对象"按钮后，在视图中拾取一个圆柱，看到圆柱白框闪烁一下，表示绑定成功。

5）单击"拾取底部对象"后，在视图中拾取另一个圆柱，结果如图 2-79 所示。

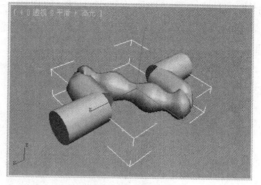

图 2-78　设置软管直径数值　　　　　　　　图 2-79　创建软管

6）将"绑定对象"选项组下的两个"张力"值均设为 0（见图 2-80），结果如图 2-81 所示。

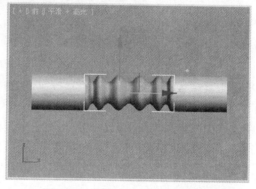

图 2-80　设置"张力"数值　　　　　　　图 2-81　设置"张力"数值后的效果

7）开始录制动画。在第 0 帧单击 自动关键点 按钮，移动其中一个圆柱体到图 2-82 所示的位置，缩小圆柱体之间的距离。在第 100 帧移动圆柱体到图 2-83 所示的位置，拉大圆柱体之间的距离，此时可以发现软管体随圆柱体的位置变化而进行伸缩。

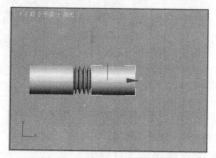

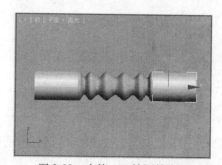

图 2-82　在第 0 帧调整位置　　　　　　　图 2-83　在第 100 帧调整位置

2.4 选择对象

要对对象进行编辑和修改，首先必须选中这个对象，在 3ds max 2012 中提供了多种选择对象的方法，下面将分别进行介绍。

2.4.1 使用工具按钮

对于使用工具按钮来选取对象的方法，这里用一个实例来简单说明一下，具体过程如下：

1）单击菜单栏左侧的快速访问工具栏中的 ⊚ 按钮，然后从弹出的下拉菜单中选择"重置"命令，重置场景。

2）在场景中创建几个对象，如图 2-84 所示。然后执行菜单中的"文件|保存"命令，将场景保存为 model01.max，以便以后调用。

图 2-84　创建几个对象

3）单击工具栏中的 ⊡ （选择对象）按钮，此时该按钮出现黄色底纹，表示现在可以选择对象了。

4）在任意视图中，将鼠标移动到要选择的圆锥体上，单击鼠标即可选择圆锥体。在"线框"模式下，被选中的对象变为白色，并在视图中显示坐标轴，如图 2-85 所示；在"平滑＋高光"模式下，被选中的对象周围出现白色的边框，如图 2-86 所示。

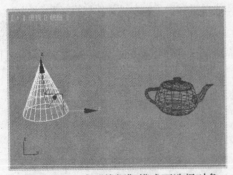

图 2-85　在"线框"模式下选择对象

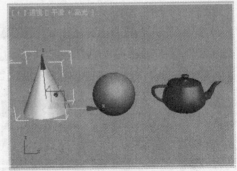

图 2-86　在"平滑＋高光"模式下选择对象

5）在选中圆锥体的同时，按住〈Ctrl〉键可以同时选定其他对象；如果在按住〈Ctrl〉键的同时单击已经选中的对象，则可将它从选定对象中去掉，恢复到非选择状态。

6）在视图中的空白区域单击鼠标，所有对象都恢复到非选择状态。

2.4.2 根据名称选择

在场景中有很多对象的时候，如果用 工具来选择对象难免会出现误选，这时最好的方法是按名称来选择对象。使用名称选择对象的前提是必须知道要选择对象的名称，虽然 3ds max 会为每一个创建的对象赋给一个默认的名称，但是将对象的默认名称改为方便用户记忆的名称是个良好的习惯，在完成大型项目时这一点是非常必要的。

对于根据名称来选择对象的方法，这里用一个实例来简单说明一下，具体过程如下：

1）单击菜单栏左侧快速访问工具栏中的 ![img]按钮，然后从弹出的下拉菜单中选择"打开"命令，打开前面保存的"model01.max"文件。

2）单击工具栏上的 ![img]（按名称选择）按钮，弹出"从场景选择"对话框，如图 2-87 所示。

图 2-87 "从场景选择"对话框

3）在对话框列表中选择 Sphere001，然后按"确定"按钮，即可选中视图中的球体。

2.4.3 使用范围框选择

另外一种选择对象的方式是利用范围框来选取对象，3ds max 2012 提供了 5 种范围框的类型，如图 2-88 所示。

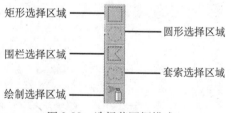

图 2-88 选择范围框模式

对于利用范围框来进行选取对象的方法，这里用一个实例来简单说明一下，具体过程如下：

1）执行菜单中的"文件|打开"命令，打开前面保存的"model01.max"文件。

2）选择工具栏中的 ![img]（矩形选择区域）工具，然后在视图中单击并拖动鼠标，拉出一个矩形虚线框，然后松开左键，则矩形框范围内的所有对象都被选中。

3）在工具栏中按住 ![img]按钮，在下拉工具按钮中选择 ![img]（套索选择区域）按钮，然后在视图中拖动鼠标，此时将出现一个按照鼠标轨迹画出的虚线框，松开鼠标左键，则虚线框内的对象将被选中。

4）范围选项还可以和工具栏中的▣（交叉选择）按钮配合使用，该工具按钮有两种方式：▣（窗口）和▣（交叉）。但使用▣（交叉）时，即使只有一部分在范围内，对象也会被选中；而▣（窗口）模式只选中那些完全被范围框包围的对象。

2.5　变换对象

在创建了对象之后，还可以利用工具栏中的变换工具对其进行移动、旋转和缩放操作。工具栏中有 3 种变换对象的工具，如图 2-89 所示。

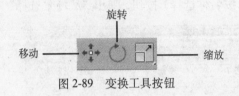

图 2-89　变换工具按钮

2.5.1　对象的移动

利用工具栏中的 ✥（选择并移动）工具可以沿任何一个轴移动对象，可以将对象移动到一个绝对坐标位置，或者移动到与当前位置有一定偏移距离的位置。

对于对象的移动，这里用一个实例来简单说明一下，具体过程如下：

1）单击菜单栏左侧的快速访问工具栏中的▣按钮，然后从弹出的下拉菜单中选择"打开"命令，打开前面保存的"model01.max"文件。

2）在视图中选中圆锥体，然后按住鼠标左键就可以拖动被选中的圆锥体对象。

3）在拖动的时候要注意锁定轴，锁定的轴以黄色显示，如果锁定在单向轴上，则对象只能沿着一个方向移动，如图 2-90 所示。

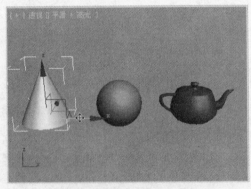

图 2-90　将光标放置在 X 轴上

4）此时在视图中只能在激活视图所决定的平面上移动对象，如果想在 Y 轴移动对象，则要切换到其他视图。

2.5.2　对象的旋转

选择工具栏中的 ◡（选择并旋转）工具，然后在视图中选中对象，就可以旋转此对象。在旋转时也要注意旋转轴，默认的选定轴为 Z 轴，将鼠标移动到其他坐标轴上可以切换旋转轴。

2.5.3　对象的缩放

选择工具栏中的 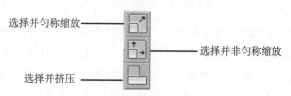（选择并匀称缩放）工具，就可以在视图中调整选定对象的大小。大多数缩放操作都是一致的，也就是说在 3 个方向上按比例缩放。但有时候也需要非匀称缩放，比如球落在地上被挤压的情况。单击 （选择并匀称缩放）工具会弹出另外两个按钮，如图 2-91 所示，这两个按钮可用于选择对象的非匀称缩放。

选择并匀称缩放 ————

———— 选择并非匀称缩放

选择并挤压 ————

图 2-91　缩放工具弹出按钮

2.5.4　变换对象的轴心点

对象的轴心点是对象旋转和缩放时所参照的中心点，也是大多数编辑修改器应用的中心。轴心点在创建对象时是默认创建的，并且通常创建在对象的中心或基于对象的中心。在制作动画的时候，轴心点的位置非常重要，比如对于一个不倒翁而言，它的轴心点应位于它的底部。

使用普通的变换工具不能改变对象的轴心点，若要变换对象的轴心点，可以在选定对象的情况下，单击 （层次）命令面板中的　轴　按钮，如图 2-92 所示。然后展开"调整轴"卷展栏，根据需要，单击下面的相应按钮。接着使用变换工具就可以改变选定对象的轴心点。在确定了轴心点之后，再次单击"调整轴"卷展栏下的相应按钮就可以退出轴心点模式。

图 2-92　"层次"面板

- 仅影响轴　用于单独对物体的轴心点进行变换操作，不影响对象和子对象。
- 仅影响对象　用于对选定对象应用变换，轴心点不受影响。
- 仅影响层次　用于将变换只影响到对象和子对象的链接上。

缩放和旋转一个对象只影响它所有后代的链接的偏移，而不影响对象及其后代的几何形状。

另外，在工具栏上还存在用于控制选择集轴心位置的轴心按钮。该按钮组共有 3 个按钮： （使用轴点中心）是系统默认按钮，一般而言，对象的中心是制作三维模型的出发点，一般位于模型的底部。

（使用选择中心）是指在选择了场景中的多个物体之后，对象轴心为整个选择集的中心。

（使用变换坐标中心）是指将当前使用的坐标中心作为对象轴心。

2.5.5　变换对象的坐标系

在每个视图的左下角都有一个由红、绿和蓝 3 个轴向组成的坐标系图标，这个图标就是坐标系。默认坐标系中 X 轴以红色显示，Y 轴以绿色显示，Z 轴以蓝色显示。在 3ds max

2012 中提供了 8 种坐标系，单击工具栏中的 视图 下拉列表框，即可显示出相关的坐标系，如图 2-93 所示。下面就来具体讲解一下这些坐标系的特征。

图 2-93　坐标系类型

1. 屏幕坐标系

屏幕坐标系在任何一个激活的视图中，X 轴都代表水平方向，Y 轴都代表垂直方向。

2. 世界坐标系

世界坐标系是真实世界的三维坐标系统，在顶视图中，X 轴从左到右，Y 轴从上到下，Z 轴在这个视图中无法操作，所以没有显示出来，实际上这个时候的 Z 轴是穿过屏幕向内而去的。如果转换到前视图，那么从屏幕上来看，坐标轴向的显示会发生一定程度的变化，Y 轴是穿过屏幕向内而去的，所以在这个视图中是不可见的，从下往上的坐标轴向变成了 Z 轴。

3. 视图坐标系

视图坐标系是 3ds max 2012 默认的坐标系统，它结合了世界坐标系统和屏幕坐标系统，在所有的正交视图中与屏幕坐标系一致，而在透视图中与世界坐标系一致。

4. 父对象坐标系

父对象坐标系只对有链接关系的对象起作用。如果使用这个坐标系，当对子对象进行操作时，使用的是与其有链接关系的父对象的坐标系。

5. 局部坐标系

局部坐标系用于对象自身。以正方体为例，在世界坐标系下，3 个坐标轴向都是与正方体表面垂直的，如果将正方体旋转一定的角度，那么坐标轴向与表面就不再垂直，但在局部坐标系下，无论对象怎样旋转，坐标轴向始终与正方体表面垂直。

6. 万向坐标系

万向坐标系有点类似于局部坐标系，在这里万向节物体代表了一种旋转方式，实际上就是各坐标独立旋转。

普遍意义上的旋转是"Euler（欧拉）"旋转，欧拉旋转能够单独调节各个坐标轴向上的旋转曲线。在局部坐标系下，围绕对象的某一根轴进行旋转，物体的另两根轴同时旋转，但是在万向坐标系下，可以只影响到另一根轴。

7. 栅格坐标系

栅格坐标系是使用当前激活栅格系统的原点作为变换的中心。

8. 工作坐标系

工作坐标系是使用指定好的工作轴的原点作为变换的中心。

9. 拾取坐标系

如果希望绕空间中的某个点旋转一系列对象，最好使用拾取坐标系。在选择了拾取坐标系后，即使选择了其他对象，变换的中心仍然是特定对象的轴心点。

对于拾取坐标系，这里用一个实例来简单说明一下，具体操作过程如下：

1）单击菜单栏左侧的快速访问工具栏中的 按钮，从弹出的下拉菜单中选择"重置"命令，重置场景。

2）单击 （创建）命令面板中的 （几何体）按钮，进入"几何体"面板。然后单击 长方体 按钮，在顶视图中创建一个长方体，参数设置和结果如图 2-94 所示。

3）选择工具栏上的 （选择并旋转）工具，在前视图中将其旋转一定的角度，如图 2-95 所示。

4）单击 （创建）命令面板中的 （几何体）按钮，进入"几何体"面板。然后单击 球体 按钮，在顶视图中创建一个半径为 10 的球体，放置位置如图 2-96 所示。

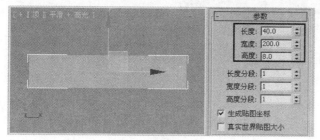

图 2-94　创建长方体

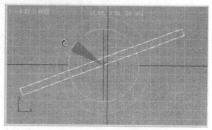

图 2-95　旋转长方体

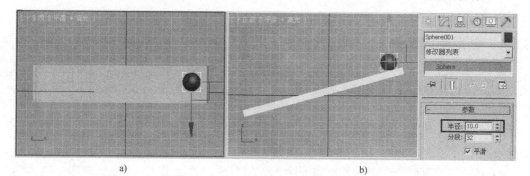

a)　　　　　　　　　　　　　　　　b)

图 2-96　创建并放置球体

5）选中小球，选择拾取坐标系，然后单击长方体，此时小球的坐标系发生了变化，如图 2-97 所示。

6）激活 自动关键点 按钮，将时间滑块移动到第 100 帧，然后将小球移动到长方体底端，如图 2-98 所示。

图 2-97　改变小球的坐标系

图 2-98　在第 100 帧移动小球的位置

7）利用 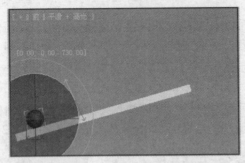（选择并旋转）工具将小球旋转几周，如图 2-99 所示。

图 2-99　将小球旋转一定角度

8）关闭 自动关键点 按钮，单击 ▶ 按钮，即可看到小球沿木板旋转着滚下来的效果。

2.6　复制对象

复制对象就是创建对象副本的过程，这些副本和原始对象具有相同的属性和参数。在 3ds max 2012 中有 4 种复制对象的方法：克隆命令、镜像复制、阵列和沿路径等间距复制对象。

2.6.1　使用克隆命令

克隆对象的方法有两种：一种是按着〈Shift〉键执行变换操作，另一种是执行菜单中的"编辑|克隆"命令。不管使用哪种方法都会出现"克隆选项"对话框，如图 2-100 所示。

在"克隆选项"对话框中可以指定克隆对象的类型和数目。克隆有 3 种类型："复制"、"实例"和"参考"。

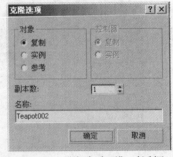

图 2-100　"克隆选项"对话框

- "复制"是克隆一个与原始对象完全无关的对象，就像是单独创建出来的一样，只不过对象的参数与原对象的参数相同。
- "实例"克隆出来的对象与原始对象之间存在着一种关联关系，"实例"克隆的对象之间是通过参数和编辑修改器相关联，各自的变换没有关系，各自相互独立。例如：使用"实例"选项克隆一个圆柱，如果改变其中的一个圆柱的高度，另外的圆柱也随之改变。"实例"选项克隆的对象可以有不同的材质。
- "参考"克隆出来的对象与原始对象之间的关系是单向的。当给原始对象应用了编辑修改器时，克隆的对象也随之应用了编辑修改器。但是如果给克隆的对象应用编辑修改器时，原始对象却不受影响。

在"克隆选项"对话框中，"控制器"选项组只有在克隆对象中包含两个以上的树形连接对象时才被激活。它包括"复制"和"实例"两个选项，表明对象的控制器克隆的两种方式，意义与左面的同名单选框相同。

对于克隆的操作，这里用一个实例来简单说明一下，具体过程如下：

1）创建一个茶壶对象，对象命名为"茶壶 01"，如图 2-101 所示。

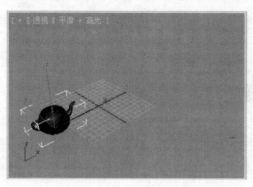

图 2-101 创建茶壶

2）选择"茶壶 01"，利用 （选择并移动）工具，配合〈Shift〉键，将其沿 Y 轴移动一段距离。

3）在弹出的"克隆选项"对话框中进行如图 2-102 所示的设置，单击"确定"按钮，结果如图 2-103 所示。

图 2-102 设置克隆参数　　　　　　　图 2-103 克隆后效果

2.6.2 使用镜像命令

许多对象都具有对称性，所以，在创建对象时可以只创建半个对象的模型，然后利用镜像命令就可以得到整个对象。

执行菜单中的"工具|镜像"命令，或者单击主工具栏上的 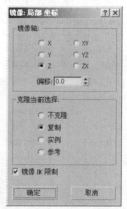（镜像）按钮就可以出现"镜像：局部坐标"对话框，如图 2-104 所示。

在"镜像：局部坐标"对话框中，可以指定进行镜像操作时相对原始对象所参照的轴或平面，还可以定义偏移的值。

对于镜像的操作，这里用一个实例来简单说明一下，具体过程如下：

1）创建一个茶壶，在"茶壶部件"选项组中只选择"壶盖"，生成茶壶盖，如图 2-105 所示。

2）单击前视图，然后在主工具栏中单击（镜像）按钮。

图 2-104 "镜像：局部坐标"对话框

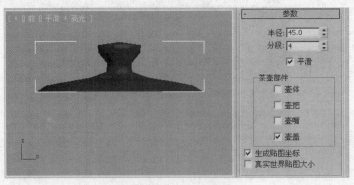

图 2-105　生成茶壶盖

3）在弹出的"镜像：局部坐标"对话框中，针对"镜像轴"选项组进行如图 2-106 所示的参数设置，单击"确定"按钮，结果如图 2-107 所示。

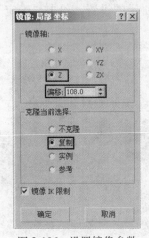

图 2-106　设置镜像参数

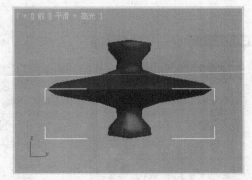

图 2-107　镜像后效果

2.6.3　使用阵列命令

阵列命令可以同时复制多个相同的对象，并且使得这些复制的对象在空间上按照一定的顺序和形式排列，比如环形阵列。

执行菜单中的"工具 | 阵列"命令，或者单击主工具栏上的 ▨（阵列）按钮就可以出现"阵列"对话框，如图 2-108 所示。

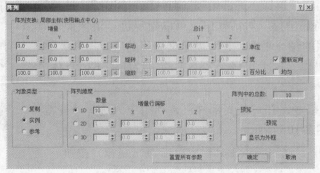

图 2-108　"阵列"对话框

在"阵列"对话框中，"阵列变换"选项组用于控制形成阵列的变换方式，可以同时使用多种变换方式和变换轴。"对象类型"选项组用于设置复制对象的类型，这和"克隆对象"对话框相似。"阵列维度"选项组用于指定阵列的维度。

对于阵列的操作，这里用一个实例来简单说明一下，具体过程如下：

1）在顶视图中创建一个半径为 10 的球体。

2）执行菜单中的"工具 | 阵列"命令，在弹出的"阵列"对话框中设置如图 2-109 所示，单击"确定"按钮，结果如图 2-110 所示。

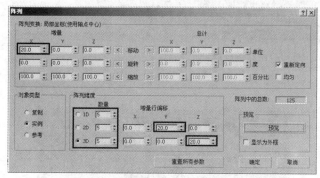

图 2-109　设置阵列参数

图 2-110　阵列后效果

2.6.4　使用间隔工具命令

使用间隔工具可以沿着一条任意形状的路径匀称地放置克隆对象，比如沿着输电线等距地放置电线杆。

执行菜单中的"工具 | 间隔工具"命令，或者单击主工具栏上的 ⁛⁛⁛（间隔工具）按钮就可以出现"间隔工具"对话框，如图 2-111 所示。

"间隔工具"对话框中的 拾取路径 按钮用于拾取路径，"参数"选项组中的"计数"选项用于设置复制的数量，"间距"用于设置复制对象之间的距离，"始端偏移"用于设置第一个对象在曲线上的位置，"末端偏移"用于设置复制的最后一个对象在曲线上的位置。

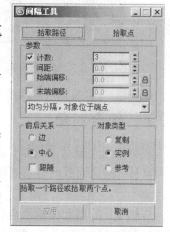

图 2-111　"间隔工具"对话框

单击"前后关系"选项组中的"边"单选框，表示复制对象的边缘处于系统计算出来的复制位置上。单击"中心"单选框，表示复制对象的中心处于复制位置。选中"跟随"复选框后，对象的轴线与复制曲线的切线平行。

对于间隔工具的操作，这里用一个实例来简单说明一下，具体过程如下：

1）在顶视图中创建一个半径为 15 的茶壶。

2）在顶视图中再创建一条螺旋线，参数设置及结果如图 2-112 所示。

3）选中茶壶，执行菜单中的"工具 | 间隔工具"命令，在弹出的"间隔工具"对话框中设置如图 2-113 所示，然后单击 拾取路径 按钮后拾取视图中的螺旋线，接着单击"应用"按钮，结果如图 2-114 所示。

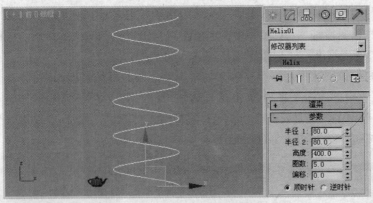

图 2-112 创建螺旋线

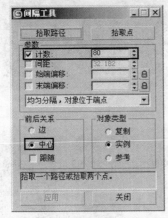

图 2-113 "间隔工具"对话框的参数设置

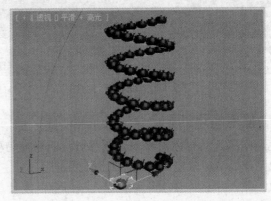

图 2-114 使用间隔工具后的效果

2.7 组合对象

对于一个复杂的场景，需要将对象组合在一起构成新的对象，使得选定和变换对象更为容易。组合而成的对象就像一个单独的对象，选定组合中的任何一个对象都将选定整个组合。

创建、分解和编辑组合的操作命令都位于"组"菜单，其中包括"成组"、"解组"、"打开"、"关闭"、"附加"、"分离"、"炸开"和"集合"8个命令。

选中要成组的对象，执行菜单中的"组|成组"命令，在弹出的"组"对话框中输入组的名称，然后单击"确定"按钮，即可将它们成组。如果要解组，只要选中组，然后执行菜单中的"组|解组"命令即可。

当进行变换时，组合的对象将作为一个整体被移动、旋转或是缩放。使用"组|打开"命令可以访问组合中的对象，此时可以选定和移动组合中的任何一个对象。如果执行菜单中的"组|分离"命令，则可以将当前选定的对象从组合中分离出去。如果执行菜单中的"组|关闭"命令，可关闭组合对象。如果选定分离出来的对象，执行菜单中的"组|附加"命令，可将其重新组合到组中。

2.8　实例讲解

本节将通过"制作石桌、石凳效果"和"制作椅子效果"两个实例来讲解一下动画与动画控制器的应用。

2.8.1　制作石桌、石凳效果

要点：

本例将制作一个简单的石桌与石凳的组合，如图 2-115 所示。学习本例，读者应掌握"阵列"命令和"锥化"修改器的使用。

图 2-115　石桌与石凳的组合

 操作步骤：

1. 制作石桌

1）单击菜单栏左侧的快速访问工具栏中的 按钮，然后从弹出的下拉菜单中选择"重置"命令，重置场景。

2）制作桌面。方法：单击 （创建）面板中的 （几何体）按钮，然后在下拉列表框中选择 扩展基本体，单击"切角圆柱体"按钮，如图 2-116 所示。接着进入 （修改）面板，修改切角圆柱体的参数如图 2-117 所示，结果如图 2-118 所示。

图 2-116　单击"切角圆柱体"
　　　　　按钮

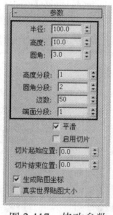

图 2-117　修改参数

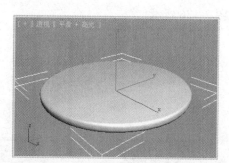

图 2-118　创建"切角圆柱体"

3）制作桌腿。方法：单击 ✦（创建）面板中的 ◯（几何体）按钮，然后单击其中的"圆柱体"按钮，如图 2-119 所示。接着在顶视图中创建一个圆柱体。最后进入 （修改）面板，修改圆柱体的参数，如图 2-120 所示，结果如图 2-121 所示。

  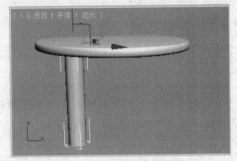

图 2-119　单击"圆柱体"　　图 2-120　修改参数　　　图 2-121　创建的圆柱体
　　　　　　按钮

4）单击 修改器列表 ，从下拉列表框中选择"锥化"命令，然后调节参数如图 2-122 所示，结果如图 2-123 所示。

图 2-122　调节"锥化"参数　　　　　　图 2-123　锥化后效果

5）制作其余桌腿。方法：在顶视图中选中作为桌腿的圆柱体，设置坐标系为"拾取"坐标系，坐标原点为"使用变换坐标中心"，如图 2-124 所示。然后拾取场景中的桌面，这样可以使桌腿 (ChamferClinder001) 坐标原点转为桌面坐标原点，如图 2-125 所示，结果如图 2-126 所示。

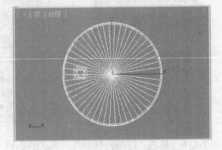

图 2-124　选择"拾取"　图 2-125　拾取桌面坐标系　　图 2-126　拾取桌面坐标系的效果

6）选中顶视图，执行菜单中的"工具 | 阵列"命令，在弹出的对话框中设置如图 2-127 所示。然后单击"确定"按钮，结果如图 2-128 所示。

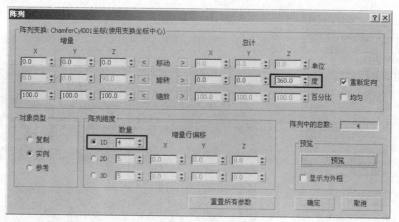

图 2-127　设置阵列参数

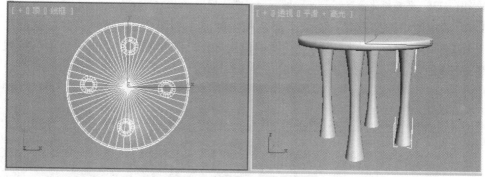

图 2-128　阵列后的效果

2．制作石凳

1）在顶视图中创建一个圆柱体，然后进入 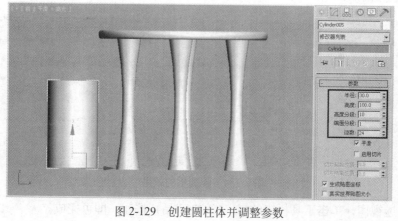（修改）面板，修改圆柱体的参数如图 2-129 所示。

图 2-129　创建圆柱体并调整参数

2) 执行修改器下拉列表中的"锥化"命令，参数设置如图 2-130 所示，结果如图 2-131 所示。

图 2-130　设置锥化参数

图 2-131　锥化后的效果

3）在顶视图中选择石凳，确认坐标系和坐标原点如图 2-132 所示。然后执行菜单中的"工具 | 阵列"命令，在弹出的对话框中设置如图 2-133 所示。单击"确定"按钮，结果如图 2-134 所示。

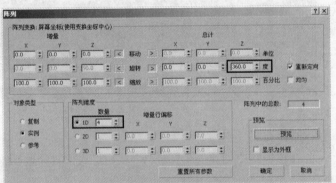

图 2-133　设置阵列参数

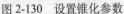

图 2-132　设置坐标系和坐标原点

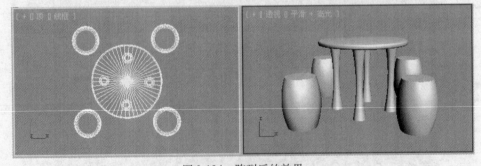

图 2-134　阵列后的效果

4）选择透视图，单击工具栏中的 （渲染产品）按钮，即可完成。

2.8.2 制作椅子效果

要点：

本例将制作一把如图2-135所示的椅子效果。学习本例，读者应掌握"编辑样条线"修改器、（阵列）工具的使用和基本材质的设定方法。

操作步骤：

1）单击菜单栏左侧的快速访问工具栏中的按钮，从弹出的下拉菜单中选择"重置"命令，重置场景。

图2-135　椅子效果

2）创建作为椅子腿的初始图形——矩形。方法：单击 ▓▓（创建）命令面板下 ▓▓（图形）中的 █矩形█ 按钮，在前视图中建立一个二维矩形。然后进入 ▓▓（修改）面板，将"参数"卷展栏中的"角半径"设为5，这样矩形就产生了一个半径为5的圆角。选中 "渲染"卷展栏中的"在渲染中启用"和"在视口中启用"复选框，这样矩形在视图和渲染时均可看到。最后设置"厚度"值为3，如图 2-136 所示。

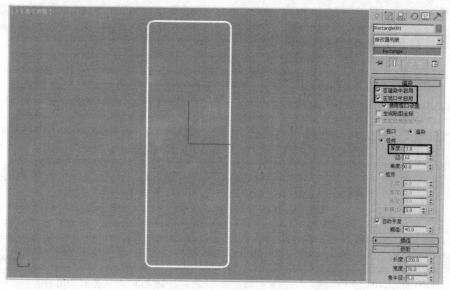

图2-136　设置矩形参数

3）制作椅子腿。方法：进入 ▓▓（修改）面板，执行"修改器列表"下拉列表中的"编辑样条线"命令。然后进入 ▓▓（顶点）级别，单击 █优化█ 按钮，在前视图中的矩形上增加 4个顶点，结果如图 2-137 所示。

提示：增加节点前应单击 ▓▓（捕捉）按钮，使光标对齐视图中的栅格，然后在矩形上添加顶点。

4）利用工具箱上的 ▓▓（选择并移动工具），在前视图中框选图2-138所示的8个顶点，然后单击右键，从弹出的快捷菜单中选择"角点"命令（见图2-138）。接着关掉 ▓▓（捕捉）按钮，在左视图中调整顶点的位置如图2-139所示。

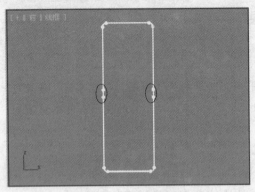

图2-137　添加顶点

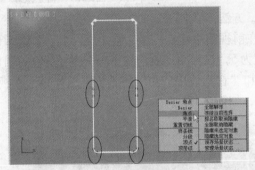

图2-138　框选顶点

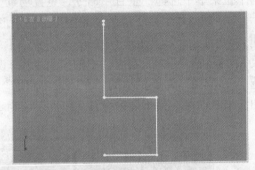

图2-139　调整顶点的位置

5）制作出椅子腿的圆角部分。方法：选中图2-140所示的顶点，然后在"修改"面板中调整圆角半径的数值为10.0，如图2-141所示。同理，调整其余顶点，结果如图2-142所示。

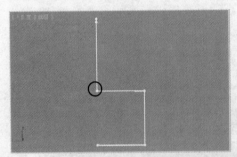

图2-140　选中顶点

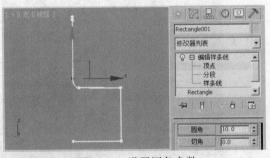

图2-141　设置圆角参数

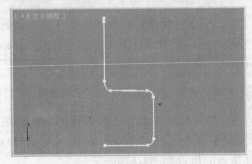

图2-142　圆角处理后的效果

6）制作椅子靠背和坐垫。方法：关掉"编辑样条线"修改器，单击 ![icon]（创建）命令面板下的 ![icon]（几何体）按钮，从下拉列表框中选择"扩展基本体"选项，然后单击 切角长方体 按钮，接着分别在前视图和左视图中的椅子腿上建立两个切角长方体，作为椅子靠背和坐垫，如图2-143所示。

选中其中一个切角长方体，进入 ![icon]（修改）面板，执行"修改器列表"中的弯曲命令，设置"弯曲轴"为 X 轴，"角度"为 –38.5，如图 2-144 所示。同理，修改另一个切角长方体。

提示：在建立切角长方体的时候，参数里面的"宽度分段"一定要设定大一些的数值，否则无法执行"弯曲"命令。

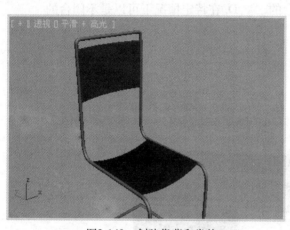

图2-143　创建靠背和坐垫

图2-144　设置弯曲参数

7）赋给椅腿材质。方法：单击工具栏上的 ![icon]（材质编辑器）按钮，进入材质编辑器。然后选择一个空白的材质球，参数设置如图 2-145 所示。接着将配套光盘中的"maps \ 金属反射贴图 .jpg"贴图指定给"反射"贴图右侧的按钮，如图 2-146 所示。最后选中场景中的椅子腿模型，单击材质编辑器上的 ![icon] 按钮，将调好的材质赋给椅腿。

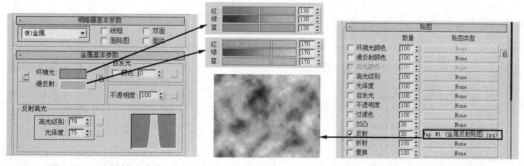

图2-145　设置基本参数

图2-146　指定反射贴图

8）单击工具栏上的 ![icon]（渲染产品）按钮。

2.9 习题

1. 填空题

(1) 3ds max 2012 提供了 11 种二维基本样条线，它们是 ____、____、____、____、____、____、____、____、____ 和 ____。

(2) 3ds max 2012 中有 10 种简单的标准基本体，它们是 ____、____、____、____、____、____、____、____ 和 ____。

2. 选择题

(1) （ ）的曲线拉伸后的结果才能生成实体。

  A. 不闭合   B. 闭合

  C. 可以是闭合的也可以是不闭合的   D. 在特定情况下可以是不闭合的

(2) 茶壶部件分为：（ ）。

  A. 壶体   B. 壶把   C. 壶嘴   D. 壶盖

3. 问答题/上机练习

(1) 简述平面和立体的关系。

(2) 使用本章中学习的标准基本体和扩展基本体创建一个电脑桌，如图 2-147 所示。

图 2-147　电脑桌效果图

第3章 常用编辑修改器

本章重点

在第 2 章中讲解了创建基本模型的方法，本章将讲解如何利用 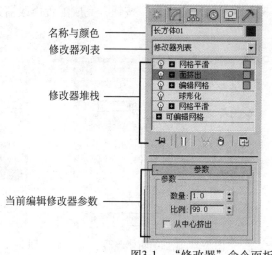（修改）面板中的编辑修改器对基本模型进行修改，从而得到更加复杂的模型。学习本章，读者应掌握常用的"编辑样条线"、"刀削"、"挤出"、"倒角"、"倒角剖面"、"弯曲"、"噪波"、"锥化"、"挤压"、"FFD修改器"、"拉伸"、"网格平滑"、"晶格"、"扭曲"、"置换"、"面挤出"、"变换"和"对称"修改器的使用方法。

3.1 认识"修改器"命令面板

修改器是 3ds max 的核心部分。3ds max 2012 自带了大量的编辑修改器，这些编辑修改器以堆栈方式记录着所有的修改命令，每个编辑修改器都有自身的参数集合和功能。用户可以对一个或多个模型添加编辑修改器，从而得到最终所需要的造型。

"修改器"命令面板分为"名称与颜色"、"修改器列表"、"修改器堆栈"和"当前编辑修改器参数"4 个区域，如图 3-1 所示。

图3-1 "修改器"命令面板

1. 名称与颜色

"名称与颜色"区域用于显示当前所选对象的名称和在视图中的颜色。用户可以在名称框中重新输入新的名称来实现对所选对象的重命名，并可以通过点取颜色框来改变当前物体的颜色。

> 提示：当所选物体还未指定材质时会使用此颜色作为材质颜色。一旦指定了材质，它就失去了对所选对象的着色性质。

2. 修改器列表

"修改器列表"中的编辑修改器分为选择修改器、世界空间修改器和对象空间修改器 3 类。在"修改器列表"处单击,可以打开全部编辑修改器的列表,从中可以选择所需的编辑修改器。

3. 修改器堆栈

"修改器堆栈"中包含所选对象和所有作用于该对象的编辑修改器。通过"修改器堆栈"可以对相关参数进行调整。

在修改器下方有 5 个按钮,通过它们可以对堆栈进行相应的操作。

锁定堆栈:用于冻结堆栈的当前状态,能够在变换场景对象的情况下,仍然保持原来选择对象的编辑修改器的激活状态。

/ 显示最终结果开 / 关切换:可以控制显示最终结果还是只显示当前编辑修改器的效果。 为显示最终效果, 为显示当前效果。

使唯一:当对多个对象施加了同一个编辑修改器后,选择其中一个对象单击该按钮,然后再调整编辑修改器的参数,此时只有选中的对象受到编辑修改器的影响,其余对象不受影响。

从堆栈中移除修改器:单击该按钮可以将选中的编辑修改器从修改器堆栈中删除。

配置修改器集:可以通过该工具配置自己需要的编辑修改器集。配置方法:单击该按钮,在弹出的快捷菜单中选择"配置修改器集"命令,如图 3-2 所示。然后在弹出的对话框中添加编辑修改器,如图 3-3 所示。单击"确定"按钮,完成配置修改器集,结果如图 3-4 所示。

 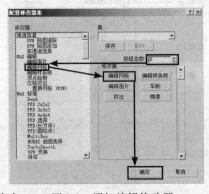 

图 3-2　选择"配置修改器集"命令　　　图 3-3　添加编辑修改器　　　图 3-4　完成配置的修改器

4. 当前编辑修改器参数

在修改器堆栈中选择一个编辑修改器后,可以在当前编辑修改器参数区对该修改器的参数进行再次调整。

3.2　常用的编辑修改器

3ds max 2012 提供了大量的修改器,其中"编辑样条线"、"锥化"、"噪波"、"挤出"、"车削"、"FFD"、"网格平滑"和"面挤出"等修改器是比较常用的几种。下面就来说明这些修改器的使用方法。

3.2.1　"编辑样条线"修改器

虽然可以利用图形创建工具来产生很多的二维造型，但是这些造型变化不大，并不能满足用户的需要。所以通常是先创建基本二维造型，然后通过"编辑样条线"修改器对其进行编辑和变换，从而得到最终所需的图形。

"编辑样条线"修改器是专门编辑二维图形的修改器，它分为顶点、分段和样条线 3 个层级，如图 3-5 所示。在不同层级中可以对相应的参数进行调整。

"编辑样条线"修改器的参数设置如下。

1. 编辑"顶点"

利用"编辑样条线"修改器对二维图形进行编辑时，顶点的控制是很重要的，因为顶点的变化会影响整条线段的形状与弯曲程度。

对"顶点"进行编辑的过程如下：

1）在前视图中绘制一个简单的二维图形，如图 3-6 所示。

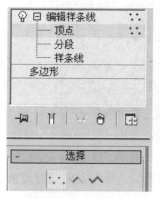

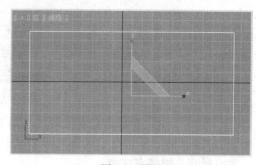

图3-5　"编辑样条线"修改器的3个层级　　　　　　　　图3-6　原图

2）进入 （修改）命令面板，在"修改器列表"位置单击鼠标，然后在弹出的"修改器列表"中选择"编辑样条线"修改器。接着进入 ⋯（顶点）层级，选择视图中的相应顶点即可进行编辑移动和变形等操作。此时选中的顶点显示如图 3-7 所示，"顶点"层级参数面板如图 3-8 所示。

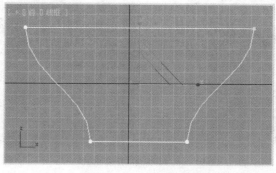

图 3-7　修改后效果

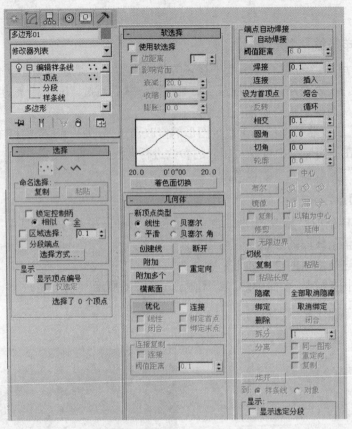

图 3-8 "顶点"层级参数面板

编辑"顶点"层级面板主要参数的含义如下。

- "锁定控制柄"复选框：在选取两个以上的控制顶点后，如果希望同时调整这些顶点的控制柄，则将它选中。

- 断开 按钮：单击此按钮后，可以将已选取的控制起始点变为控制结束点，并将它所连接的两条线段分开。

- 创建线 按钮：单击此按钮后，可以在当前选择的图形上画线，而且所画的任何新线都是所选取的二维图形的一部分，而不是一个独立的对象，如图 3-9 所示。

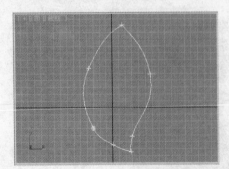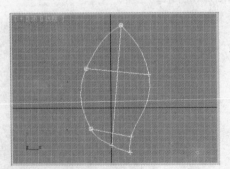

图3-9 "创建线"后的效果

- 附加 按钮：单击此按钮，可以给选中的二维图形加上另一个二维图形，也就是把两个二维图形合并为一个二维图形。

- 附加多个 按钮：与"附加"按钮的功能类似，这个按钮可以将多个二维图形附加到选中的对象上。

- 优化 按钮：允许在不改变二维物体形状的情况下添加节点。

- 焊接 按钮：用于连接两个控制节点，后面的数值为焊接的最大距离，当两点之间的距离小于此距离时就可以焊接在一起。

- 熔合 按钮：不需要间距，即可熔合任意两点。

- 连接 按钮：用来连接存在间距的两个顶点，使用时将一个顶点拖到另一个顶点上，即可连接。

- 插入 按钮：可对二维图形增加控制点的同时改变物体的形状。

- 设为首顶点 按钮：选择一个顶点后单击该按钮，可以将该顶点作为起始点。

- 循环 按钮：首先选中二维物体上的一个顶点，单击此按钮，则按逆时针方向将下一个顶点变为起始点。再次单击则依次循环。

- 圆角 按钮：可对二维图形进行圆角处理，如图 3-10 所示。

- 切角 按钮：可对二维图形进行切角处理，如图 3-11 所示。

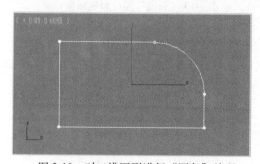 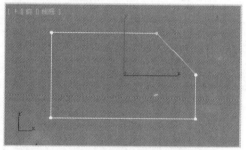

图 3-10　对二维图形进行"圆角"处理　　　图 3-11　对二维图形进行"切角"处理

2. 编辑"分段"

"分段"有直线与曲线两种，对"分段"进行编辑的过程如下。

进入 （修改）命令面板，在修改器列表位置单击鼠标，然后在弹出的"修改器列表"中选择"编辑样条线"修改器。接着进入 分段层级，选择视图中的相应分段即可进行移动和变形等操作编辑。此时选中的"分段"显示如图 3-12 所示，"分段"层级参数面板如图 3-13 所示。

"分段"层级主要参数的含义如下。

- 断开 按钮：可以将线段分为两段或多段。单击该按钮后，在被选中二维图形的线段或顶点上单击，可以使此单击点或此顶点所相连的线段分开，如图 3-14 所示。

- 优化 按钮：可以使二维物体在不改变形状的同时增加节点。单击此按钮后，在被选中二维物体的线段上单击可以添加节点，从而增加了可以编辑的"线段"数目，如图 3-15 所示。

- 隐藏 按钮：在二维物体上选中一段线段，再单击此按钮可以将此"线段"隐藏，如图 3-16 所示。然后单击 全部取消隐藏 按钮，可以将隐藏的"分段"重新显现。

● 拆分 按钮：可以将被选中的二维物体的线段等分增加节点，如图 3-17 所示。后面的数值为等分增加节点的数目。

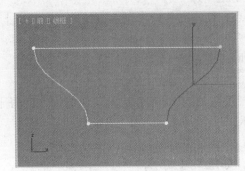

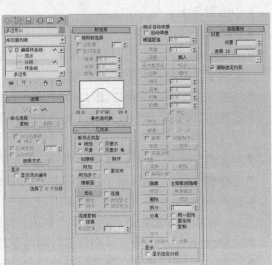

图 3-12　选中"分段"的显示效果　　　　　图 3-13　"分段"层级参数面板

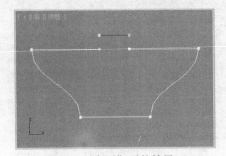

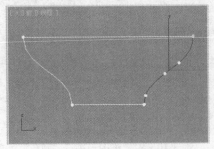

图 3-14　"断开"后的效果　　　　　图 3-15　"优化"后的效果

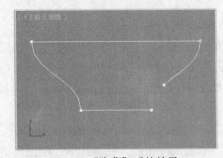

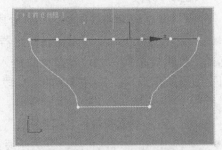

图 3-16　"隐藏"后的效果　　　　　图 3-17　"拆分"后的效果

● 分离 按钮：可以将被选中的线段分离为新的线段。按钮后有 3 个选项：选中"同一图形"复选框后，单击 分离 按钮，被选中的线段将分离在原处；选中"重定向"复选框后单击该按钮，所分离的线段将在该二维图形的中心轴点对齐；选中"复制"按钮后单击此按钮，则选取的线段将在原处复制；同时选中"重定向"和"复制"复选框再单击此按钮，则选取的线段将保留在原处，而复制分离的线段会对齐在该二维图形的中心轴点。

3. 编辑"样条线"

在"样条线"模式下，可以在一个样条对象中选择单个或多个样条，并且可以对它们进行"轮廓"、"布尔"等操作。

对"样条线"编辑的过程如下：

1）在前视图中绘制两个简单的二维图形，如图 3-18 所示。

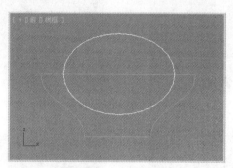

图3-18　创建的图形

2）进入 （修改）命令面板，在"修改器列表"位置单击鼠标，在弹出的"修改器列表"中选择"编辑样条线"修改器。然后进入 ∧（样条线）层级，将它们"附加"成一个整体。接着选择视图中相应的"样条线"即可进行"轮廓"、"布尔"等操作。此时选中的"样条线"显示如图 3-19 所示，"样条线"层级参数面板如图 3-20 所示。

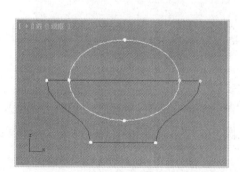

图 3-19　选中"样条线"显示效果

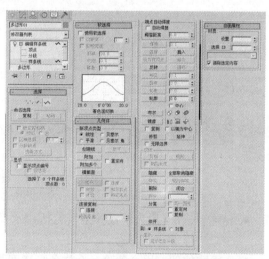

图 3-20　"样条线"层级参数面板

"样条线"层级主要参数的含义如下。

- 轮廓 按钮：生成一个所选择样条的副本，并且依据其右边文本框中的数值来向内或向外进行偏移，如图 3-21 所示。当"中心"复选框被选中时，初始样条和复制样条将同时依据要求的数值向相反的方向偏移。
- 布尔 按钮：在二维环境下对所选择的两个封闭样条进行布尔操作，有 ⚙并集、⚙相减和 ⚙相交 3 种情况。"并集"表示合并两个重叠的样条，重叠的部分被移走；"相减"

表示从第一个样条中减掉两个样条重叠的部分；"相交"表示只保留两个样条的重叠部分。图3-22所示为不同布尔运算后的结果。

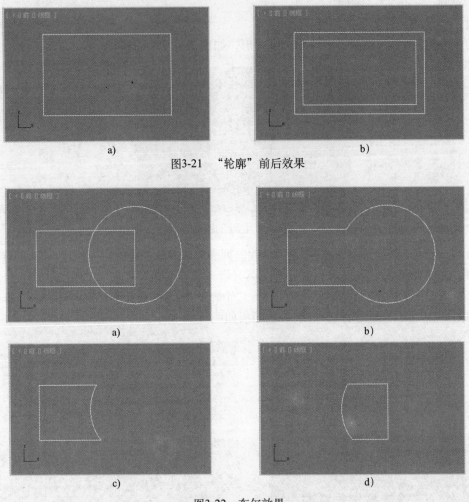

a)   b)

图3-21 "轮廓"前后效果

a)   b)

c)   d)

图3-22 布尔效果

a) 附加在一起的两个图形　b) 并集　c) 相减　d) 相交

- ▆▆▆▆ 按钮：用来镜像样条，包括 ▆▆水平镜像、▆▆垂直镜像和 ▆▆双向镜像3种不同的方式。
- ▆▆▆ 按钮：用来清除一个样条型中两相交样条交点以外的多余部分。
- ▆▆▆ 按钮：用来延长一个样条到另一个样条上，并且与另一个样条相交。
- ▆▆▆ 按钮：用来封闭被选择的样条，使该样条成为封闭样条。
- ▆▆▆ 按钮：将样条对象中的每段都分离成独立的样条。与 ▆▆▆▆ 相比，它更快捷。

3.2.2 "车削"修改器

"车削"修改器是通过二维轮廓线绕一个轴旋转从而生成三维对象。它的原理类似于制作陶瓷。通常利用它来制作花瓶、水果等造型。

"车削"修改器的参数面板如图 3-23 所示，参数面板中主要参数的含义解释如下：

● 度数：用于控制旋转的角度，范围从 0 ～ 360°，要产生闭合的三维几何体都要将这个值设为 360°。

● 焊接内核：选中该复选项后，系统自动将这部分表面平滑化。但是这个操作有可能不够精确，如果还要进行其他操作，最好不要选中该项。

● 翻转法线：用于将物体表面法线翻转过来。法线是与物体表面垂直的线，只有沿着物体表面法线的方向才能够看见物体，比如通过"基本几何体"命令创建出的几何体，其法线方向是向外的，在几何体内部什么都看不见。

● 分段：用于提高旋转生成物体的段数。"分段"数值越高，物体越平滑，如图 3-24 所示。

图3-23　"车削"设置

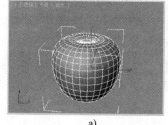

图 3-24　不同"分段"值比较
a)"分段"为 10　b)"分段"为 32

● 封口始端和封口末端：用于控制旋转后的物体顶端和末端是否封闭。

● 方向：用于控制物体表面轮廓将哪个轴向作为旋转轴，方向栏中有"X"、"Y"、"Z" 3个轴向可供选择。图 3-25 所示为选择不同轴向旋转后的结果。

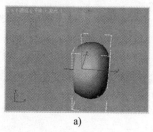
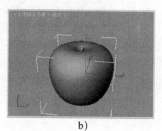
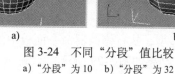

图3-25　选择不同方向结果的比较
a) X 轴　b) Y 轴　c) Z 轴

● 对齐：用于控制旋转中心的位置，有"最小"、"中心"和"最大" 3 个按钮可供选择。图 3-26 所示为 3 种情况的比较结果。

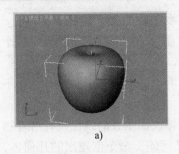 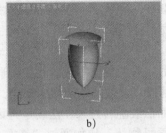 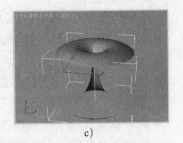

a)   b)   c)

图3-26 选择不同对齐方式的比较

a) 最小   b) 中心   c) 最大

● 输出：用于控制生成物体的类型，有"面片"、"网格"和"NURBS"3种类型可供选择。这3种类型也是3ds max 2012中三维对象的3种基本性质。

3.2.3 "挤出"修改器

"挤出"修改器主要用于将二维样条线快速挤压成三维实体，它的参数面板如图3-27所示。

"挤出"修改器面板的参数解释如下：

● 数量：用于控制拉伸量。

● 分段：用于定义拉伸体的中间段数。

● 封口：用于控制挤出物体是否封闭"始端"和"末端"。

● 输出：用于决定生成的拉伸体是以面片、网格还是NURBS曲线的形式存在。

下面利用"挤出"修改器创建一个三维立体文字，操作步骤如下：

1) 在前视图中利用"文字"工具输入二维文字"中国传媒大学"，如图3-28所示。

2) 选择文字造型，执行修改器命令面板中的"挤出"命令，设置挤出参数为10，结果如图3-29所示。

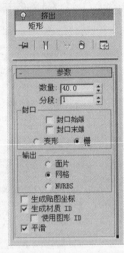

图3-27 "挤出"参数面板

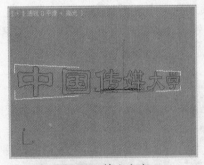 

图3-28 输入文字   图3-29 "挤出"后的效果

3.2.4 "倒角"修改器

"倒角"修改器与"挤出"修改器一样，也是用于将二维样条线快速挤压成三维实体。与"挤出"修改器相比，"倒角"修改器更加灵活，它可以在"挤出"三维物体的同时，在边界上加入直形倒角或圆形倒角。"倒角"修改器面板如图3-30所示。

"倒角"修改器面板的参数解释如下：

- 始端：设置开始截面是否封顶。
- 末端：设置结束截面是否封顶。
- 变形：用于创建变形的封闭面。
- 栅格：用栅格模型创建顶盖面。
- 线性侧面：设置内部边为直线模式，如图 3-31 所示。
- 曲线侧面：设置内部边为曲线模式，如图 3-32 所示。

图 3-30　"倒角"修改器面板

图3-31　"线性侧面"效果

图 3-32　"曲线侧面"效果

- 分段：设置片段数。
- 级间平滑：设置交叉面为光滑面。
- 生成贴图坐标：为对象创建贴图坐标。
- 避免线相交：避免相交产生的尖角。图 3-33 所示为选中"避免线相交"选项前后的比较。

a)　　　　　　　　　　　　　　　　　　b)

图3-33　选中"避免线相交"选项前后的比较

a）选中前　b）选中后

- 分离：设置边界线的间隔。
- 起始轮廓：设置轮廓线和原来对象之间的偏移距离。
- 级别 1/ 级别 2/ 级别 3：设置倒角 3 个层次的高度和轮廓。

3.2.5 "倒角剖面"修改器

"倒角剖面"修改器也是一种用二维样条线来生成三维实体的重要方式。在使用这一功能之前,必须事先创建好一个类似路径的样条线和一个截面样条线。"倒角剖面"修改器的参数面板比较简单,与"倒角"修改器面板十分相似,如图3-34所示。

下面使用"倒角剖面"修改器制作一个屋顶木线效果,创建过程如下:

1)创建两条样条线,如图3-35所示。

图3-34 "倒角剖面"参数面板

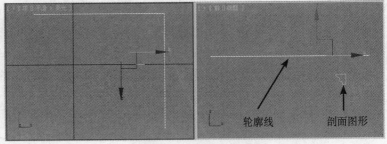

图3-35 创建两条样条线

2)选择轮廓线,执行修改器中的"倒角剖面"命令,打开"倒角剖面"参数面板。然后单击"拾取剖面"拾取视图中的剖面图形,结果如图3-36所示。

3)此时木线方向与实际方向是相反的。为了解决这个问题,进入 (修改)命令面板中的"剖面Gizmo"层级,利用 (选择并旋转)工具将其旋转180°即可,结果如图3-37所示。

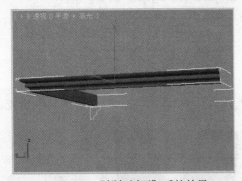

图3-36 "倒角剖面"后的效果

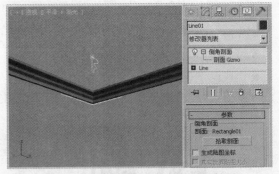

图3-37 旋转"剖面Gizmo"后的效果

3.2.6 "弯曲"修改器

"弯曲"修改器用于对物体进行弯曲处理,可以调节弯曲的角度和方向,以及弯曲依据的坐标轴向,还可以限制弯曲在一定的坐标区域之内,它的参数面板如图3-38所示。

"弯曲"修改器面板的参数解释如下。

● 角度:用于确定弯曲的角度。

● 方向:用于确定相对水平方向弯曲的角度,数值范围为1～360°。

● 弯曲轴:此选项中有3个选项,分别为X、Y和Z轴,是弯曲时所依据的方向。

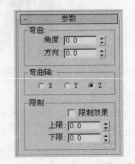

图3-38 "弯曲"参数面板

● 限制效果：为对象指定影响，以上限、下限值来确定影响区域。

● 上限：弯曲的上限，此限度以上的区域不会受到弯曲修改。

● 下限：弯曲的下限，此限度以下的区域不会受到弯曲修改。

下面使用"弯曲"修改器制作一个实例，操作步骤如下：

1）创建如图 3-39 所示的场景。

2）进入 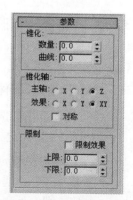（修改）命令面板，执行修改器中的"弯曲"命令，打开"弯曲"参数面板。设置"角度"为 90°，"方向"为 30°，结果如图 3-40 所示。

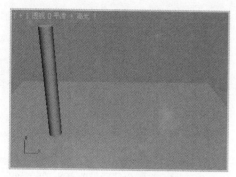

图 3-39　创建的场景

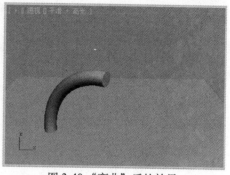

图 3-40　"弯曲"后的效果

3）选中"限制效果"选项，将"上限"设为 30，然后进入"弯曲"的 Gizmo 层级，在前视图中向上移动 Gizmo，结果如图 3-41 所示。

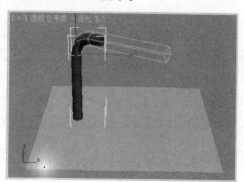

图 3-41　利用"Gizmo"和"限制效果"调整后的效果

3.2.7　"锥化"修改器

"锥化"修改器可以对对象进行锥化处理，使对象沿指定的轴产生变形的效果。它的参数面板如图 3-42 所示。

"锥化"修改器面板的参数解释如下。

● 数量：设定锥化倾斜的程度。

● 曲线：设定锥化曲度。

● 主轴：用于设定三维对象依据的轴向，有 X、Y、Z 3 个轴向可供选择。

● 限制效果：设定影响锥化效果的上限和下限。

图3-42　"锥化"参数面板

●对称：设定一个三维对象是否产生对称锥化的效果。

●上限：设定锥化的上限。

●下限：设定锥化的下限。

下面使用"锥化"修改器制作一个实例，具体创建过程如下：

1）在透视图中创建一个球体，如图 3-43 所示。

2）进入 （修改）命令面板，执行修改器中的"锥化"命令，打开"锥化"参数面板。设置锥化"数量"为 3，结果如图 3-44 所示。

图 3-43　创建的球体

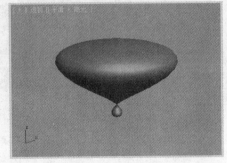

图 3-44　将锥化"数量"设为 3 的效果

3）将"曲线"设置为 3，结果如图 3-45 所示。

4）选中"对称"选项，结果如图 3-46 所示。

图 3-45　将锥化"曲线"设为 3 的效果

图 3-46　选中"对称"选项的效果

3.2.8　"挤压"修改器

"挤压"修改器通常使对象产生挤压效果，它的参数面板如图 3-47 所示。

"挤压"修改器面板的参数解释如下：

1．"轴向凸出"选项组

用于沿着"挤压"Gizmo 的局部 Z 轴应用凸起效果，默认情况下，它会沿着对象的局部 Z 轴进行对齐。

●数量：控制凸起效果的数量。设置较高值可以有效拉伸对象，并使末端向外弯曲。

图3-47　"挤压"参数面板

- 曲线：设置在凸起末端曲率的度数。可以使用此选项来控制凸起是平滑的还是尖锐的。

2. "径向挤压"选项组

用于可以绕着"挤压"Gizmo 的局部 Z 轴应用挤压效果，默认情况下，它会沿着对象的局部 Z 轴进行对齐。

- 数量：控制挤压操作的数量。大于 0 的值将会压缩对象的"腰部"；而小于 0 的值将会使"腰部"向外凸起。
- 曲线：设置挤压曲率的度数。较低的值会产生尖锐的挤压效果，而较高的值则会创建平缓的、不太明显的挤压。

3. "限制"选项组

用于限制沿着局部 Z 轴的挤压效果范围。

- 限制效果：限制挤压效果的范围，就如由"下限"和"上限"设置定义的一样。
- 下限：设置沿着 Z 轴的正向限制。
- 上限：设置沿着 Z 轴的负向限制。

4. "效果平衡"选项组

- 偏移：在保留恒定对象体积的同时，更改凸起和挤压的相对数量。
- 体积：平行地同时增加或减少"挤压"和"凸起"的效果。

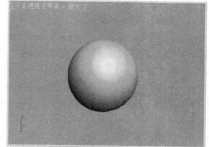

图 3-48　创建球体

下面使用"挤压"修改器制作一个实例，具体创建过程如下：

1）在透视图中创建一个球体，如图 3-48 所示。

2）进入 （修改）命令面板，执行修改器中的"挤压"命令，然后激活 自动关键点 按钮，在第 0 帧将"轴向凸出"选项组中的"数量"设为"0"。

3）在第 50 帧将"轴向凸出"选项组中的"数量"设为"2.0"，结果如图 3-49 所示。

4）在第 100 帧将"轴向凸出"选项组中的"数量"设为"-2.0"，结果如图 3-50 所示。

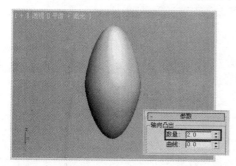

图 3-49　在第 50 帧将"数量"设为"2.0"

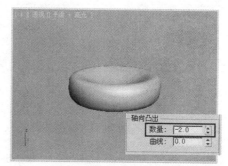

图3-50　在第100帧将"数量"设为"-2.0"

5）单击动画控制区中的 ▶（播放动画）按钮，即可看到挤压动画效果。

3.2.9　"噪波"修改器

"噪波"修改器是一种能使物体表面突起、破碎的工具，一般用来创建地面、山脉和水面的波纹等表面不平整的场景。"噪波"修改器的参数面板如图 3-51 所示。

"噪波"修改器面板的参数解释如下。

- 种子：设定随机状态，会使三维对象产生不同的形变。
- 比例：设定影响范围，值越小影响越强烈。
- 碎片：选中该复选框会产生断裂地形效果，增加陡峭感，适合用于制作山峰。
- 粗糙度：设定物体表面粗糙的程度，值越大物体表面越粗糙。
- 迭代次数：设定断裂反复次数，值越大地形起伏越多。
- 强度：X/Y/Z 用于设定对象在 3 个轴向上的强度。
- 动画噪波：用于产生动画噪波。
- 频率：设定默认的噪波的频率，值越高波动速度越快。
- 相位：不同的相位值使三维对象的点在波形曲线上偏移不同的位置。

下面使用"噪波"修改器制作一个实例，具体创建过程如下：

1）在顶视图中创建一个平面，参数设置及结果如图 3-52 所示。

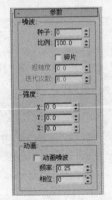

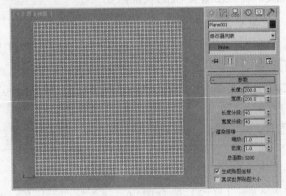

图 3-51 "噪波"参数面板　　　　　　　图 3-52 创建平面

2）进入 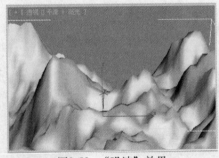 （修改）命令面板，执行修改器中的"噪波"命令，打开"噪波"参数面板。选中"碎片"选项，设置"迭代次数"为 6，设置"Z"的强度为 125，结果如图 3-53 所示。

图3-53 "噪波"效果

3.2.10 "对称"修改器

"对称"修改器用于镜像物体，它的参数面板如图 3-54 所示。

"对称"修改器面板的参数解释如下：

● X、Y、Z：用于指定执行对称所围绕的轴，可以在选中轴的同时在视图中观察效果。图 3-55 所示为使用不同镜像轴的镜像效果。

图 3-54 "对称"参数面板

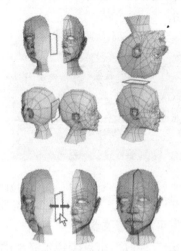

图 3-55 使用不同镜像轴的"对称"效果

● 翻转：如果想要翻转对称效果的方向需要选中"翻转"复选框，默认设置为禁用状态。
● 沿镜像轴切片：勾选"沿镜像轴切片"选项，可以使镜像 Gizmo 在定位于网格边界内部时作为一个切片平面。当 Gizmo 位于网格边界外部时，对称反射仍然作为原始网格的一部分来处理。如果取消勾选"沿镜像轴切片"，对称反射会作为原始网格的单独元素来进行处理。
● 焊接缝：勾选"焊接缝"能够确保沿镜像轴的顶点在阈值范围以内时会自动焊接。
● 阈值：用于设置顶点在自动焊接起来之前的接近程度，默认值为 0.1。

3.2.11 其余常用修改器

1. FFD修改器

FFD 是 Free Form Deformation 的缩写，即自由形式变形，它通过调节三维空间控制点来改变物体形状。为物体加入自由形式变形修改后，在物体周围会出现一个由点、线组成的黄色范围框，调节范围框中的点可影响选择物体的形态。图 3-56 为使用 FFD 修改器前后的效果比较图。

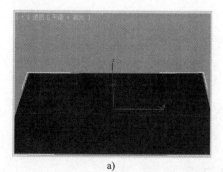

a)

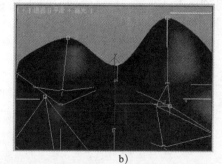

b)

图3-56 使用FFD修改器前后的效果比较

a）使用前 b）使用后

2. "拉伸"修改器

"拉伸"修改器用于将物体沿指定的轴向进行拉伸。图 3-57 为使用"拉伸"修改器前后的效果比较图。

 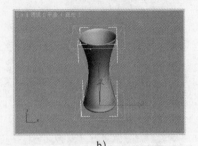

a)   b)

图3-57　使用"拉伸"修改器前后的效果比较

a）使用前　b）使用后

3. "网格平滑"修改器

"网格平滑"修改器可对尖锐不光滑的表面进行光滑处理，加入更多的面来取代直面部分。加的面越多，物体就越光滑，运算速度自然也就越慢。图 3-58 为使用"网格平滑"修改器前后的效果比较图。

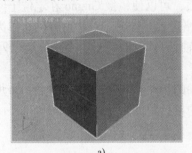 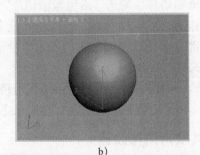

a)   b)

图3-58　使用"网格平滑"修改器前后的效果比较

a）使用前　b）使用后

4. "晶格"修改器

"晶格"修改器可将网格物体进行线框化，这种线框化比"线框"材质更先进，它是在造型上完成了真正的线框转化，交叉点转化为节点造型（可以是任意正多边形，包括球体）。图 3-59 为使用"晶格"修改器前后的效果比较图。

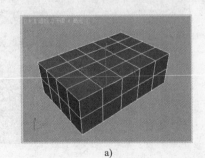 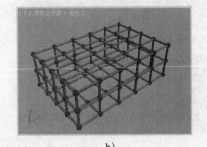

a)   b)

图3-59　使用"晶格"修改器前后的效果比较

a）使用前　b）使用后

5."扭曲"修改器

"扭曲"修改器用于对物体或物体的局部在指定轴向上产生倾斜变形。图 3-60 为使用"扭曲"修改器前后的效果比较图。

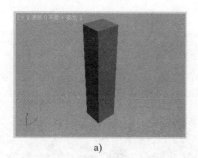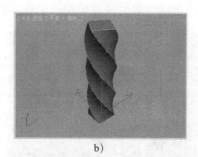

a)   b)

图3-60　使用"扭曲"修改器前后的效果比较

a）使用前　b）使用后

6."置换"修改器

"置换"修改器可将贴图覆盖到物体表面，根据图像颜色的"深浅"对物体进行凹凸处理。图 3-61 为使用"置换"修改器前后的效果比较图。

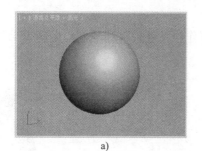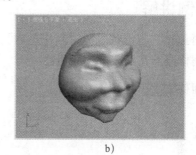

a)   b)

图3-61　使用"置换"修改器前后的效果比较

a）使用前　b）使用后

7."面挤出"修改器

"面挤出"修改器用于将选择的面进行挤出处理。图 3-62 为使用"面挤出"修改器前后的效果比较图。

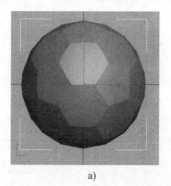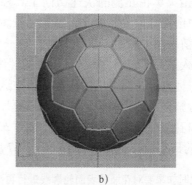

a)   b)

图3-62　使用"面挤出"修改器前后的效果比较

a）使用前　b）使用后

8. 变换

"变换"修改器在实际工作中使用较多，它是用一个定位架来框住被选择的物体，然后通过 Gizmo 物体的变动修改，间接地对物体进行变动修改。图 3-63 为使用"变换"修改器制作的爆胎在滚动时爆胎位置始终位于底部的效果。

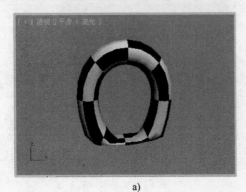 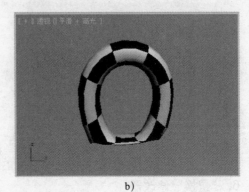

a)   b)

图3-63   爆胎位置始终位于底部的效果

a）使用前   b）使用后

3.3   实例讲解

本节将通过"制作花瓶"、"制作足球"、"制作沙发效果"和"制作山脉效果"4 个实例来讲解常用修改器在实践中的应用。

3.3.1   制作花瓶

 要点：

本例将创建一个花瓶造型，如图 3-64 所示。学习本例，读者应掌握改变"顶点"编辑方式的方法和"车削"修改器的使用。

图3-64   花瓶效果

 操作步骤：

1）单击菜单栏左侧的快速访问工具栏中的 ⬛ 按钮，然后从弹出的下拉菜单中选择"重置"命令，重置场景。

2）在前视图中利用"线"工具绘制一个花瓶的表面轮廓线，如图 3-65 所示。

3）进入 ⬛ （修改）命令面板中的"线"的"顶点"层级，框选视图中所有"顶点"，然后单击鼠标右键，在弹出的快捷菜单中选择"贝塞尔"，从而将"角点"转换为"贝塞尔"点。接着调整顶点的控制手柄，使图形更加圆滑，结果如图 3-66 所示。

4）执行 ⬛ （修改）命令面板中的"车削"命令，单击"Y"和"最小值"按钮，使图形沿 Y 轴的最小轴心旋转，结果如图 3-67 所示。

提示：此时如果要对花瓶的表面轮廓线进行再次修改，可以进入修改器命令面板中"线"的"顶点"层级，单击 ⅠⅠ 按钮，显示出最终结果，如图3-68所示，然后再对"顶点"进行调节。这样调节的好处是比较直观。

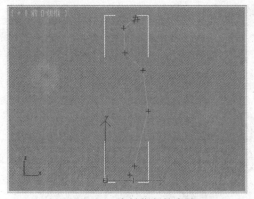

图 3-65 绘制花瓶轮廓线

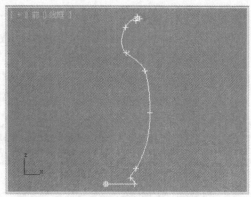

图 3-66 将"角点"转换为"贝塞尔"点

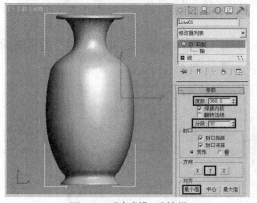

图 3-67 "车削"后效果

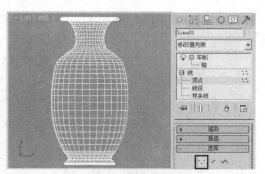

图 3-68 调整"顶点"

3.3.2 制作足球

 要点:

本例将制作一个足球, 效果如图 3-69 所示。学习本例, 读者应掌握"网格平滑"、"球形化"和"面挤出"修改器的综合使用。

图3-69 足球效果

 操作步骤:

1) 单击菜单栏左侧的快速访问工具栏中的 按钮, 然后从弹出的下拉菜单中选择"重置"命令, 重置场景。

2) 单击 (创建) 命令面板中的 (几何体) 按钮, 然后在 标准基本体 下拉列表中选择 扩展基本体 选项, 接着单击"异面体"按钮, 在顶视图中创建一个异面体, 设置参数及结果如图 3-70 所示。

3) 右击视图中的螺旋体, 在弹出的快捷菜单中选择"转换到 | 转换为可编辑的网格物体"命令, 将其转换为可编辑的网格物体。

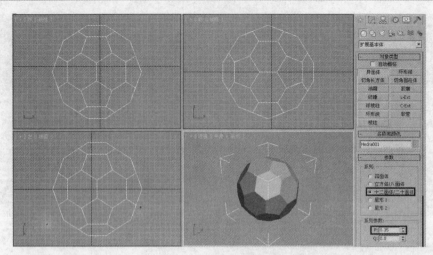

图3-70 创建"异面体"

4）进入 （修改）命令面板中可编辑网格的 （多边形）层级,选择视图中的所有面,然后单击"炸开"按钮,如图 3-71 所示,将所有的面炸开。

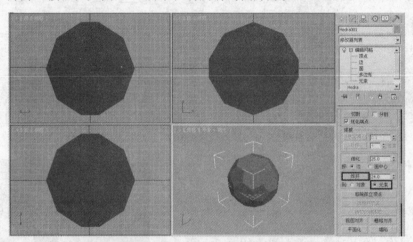

图3-71 将"异面体"所有的面炸开

5）选中视图中的所有图形,进入 （修改）命令面板,执行修改器中的"网格平滑"命令,设置参数及结果如图 3-72 所示。

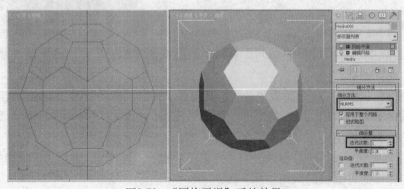

图3-72 "网格平滑"后的效果

6）此时看上去变化不大，下面执行修改器中的"球形化"命令，设置参数及结果如图 3-73 所示。此时就可以看到效果了。

提示：如果不执行"网格平滑"修改器，而只执行"球形化"修改器是不会产生图3-73所示的平滑效果的。

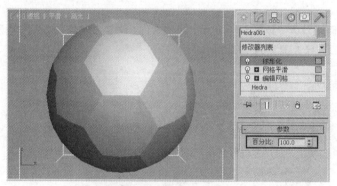

图3-73 "球形化"效果

7）制作足球纹理。执行修改器中的"面挤出"命令，设置参数及结果如图 3-74 所示。

图3-74 "面挤出"效果

8）制作足球平滑效果。再次执行修改器中的"网格平滑"命令，设置参数及结果如图 3-75 所示。

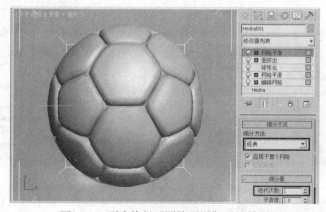

图3-75 再次执行"网格平滑"后的效果

9）赋予足球模型"多维／子对象"材质，然后渲染。

3.3.3 制作沙发效果

 要点：

本例将制作一个欧式沙发，如图3-76所示。学习本例，读者应掌握"放样"建模、"倒角剖面"、"网格平滑"和"FFD"修改器的综合应用。

图3-76 欧式沙发

操作步骤：

1. 制作沙发靠背

1）单击菜单栏左侧的快速访问工具栏中的 按钮，然后从弹出的下拉菜单中选择"重置"命令，重置场景。

2）单击 （创建）命令面板中的 （几何体）按钮，然后在 标准基本体 下拉列表中选择 扩展基本体 选项，接着单击"切角长方体"按钮，在前视图中创建一个切角长方体，如图3-77所示。

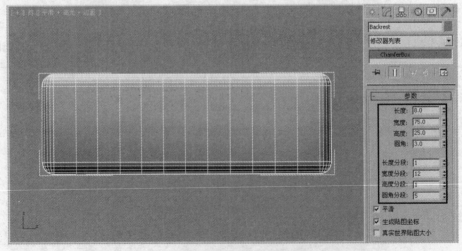

图3-77 创建切角长方体

3）进入 （修改）命令面板，执行修改器下拉列表中的"FFD 3×3×3"命令，然后进入"控制点"级别，调整控制点的位置，结果如图 3-78 所示。

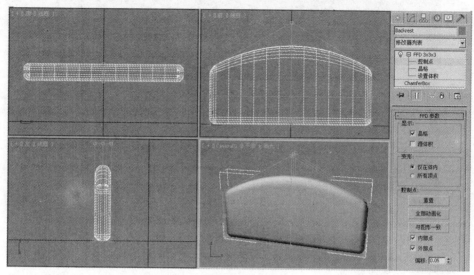

图3-78　调整控制点的位置

2. 制作沙发扶手

1）进入 ![图形] （图形）命令面板，单击"线"按钮，然后在前视图中绘制如图 3-79 所示的封闭线段，命名为"倒角截面"。

2）在顶视图中创建如图 3-80 所示的线段，命名为"倒角轮廓"。

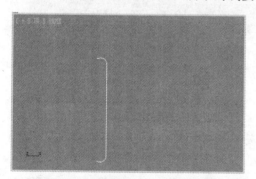

图 3-79　在前视图中绘制封闭线段

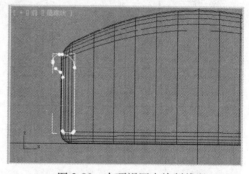

图 3-80　在顶视图中绘制线段

3）在视图中选择"倒角截面"造型，然后进入 ![修改] （修改）命令面板，执行修改器下拉列表中的"倒角剖面"命令，接着单击"拾取剖面"按钮，拾取视图中的"倒角轮廓"造型，结果如图 3-81 所示。

4）在前视图中选中"倒角剖面"后的造型，单击工具栏中的 ![镜像] （镜像）按钮，在弹出的对话框中设置参数如图 3-82 所示，单击"确定"按钮，结果如图 3-83 所示。

3. 制作沙发底座

1）单击 ![创建] （创建）命令面板中的 ![几何体] （几何体）按钮，然后在 标准基本体 下拉列表中选择 扩展基本体 选项，接着单击"切角长方体"按钮，在顶视图中创建一个切角长方体，如图 3-84 所示。

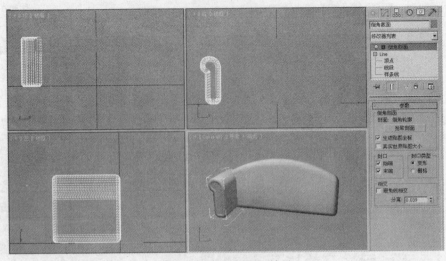

图3-81 "倒角剖面"效果

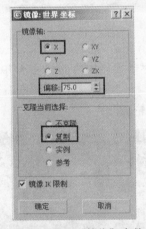

图3-82 设置"镜像"参数

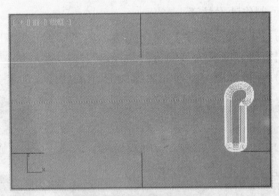

图3-83 "镜像"效果

图3-84 创建切角长方体

2) 同理,再创建一个切角长方体,放置位置如图 3-85 所示。

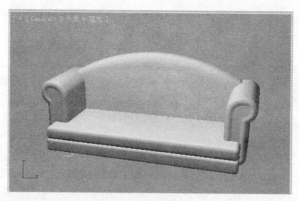

图 3-85　创建另一个切角长方体

4. 创建沙发坐垫

1）进入 ◎ （几何体）命令面板，创建一个切角长方体，如图 3-86 所示。

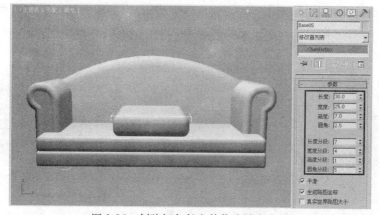

图 3-86　创建切角长方体作为沙发坐垫

2）进入 ◢ （修改）命令面板，执行修改器下拉列表中的"FFD 3×3×3"命令，然后进入"控制点"级别，调整控制点的位置，结果如图 3-87 所示。

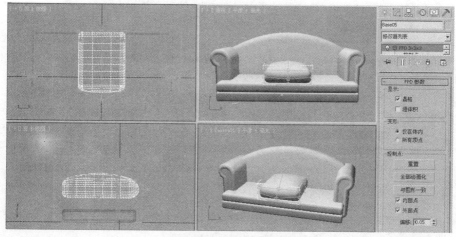

图3-87　调整沙发坐垫的形状

3）进入 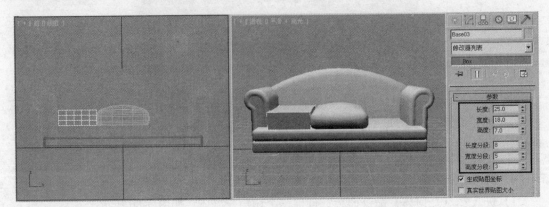（几何体）命令面板，单击"长方体"按钮，然后在顶视图中创建长方体，参数设置及放置位置如图3-88所示。

图3-88　创建长方体

4）进入 （修改）命令面板，执行修改器下拉列表中的"编辑网格"命令，然后进入 （多边形）级别，选中图3-89所示的多边形。接着单击"挤出"按钮，在视图中对其进行挤出操作，结果如图3-90所示。

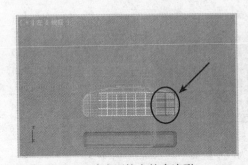
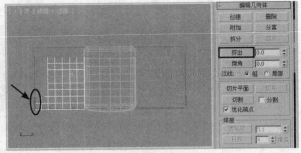

图3-89　选中要挤出的多边形　　　　　　图3-90　挤出后效果

5）执行修改器下拉列表中的"网格平滑"命令，将其进行光滑处理，结果如图3-91所示。

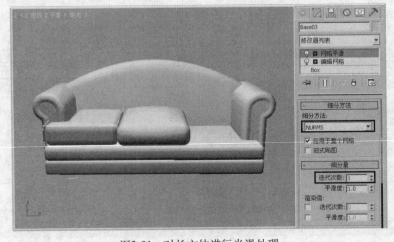

图3-91　对长方体进行光滑处理

6）进入 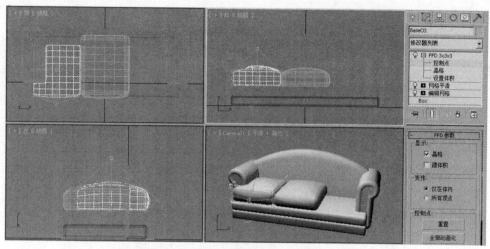（修改）命令面板，执行修改器下拉列表中的"FFD3×3×3"命令，然后进入"控制点"层级，调整控制点的位置，结果如图3-92所示。

图3-92 调整控制点的形状

7）利用工具栏中的 （镜像）工具，镜像出另一侧的坐垫，结果如图 3-93 所示。

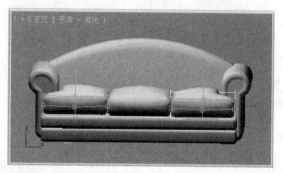

图3-93 镜像出另一侧坐垫

5. 制作沙发靠垫

1）制作靠垫的方法和制作坐垫相同，最终结果如图 3-94 所示。

图 3-94 制作出靠垫

2）选择 Camera 01 视图，单击工具栏中的 （渲染产品）按钮进行渲染。

3.3.4 制作山脉效果

要点：

本例将制作一个山脉造型，如图3-95所示。学习本例，读者应掌握利用"置换"修改器来制作山脉造型的方法。

图3-95 山脉效果

操作步骤：

1）单击菜单栏左侧的快速访问工具栏中的 按钮，从弹出的下拉菜单中选择"重置"命令，重置场景。

2）单击 （创建）命令面板下 （几何体）中的 平面 按钮，在顶视图中创建一个平面体，参数设置及结果如图3-96所示。

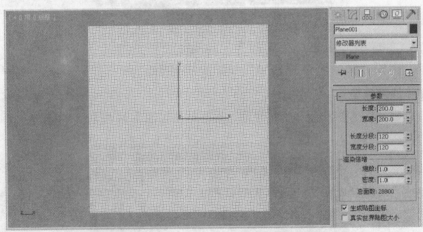

图3-96 创建平面体

3）进入 （修改）命令面板，执行修改器下拉列表中的"置换"命令，然后单击工具栏上的 （材质编辑器）按钮，进入材质编辑器。接着选择一个空白的材质球，展开"贴图"卷展栏，指定给"置换"右侧的 None 按钮一个"遮罩"贴图，如图3-97所示。

4）将"遮罩"贴图拖到"置换"修改器"贴图"选项下的 None 按钮上，在弹出的对话框中选择"实例"选项，如图3-98所示，并将"强度"值设为150，如图3-99所示。

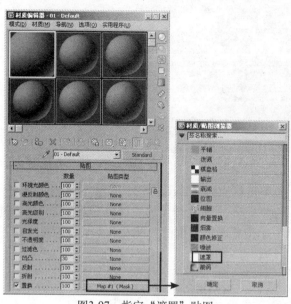

图3-97　指定"遮罩"贴图　　　图3-98　选择"实例"　　图3-99　设置"强度"

5）制作山脉的凹凸效果。方法：在材质编辑器中单击"置换"右侧的　Map #1（Mask）　按钮，进入"遮罩"参数设置，然后单击"贴图"右侧的　　　None　　　按钮，在弹出的"材质／贴图浏览器"对话框中选择"噪波"贴图，如图 3-100 所示。然后单击"确定"按钮，进入噪波参数设置，设置参数如图 3-101 所示。此时视图中的显示效果如图 3-102 所示。

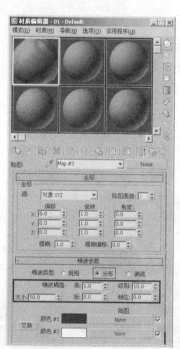

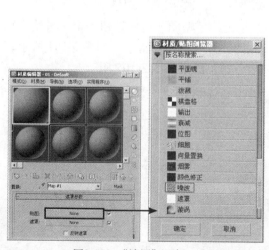

图3-100　"遮罩"面板　　　　　　　　图3-101　"噪波"面板

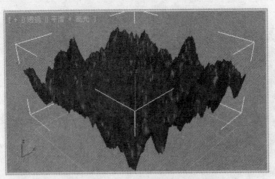

图3-102　显示效果

6）为了使山脉凹凸效果更加丰富，下面单击材质编辑器工具栏中的 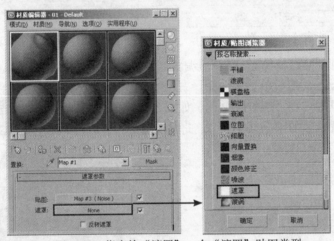 按钮，回到上一级面板，然后单击"遮罩"右侧的 None 按钮，在弹出的"材质/贴图浏览器"对话框中选择"遮罩"贴图，如图 3-103 所示，单击"确定"按钮，进入第 2 个"遮罩"贴图的设置。

图3-103　指定给"遮罩"一个"遮罩"贴图类型

7）在第 2 个"遮罩"的贴图设置中，指定给"贴图"右侧按钮一个"噪波"贴图，参数设定如图 3-101 所示，此时视图中的山脉凹凸效果更加丰富了，如图 3-104 所示。下面单击材质编辑器工具栏上的 按钮，查看材质分布，结果如图 3-105 所示。

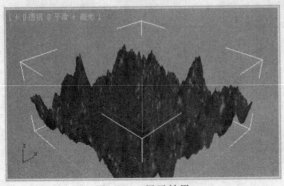

图3-104　显示效果

图3-105　材质分布

8）制作出山脉和平地高低起伏的效果。方法：单击材质编辑器工具栏中的 ⬚ 按钮，回到上一级面板，指定给第 2 个"遮罩"右侧按钮一个"遮罩"贴图（此时这个"遮罩"贴图是第 3 次使用了），并进入第 2 个"遮罩"贴图的参数设置。然后指定给"贴图"右侧按钮一个"噪波"贴图，参数设定如图 3-106 所示，此时视图中的显示效果如图 3-107 所示。接着单击材质编辑器工具栏上的 ⬚ 按钮，查看材质分布，最终结果如图 3-108 所示。

9）制作出山脉近处平地远处山脉的效果。方法：单击材质编辑器工具栏中的 ⬚ 按钮，回到上一级面板，指定给"遮罩"右侧 None 按钮一个"渐变"贴图，设置 Color#1、Color#2 和 Color#3 的颜色如图 3-109 所示。

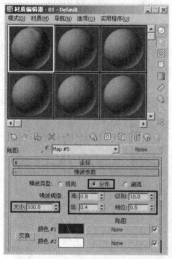

图3-106　设置"噪波"参数

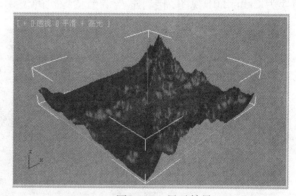

图3-107　显示效果

图3-108　材质分布

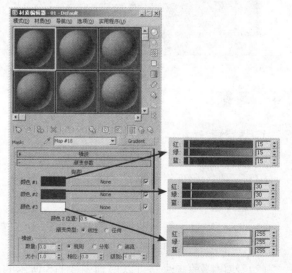

图3-109　指定"渐变"贴图

10）至此，山脉制作完毕，效果如图 3-110 所示。下面单击材质编辑器工具栏上的 ⬚ 按钮，查看整个山脉的材质分布，如图 3-111 所示。

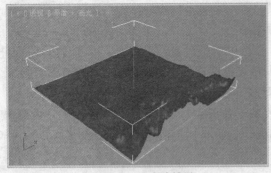 

图3-110　山脉效果　　　　　　　　图3-111　山脉材质分布

11）为了便于观察，下面进入 （摄像机）命令面板，单击 **目标** 按钮，在顶视图中创建一架目标摄像机。然后赋予山脉一个白色材质，再选择透视图，单击〈C〉键，将透视图切换为 Camera01 视图，接着适当调节摄像机的位置，获得最佳视角，结果如图 3-112 所示。

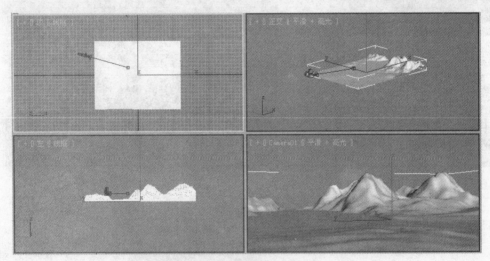

图3-112　添加摄像机效果

3.4　习题

1. 填空题

（1）"编辑样条线"修改器包括 _____、_____ 和 _____ 3 个层级。

（2）二维图形布尔运算有 3 种情况，分别是 _____、_____ 和 _____。

2. 选择题

（1）下面哪种编辑修改器不能将二维样条线转换成三维实体？（　　）

　　A. 挤出　　　　B. 车削　　　　C. 噪波　　　　D. 倒角

（2）使用哪种修改器可以得到图 3-113 所示的金属架效果？（　　）

　　A. 晶格　　　　B. 噪波　　　　C. 拉伸　　　　D. 扭曲

（3）使用哪种修改器可以得到图 3-114 所示的石凳效果？（　　）

　　A. 锥化　　　　B. 球面化　　　　C. 倒角　　　　D. 扭曲

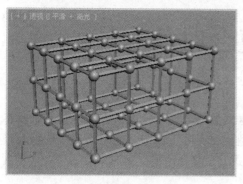

图3-113 金属架效果

图 3-114 石凳效果

3. 问答题/上机练习

（1）简述"挤出"、"倒角"和"倒角剖面"修改器的使用方法。

（2）练习 1：通过"置换"修改器和 3ds max 自带的贴图制作山脉效果，如图 3-115 所示。

a)

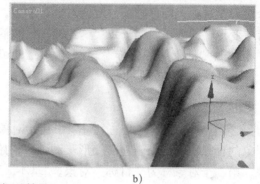

b)

图3-115 练习1效果

a) 3ds max 自带贴图 b) 练习 1 效果

（3）练习 2：通过"噪波"和"FFD"修改器制作山脉效果，如图 3-116 所示。

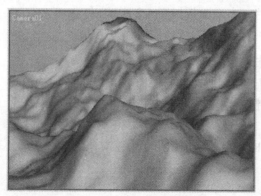

图3-116 练习2效果

第4章 复合对象

本章重点

本书到目前为止，已经讲解了简单的基础建模类型，其中包括二维形体和三维基本造型建模。这些模型都是 3ds max 2012 自带的模型。在实际工作中，经常需要在模型与模型之间进行运算，从而产生新的模型，这种建模方式就是复合建模。学习本章，读者应掌握复合对象建模的基本要领和简单应用。

4.1 复合对象建模类型

复合对象包括几种独特的对象类型。执行"创建"菜单中的"复合"命令或选择 ▓（创建）命令面板中的 ▢（几何体）下拉列表中的"复合对象"选项，均可进入"复合对象"面板。复合对象包括的类型有"变形"、"散布"、"一致"、"连接"、"水滴网格"、"图形合并"、"布尔"、"地形"、"放样"、"网格化"、ProBoolean 和 ProCutter 12 种类型，如图 4-1 所示。

图 4-1 "复合对象"面板

4.1.1 变形

"变形"复合对象是通过把一个对象中初始对象的顶点插补到第二个对象的顶点位置上来创建"变形"动画。初始对象称为"基本"对象，第二个对象称为"目标"对象。"基本"对象和"目标"对象必须有相同的顶点数。一个"基本"对象可以变形为几个"目标"对象。

"变形"复合对象的参数用于控制变形操作，它包括"选取目标"和"当前对象"两个卷展栏，参数面板如图 4-2 所示。

"变形"复合对象的参数面板参数解释如下。

1. "选取目标"卷展栏

"选取目标"卷展栏用于控制所选取的目标对象。

单击"选取目标"按钮后，可在场景中获得将要进行变形的目标对象。

"选取目标"按钮下面的 4 个单选按钮用于产生对象的 4 种变形，与复制对象完全相同，这 4 种形式为"参考"、"复制"、"移动"和"实例"。

2. "当前对象"卷展栏

"当前对象"卷展栏用于控制变形操作的对象。

●"变形目标"列表框中显示了所有处于编辑状态下的变形目标对象。

●"变形目标名称"栏中显示了所选择的变形对象。

图 4-2 "变形"参数面板

● "创建变形关键点"按钮用于建立变形动画关键帧,需配合动画编辑的时间滑块使用。

● "删除变形目标"按钮用于删除编辑状态下的目标对象。

下面使用"变形"复合对象建模模式制作一个变形的茶壶效果,操作步骤如下:

1)创建一个茶壶,如图 4-3 所示,然后复制一个。

2)选择原来的茶壶,添加一个"编辑网格"编辑器,接着进入"顶点"层级,在"软选择"卷展栏中对其进行编辑,如图 4-4 所示。结果如图 4-5 所示。

 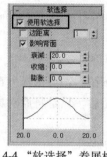 

图 4-3 创建茶壶	图 4-4 "软选择"卷展栏	图 4-5 编辑后的茶壶效果

3)选定复制出的茶壶,单击"复合对象"面板中的"变形"按钮,使这个对象成为"变形"对象。然后单击"选取目标"卷展栏中的"复制"单选按钮,并单击"选取目标"按钮,将对象添加到列表框中。此时播放动画即可看到茶壶变形的动画结果。

4.1.2 散布

"散布"是将一个对象分布到另一个对象上的复合对象,它至少需要两个对象。

"散布"复合对象的参数比较多,用于控制对象的分布和被分布。"散布"复合对象的参数面板如图 4-6 所示。

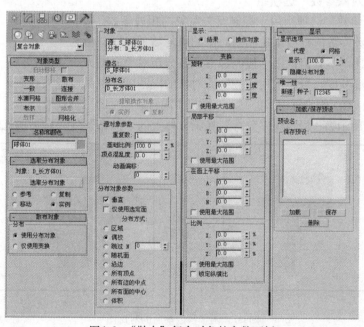

图4-6 "散布"复合对象的参数面板

"散布"复合对象的参数面板参数解释如下。

1. "选取分布对象"卷展栏

"选取分布对象"按钮用于选取对象。

"选取分布对象"按钮下面的 4 个单选按钮代表散布的 4 种生成方式，这 4 种方式也是复制对象的基本方式，分别为"参考"、"复制"、"移动"和"实例"。

2. "散布对象"卷展栏

"散布对象"卷展栏用于控制分布对象的相关选项。

（1）"分布"选项组

"分布"选项组用于控制是否要将对象进行分布。

● 单击"使用分布对象"单选按钮后，可选择分布对象，作为原对象分布的对象。

● 单击"仅使用变换"单选按钮后，只是将原对象进行分布作业。

（2）"对象"选项组

"对象"选项组用于控制对象的显示。

● "对象"下面的列表框包含参与复合操作的对象。

● "源名"文本框显示源对象的名称。

● "分布名"文本框显示当前进行分布操作对象的名称。

● 单击"提取操作对象"按钮后，可解除对象的散布属性，恢复到一般属性。下面的两个单选按钮可以选择解除的是"复制"或"实例"方式产生的对象。

提示：　"提取操作对象"按钮只有在编辑命令面板上才能使用，在创建命令面板上不能使用，并且在选中场景中的操作对象后才能被激活。

（3）"源对象参数"选项组

"源对象参数"选项组用于控制有关对象的相关参数。

● "重复数"数值框用于控制源对象的重复数量，默认值为 1。

● "基础比例"数值框用于控制源对象在分布对象上的大小比例。

● "顶点混乱度"数值框用于控制源对象的混乱度，混乱度越大代表外观越杂乱。

● "动画偏移"数值框用于控制动态效果中源对象产生的平移效果。

图 4-7 所示为一根圆柱"分布"在正方体上的"散布"效果前后的比较。

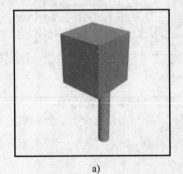 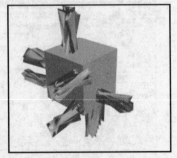

a)   b)

图4-7　调整参数前后的对比图

a) 调整参数前　　b) 调整参数后

（4）"分布对象参数"选项组

"分布对象参数"选项组用于控制分布对象的相关参数。

● 选中"垂直"复选框后，源对象会以垂直的方式散布在新对象上，源对象与分布对象的表面法线方向垂直。

● 选中"仅使用选定面"复选框后，源对象只分布于新对象上被选中的面上。"分布方式"下的 9 个单选按钮分别代表分布对象的 9 种方式，分别为：

● "区域"单选按钮，用于控制源对象处于分布对象的整个表面区域上。

● "偶校"单选按钮，用于控制源对象自动分布于新对象表面偶校编号的面上。

● "跳过 N"单选按钮，可在后面的数值框中调整跳过的面数数值。数值为 0 时，源对象表面的每个面都会有分布对象，数值为 1 时，分布于偶校的面。

● "随机面"单选按钮，用于控制源对象随机散布在分布对象的面上。

● "沿边"单选按钮，用于控制源对象处于分布对象的边上。

● "所有顶点"单选按钮，用于控制源对象处于分布对象的顶点上。

● "所有边的中点"单选按钮，用于控制在分布对象边的中点上分布源对象。

● "所有面的中心"单选按钮，用于控制在分布对象面的中心上分布源对象。

● "体积"单选按钮，用于控制源对象散布在分布对象表面内部。

图 4-8 所示为几种常用的分布方式的比较。

图4-8　分布方式
a) 随机面　b) 所有边的中点　c) 所有顶点　d) 所有面的中心

3. "变换"卷展栏

"变换"卷展栏用于控制复制对象的单独变换限制。

（1）"旋转"选项组

"旋转"选项组用于控制源对象复制后的方向变化。

可在"X"、"Y"和"Z"3 个轴向上旋转源对象，后面的 3 个数值框用于控制旋转的具体角度。选中"使用最大范围"复选框后，"X"、"Y"和"Z"3 个轴向上的旋转角度都变为最大的角度值。

（2）"局部平移"选项组和"在面上平移"选项组

"局部平移"是指绝对位移，也就是空间三维坐标上的位移。

"在面上平移"是指相对于分布对象表面的位移，显然这种方式只有在分布方式为对象表面的多边形面方式下才有效。其中，"A"轴数值框和"B"轴数值框分别代表对象表面两个平行方向的位移量，而"N"轴数值框代表对象表面法线方向的位移量。

（3）"比例"选项组

"比例"选项组用于控制源对象分布后的大小比例。

可在"X"、"Y"和"Z"3个轴向上调整具体缩放比例的数值。选中"锁定纵横比"复选框后，3个数值框中的数值保持相同，即锁定了空间三维的缩放比例。

这几个选项组中都有"使用最大范围"复选框，选中后会自动将上面数值框中的数值变为最大值。

图4-9是设置"变换"卷展栏参数前后的变化。

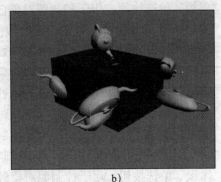

a)   b)

图4-9　设置"变换"卷展栏参数前后的变化

a）设置"变换"卷展栏参数前　b）设置"变换"卷展栏参数后

4. "显示"卷展栏

"显示"卷展栏用于控制散布对象在视图中的显示方式。

（1）"显示选项"选项组

- 单击"代理"单选按钮后，源对象将在视图中以柱状显示。
- 单击"网格"单选按钮后，源对象将以网格面形状显示。
- "显示"数值框中的数值用于控制源对象复制后在视图中的显示比率，但是在最后进行渲染时则依然保持原比例。
- 选中"隐藏分布对象"复选框后，分布对象在视图中将处于隐藏状态。

（2）"唯一性"选项组

- 单击"新建"按钮后，会随机生成"种子"数。
- "种子"数值框用于控制系统自动设定的"种子"数。

5. "加载/保存预设"卷展栏

"加载/保存预设"卷展栏用于保存设置好的参数或载入先前存储的参数。

- "预设名"文本框内用于输入存储的文件名称。
- "加载"、"保存"和"删除"按钮都是作用于"保存预设"栏中的存储文件的。

4.1.3　一致

"一致"复合对象是一个对象遵从另一个对象的表面造型。也就是说，将一个对象的顶点在另一个对象上进行投影产生新的对象。

进行"一致"操作的对象必须是"网格面"对象。在3ds max 2012中，进行投影的对象称为"包裹对象"，而被投影的对象称为"包裹绕对象"。"一致"参数面板如图4-10所示。

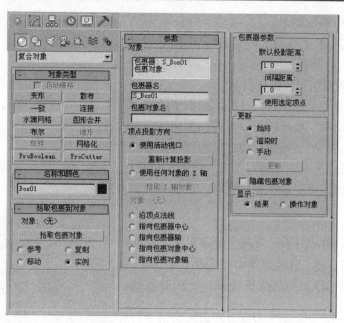

图4-10　"一致"参数面板

"一致"复合对象的参数面板参数解释如下。

1. "拾取包裹到对象"卷展栏

"拾取包裹到对象"卷展栏用于控制选取场景中的对象。

● 单击"拾取包裹对象"按钮后，将可选取场景中被包裹的对象。

● 在"拾取包裹对象"的下面有 4 个单选按钮，分别为"参考"、"复制"、"移动"和"实例"。它们代表创建"一致"复合对象时被包裹对象的 4 种方式。

2. "参数"卷展栏

"参数"卷展栏用于控制投影操作的方向，这是"一致"的关键，直接影响最后的效果。其中"对象"选项组中的 3 个文本框用于显示包裹对象和被包裹对象的名称。

(1)"顶点投影方向"选项组

"顶点投影方向"选项组用于控制"一致"的所有元素。

● 单击"使用活动视口"单选按钮，对象的投影方向会以当前的激活视图中的方向来确定。

● 单击"重新计算投影"按钮，系统会按照投影的方向重新计算。

● 单击"使用任何对象的 Z 轴"单选按钮，投影方式会以选中对象的 Z 轴方向进行。

● 单击"拾取 Z 轴对象"按钮，系统会重新计算"一致"操作结果。

● "沿顶点法线"、"指向包裹器中心"、"指向包裹器轴"、"指向包裹对象中心"和"指向包裹对象轴"这 5 种方式分别代表投影的方向。

(2)"包裹器参数"选项组

"包裹器参数"选项组用于控制"一致"操作中包裹对象的状态。

● "默认投影距离"数值框用于控制包裹对象与被包裹对象有交叉部分时，顶点距自身所产生的投影距离。

●"间隔距离"数值框用于控制被包裹对象与包裹对象间的距离。

(3)"更新"选项组

"更新"选项组用于控制更新状态。

●单击"始终"单选按钮,将控制视图中的显示对象始终为最新状态。

●单击"渲染时"单选按钮,将控制视图在渲染时自动更新。

●单击"手动"单选按钮,将控制视图在渲染时为手动更新。

●"更新"按钮只有在选择"手动"方式下可执行,单击该按钮后更新视图。

●选中"隐藏包裹对象"复选框后,被包裹对象会隐藏起来。

4.1.4 连接

"连接"复合对象对于进行两个分离对象之间的连接是十分有用的。每个分离对象必须有断开面或空洞,这就是两个对象可以进行连接的位置。它的参数面板如图4-11所示。

"连接"复合对象参数面板的参数解释如下。

1."拾取操作对象"卷展栏

"拾取操作对象"卷展栏用于控制"连接"对象选取场景中的对象。

●单击"拾取操作对象"按钮后,将可选取场景中的被连接的对象。

●在"拾取操作对象"按钮的下面有4个单选按钮,分别为:"参考"、"复制"、"移动"和"实例"。它们代表"连接"对象的4种连接方式。

2."参数"卷展栏

"参数"卷展栏用于控制"连接"的属性。

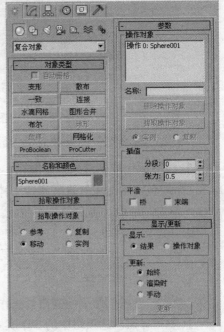

图4-11 "连接"参数面板

(1)"操作对象"选项组

"操作对象"选项组用于控制显示各个对象连接的名称。单击"删除操作对象"按钮可删除连接对象。

(2)"插值"选项组

"插值"选项组用于控制两个对象连接部分的有关参数。

●"分段"数值框可设定连接过程中创建连接部分的段数,数值越大,过渡曲面越平滑。

●"张力"数值框可设定连接部分和源对象表面之间的吸附力,数值越大,过渡曲面越向外凸出。

(3)"平滑"选项组

"平滑"选项组用于控制对象有关平滑的参数。

●"桥"复选框用于控制连接对象产生平滑的效果。

●"末端"复选框用于控制连接对象在连接端点处产生平滑效果。

3. "显示/更新"卷展栏

"显示 / 更新"卷展栏与前面所讲的"一致"复合对象中的"更新"卷展栏用法一样，在此不作详细介绍。

下面使用"连接"复合对象将两个物体进行连接，操作步骤如下：

1）创建一个球体和一个圆柱体，然后删除两个"可编辑网格"对象上的面，如图 4-12 所示。

2）选定其中一个对象，进入"复合对象"面板，单击"连接"按钮。然后单击"拾取操作对象"按钮，拾取视图中的第二个对象，即可完成连接对象。结果如图 4-13 所示。

图 4-12　删除对象表面

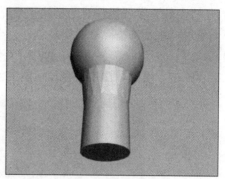
图 4-13　"连接"后的效果

4.1.5　水滴网格

"水滴网格"复合对象是个简单的球体。如果只是用单个"水滴网格"，则没什么效果，但是将多个合在一起，它们就会相互融合。这就使得这种复合对象非常适合用于制作流动的液体和软的可融合的有机体。这种复合对象的原对象可以是几何体，也可以是以后要讲的粒子系统。它的参数面板如图 4-14 所示。

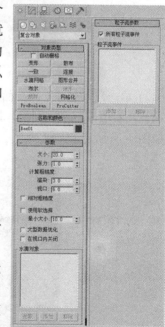

"水滴网格"复合对象参数面板的参数解释如下。

1. "参数"卷展栏

"参数"卷展栏用于控制水滴的所有属性。

● "大小"数值框用于控制"变形球"在源对象上的大小，这个数值只有在源对象是集合体时才生效，如果是粒子系统，那么它的大小只能由粒子系统来控制。

● "张力"数值框用于控制水滴之间的吸引力，这个值最大为 1，此时两个比较靠近的"变形球"会融合到一起。

● "计算粗糙度"用于控制"变形球"表面的粗糙程度，而"渲染"和"视口"数值框则分别控制它的粗糙程度。数值越低，"变形球"的表面越平滑。当然，节点也会越多。

图4-14　"水滴网格"参数面板

● "相对粗糙度"复选框用于控制"计算粗糙度"值。当选中该复选框时，"渲染"和"视口"的数值即可生效。

- "使用软选择"复选框用于控制水滴的规则度。
- "最小大小"数值框用于控制软选择情况下水滴的大小值。
- "大型数据优化"复选框用于控制水滴网格的质量。当选中该复选框后,会减少"变形球"的节点数量。
- "在视口内关闭"复选框用于控制是否在视窗中显示水滴的效果。
- "水滴对象"选项组用于控制水滴的生成。"水滴对象"下的列表框用于显示源对象的名称。水滴网格可添加多个源对象作为水滴网格对象。

2."粒子流参数"卷展栏

"粒子流参数"卷展栏针对的是粒子系统。"粒子流事件"选项组用于添加和删除粒子。

下面使用"水滴网格"复合对象创建一个流淌的水滴效果,具体过程如下:

1)单击 ▓(创建)命令面板中的 ◎(几何体)按钮,然后选择下拉列表中的"粒子系统"选项,接着单击"喷射"按钮,在顶视图中创建一个"喷射"粒子系统,如图4-15所示。

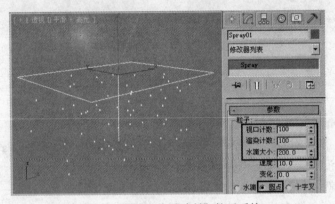

图4-15　创建一个"喷射"粒子系统

2)单击 ▓(创建)命令面板中的 ◎(几何体)按钮,然后选择下拉列表中的"复合对象"选项,接着单击"水滴网格"按钮,在顶视图中创建一个"水滴网格"对象,参数设置及结果如图4-16所示。

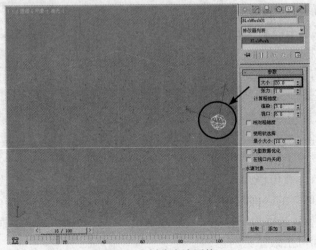

图4-16　创建水滴网格

3）在视图中选择"水滴网格"，然后进入 （修改）命令面板，单击"拾取"按钮拾取视图中的"喷射"粒子系统，结果如图 4-17 所示。

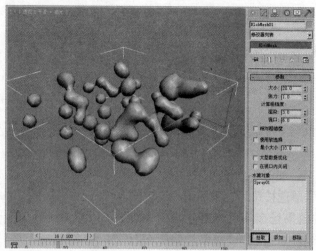

图4-17　拾取粒子系统

4）拖动时间滑块，即可看到动态的水滴流淌效果，如图 4-18 所示。

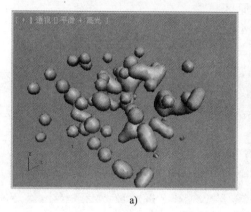
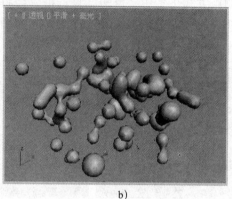

a)　　　　　　　　　　　　　　　　　　b)

图4-18　动态的水滴流淌效果

4.1.6　图形合并

"图形合并"复合对象是将"网格"对象与一个"二维造型"对象进行编辑，在"网格"对象上凸出"二维造型"对象的轮廓，或是在"网格"对象表面凹陷出"二维造型"对象的外形。"图形合并"参数面板如图 4-19 所示。

1. "拾取操作对象"卷展栏

● 单击"拾取图形"按钮后，可将选取的场景中的对象进行形体合并。

● 在"拾取图形"下面的 4 个单选按钮代表操作生成对象的方式，分别为"参考"、"复制"、"移动"和"实例"。

2. "参数"卷展栏

（1）"操作对象"选项组

● "操作对象"选项组中的列表框用于控制"图形合并"操作的各个对象，并显示操作对象的名称。

● "删除图形"和"提取操作对象"按钮用于删除选中的图形和将选中的图形提取为操作对象。

（2）"操作"选项组

"操作"选项组用于控制图形合并的操作方式。

● 单击"饼切"单选按钮，二维图形的轮廓将会在几何体上镂空出来，形成空洞。与下面要讲的"布尔"运算相似，如图4-20所示。

● 单击"合并"单选按钮，二维图形将合并到几何体上，实际的效果是在几何体上分割出二维图形，增加二维图形所包含的子对象，如图4-21所示。

● 选中"反转"复选框后，将操作区域进行反转，如在删剪方式下选中"反转"复选框，会将原区域剪切掉，只保留二维线条所在的面，如图4-22所示。

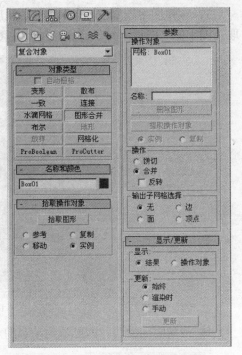

图4-19 "图形合并"参数面板

  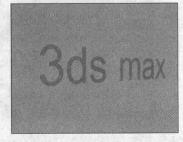

图 4-20 使用"饼切"   图 4-21 使用"合并"   图 4-22 选中"反转"复选框后的效果

（3）"输出子网格选择"选项组

"输出子网格选择"选项组用于控制输出的形式，它有"无"、"边"、"面"和"顶点"4种方式可供选择。

3．"显示/更新"卷展栏

"显示/更新"卷展栏与前面所讲的"一致"复合对象中的"更新"卷展栏用法一样，在此不作详细介绍。

4.1.7 布尔

"布尔"复合对象是一种逻辑运算方法。当两个对象交叠时，可以对它们执行不同的"布尔"运算以创建独特的对象，结合其他编辑工具，可以得到千姿百态的造型。"布尔"运算包括"并集"、"差集（A-B）"、"差集（B-A）"、"交集"和"切割"。

"布尔"运算的操作与别的复合对象并没有什么不同，选中其中一个操作对象后，进入"布尔"运算的创建命令面板，单击"提取操作对象"按钮后，在场景中就能够选择另一个操作对象。

"布尔"运算的"参数"卷展栏用于控制"布尔"运算的运算方法以及显示运算对象的名称，如图 4-23 所示。

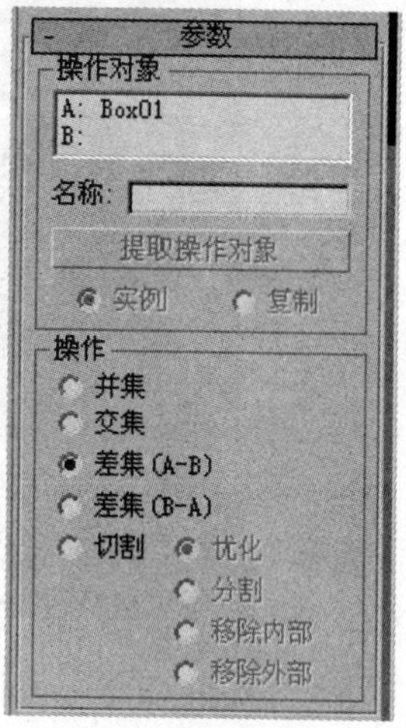

下面介绍"布尔"运算特有的"参数"卷展栏的参数。

"操作"选项组用于控制"布尔"运算的具体算法，下面的 5 个单选按钮分别代表 5 种操作算法。

- 单击"并集"单选按钮，会将两个对象合成一个对象，如图 4-24 所示。
- 单击"交集"单选按钮，只保留两个对象的交叠部分，如图 4-25 所示。
- 单击"差集（A–B）"单选按钮，会从一个对象减去与另一个对象的交叠部分，如图 4-26 所示。

图 4-23　"布尔"运算的"参数"卷展栏面板

- 单击"差集（B–A）"单选按钮的结果与"差集（A–B）"相反，如图 4-27 所示。

图 4-24　选择"并集"单选按钮效果

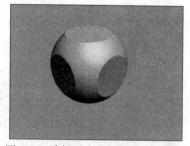

图 4-25　选择"交集"单选按钮效果

图 4-26　选择"差集（A–B）"单选按钮效果

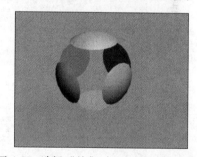

图 4-27　选择"差集（B–A）"单选按钮效果

- 使用"切割"单选按钮可以像"差集"运算那样剪切一个对象，但它保留的是剪切部分，其有"优化"、"分割"、"移除内部"和"移除外部" 4 个单选按钮可供选择。
- 使用"优化"单选按钮，会将对象 A 被剪的部分加上额外的顶点形成完整的表面。
- 使用"分割"单选按钮，不仅修饰被剪部分，还要修饰剪的部分。
- 使用"移除内部"单选按钮，可将与对象 B 重合的内表面全部移除，如图 4-28 所示。
- 使用"移除外部"单选按钮，可将与对象 B 重合的外表面全部移除，如图 4-29 所示。

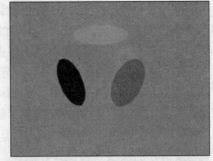

图 4-28　选择"移除内部"单选按钮效果　　　图 4-29　选择"移除外部"单选按钮效果

提示：在对不合适的对象执行"布尔"运算时可能会产生错误，应注意以下几点：

1）避免网格对象是又长又窄的多边形面，边与边的长宽比例应该小于4∶1。

2）避免使用曲线，曲线可能会自己折叠起来，引起一些问题。如需使用曲线，尽量不要与其他的曲线相交，且把曲率保持到最小。

3）不要连接任何"布尔"运算之外的对象。

4）保持所有表面法线的一致性。

4.1.8　地形

"地形"复合对象主要用于创建地形。地形的创建与前面的几种复合对象有所不同，它是由样条曲线创建出来的。其原理也相当简单，不同的封闭式样条曲线代表地形的不同高度的横截面，创建出地形的外观。"地形"参数面板如图 4-30 所示。

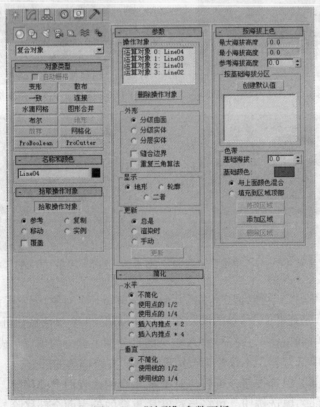

图4-30　"地形"参数面板

下面介绍"地形"运算特有的"参数"卷展栏、"简化"卷展栏和"按海拔上色"卷展栏的参数。

1."参数"卷展栏

"参数"卷展栏用于控制地形的所有属性。

（1）"操作对象"选项组

"操作对象"选项组用于显示和删除选中的"操作对象"。

（2）"外形"选项组

"外形"选项组用于控制生成地形对象的外观形状。

● "分级曲面"用于控制显示等高线样条曲线上的表面网格。
● "分级实体"用于控制给对象添加一个底部后的设置。
● "分层实体"用于控制将每条等高线显示为水平的或梯田形状的区域。

（3）"显示"选项组

"显示"选项组用于控制显示地形对象的实体、轮廓线条或二者同时显示。

2."简化"卷展栏

"简化"卷展栏用于简化生成的地形对象。

（1）"水平"选项组

"水平"选项组用于控制水平方向的简化程度，下面有 5 个单选按钮，代表 5 种不同的简化方式。

● 单击"不简化"单选按钮后，将不进行简化操作。
● 单击"使用点的 1/2"单选按钮或"使用点的 1/4"单选按钮后，水平方向节点数量保留 1/2 或是 1/4，这样效果会比较差。
● 单击"插入内推点 *2"单选按钮或"插入内推点 *4"单选按钮后，将在描述地形时插入 2 倍或是 4 倍的节点。

（2）"垂直"选项组

"垂直"选项组用于控制垂直方向的简化强度，下面的 3 个单选按钮分别代表 3 种不同的简化方式。

● 单击"不简化"单选按钮后，将不进行简化操作。
● 单击"使用线的 1/2"单选按钮或"使用线的 1/4"单选按钮后，将以 1/2 或是 1/4 线来描述垂直方向的地形。

3."按海拔上色"卷展栏

"按海拔上色"卷展栏用于控制"地形"的海拔和颜色。

● "最大海拔高度"和"最小海拔高度"只是作为一个显示的参考值。
● "参考海拔高度"数值框用于设置大陆与海洋相连的位置。在"参考海拔高度"数值框输入数值并单击"创建默认值"按钮，则会自动创建几个单独的颜色区域。每个颜色区域都可以从列表中访问。
● 若要改变区域颜色，可选定该区域并单击"基础颜色"色块。
● 单击"与上面颜色混合"单选按钮或"填充到区域顶部"单选按钮后，颜色可以随之改变。

● 使用"修改区域"、"添加区域"和"删除区域"按钮可对区域进行修改。

4.1.9 放样

"放样"复合对象是来自造船行业的工业术语，它描述了造船的一种方法，使用这种方法可以创建并定位横截面，然后沿着横截面的长度生成一个表面。放样的原理实际上就是"旋转"和"挤压"的延伸。

若要创建"放样"对象，至少需要两个样条曲线形状，一个用于定义"放样"的路径，另一个用于定义它的横截面，如图4-31所示。创建了样条曲线后，单击创建命令面板中的几何体按钮，然后选择下拉列表中的"复合对象"选项，接着单击"放样"按钮。下面将讲解"放样"的用途以及参数命令，参数面板如图4-32所示。

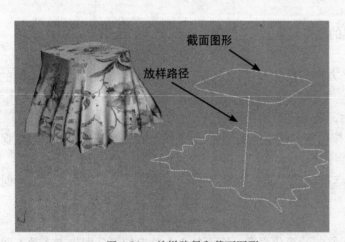

图4-31　放样路径和截面图形　　　　图4-32　"放样"参数面板

1. "创建方法"卷展栏

"创建方法"卷展栏用于控制获取"放样"对象的方法。

● 单击"获取路径"按钮后，首先选中的样条曲线将作为横截面，下一条选定的样条曲线将作为路径。

● 单击"获取图形"按钮后，首先选中的样条曲线将作为路径，下一条选定的样条曲线将作为横截面。

● "移动"、"复制"和"实例"3个单选按钮代表生成的放样对象与原线条之间的3种关系。用"移动"方式产生放样对象后，原来的二维线条就不存在了。在这里，"实例"为编辑操作提供了更为方便、直观的方法。

2. "曲面参数"卷展栏

"曲面参数"卷展栏用于控制曲面的平滑度与纹理贴图。

"平滑"选项组用于控制"放样"对象的曲面平滑度。

- 选中"平滑长度"复选框后,放样对象将进行横向平滑。
- 选中"平滑宽度"复选框后,放样对象将进行纵向平滑。

"贴图"与"材质"选项组用于控制纹理贴图。通过设置贴图,"放样"对象可实现长度和宽度方向的贴图重复次数的设置。

3. "路径参数"卷展栏

"路径参数"卷展栏用于控制在"放样"路径的不同位置定位几个不同的横截面图形。

- "路径"数值框根据下面的"百分比"单选按钮和"距离"单选按钮来确定新形状插入的位置。
- "捕捉"数值框则要选中后面的"打开"复选框才可生效,打开后可沿路径的固定距离进行捕捉。
- 单击"路径步数"单选按钮后,沿顶点定位的路径可以用一定的步数定位新形状。

卷展栏下面的 3 个按钮分别有不同的用途。

- ⬚(拾取图形):选定要插入到指定位置的新横截面样条曲线。
- ⬚(前一图形):沿"放样"路径移动到前一个横截面图形。
- ⬚(后一图形):沿"放样"路径移动到后一个横截面图形。

4. "蒙皮参数"卷展栏

"蒙皮参数"卷展栏用于控制"放样"对象内部的属性。

(1)"封口"选项组

"封口"选项组用于控制放样对象的封闭端点。

- 选中"封口始端"和"封口末端"复选框可以指定是否在放样的任何一端添加端面。

图 4-33 所示为选中"封口始端"选项前后的比较。

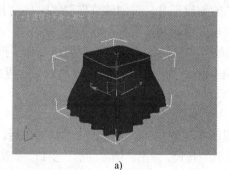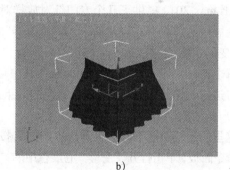

a) b)

图4-33 选中"封口始端"选项前后的比较
a) 选中"封口始端"选项 b) 未选中"封口始端"选项

- "变形"和"栅格"两个单选按钮用于控制"封口始端"和"封口末端"的端面类型。

(2)"选项"选项组

"选项"选项组用于控制曲面的外观。

- "图形步数"和"路径步数"两个数值框用于设置每个放样图形中的段数,以及沿路径每个分界之间的段数。图 4-34 所示为不同"图形步数"值的比较。
- 选中"优化图形"或"优化路径"复选框后,将删除不需要的边或顶点以降低放样的复杂度。

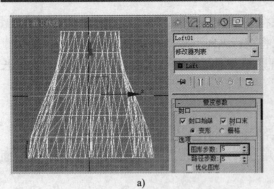 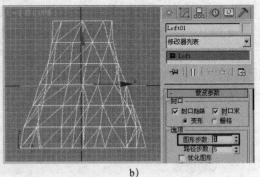

a)   b)

图4-34　不同"图形步数"值的比较

a)"图形步数"为 5　b)"图形步数"为 1

- 选中"自适应路径步数"复选框后，将会自动对确定路径使用的步数进行优化。
- 选中"轮廓"复选框后，将确定横截面图形如何与路径排列。如不选中这个复选框，路径改变方向时横截面图形仍会保持原方向。
- 选中"倾斜"复选框后，路径弯曲时横截面图形会发生旋转。
- 选中"恒定横截面"复选框后，将会按比例变换横截面，使它们沿路径保持一致的宽度。
- 选中"线性插值"复选框后，将在不同的横截面图形之间创建直线边。
- 选中"翻转法线"复选框后，将翻转放样对象的法线。
- 选中"四边形的边"复选框后，将创建四边形，以连接相邻边数相同的横截面图形。
- 选中"变换降级"复选框后，变换次对象时，放样曲面会消失，在横截面移动时，可使横截面区域看起来更直观。

5. "变形"卷展栏

3ds max 2012 提供了几个专门针对放样对象的编辑工具。在创建放样对象时是没有"变形"卷展栏的，只有在创建后进入"修改器"面板才会出现"变形"卷展栏。

"变形"卷展栏包括 5 个按钮，分别为"缩放"、"扭曲"、"倾斜"、"倒角"和"拟合"。单击每个按钮后都有相似的编辑面板，其中包含控制点和一条用来显示应用效果程度的线。按钮右边的 按钮用于激活或禁用相应的效果。

（1）"缩放"

这里的缩放功能不同于工具栏上的同名按钮所实现的功能。创建一个放样对象后，进入编辑命令面板，单击打开"变形"卷展栏中的"缩放"按钮，弹出"缩放变形"窗口，如图 4-35 所示。

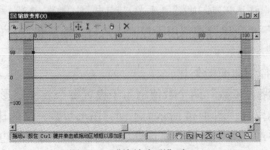

图4-35　"缩放变形"窗口

这个面板具有一定的代表性，其余几种编辑工具的使用与操作方式几乎与之相同。面板最上方是操作按钮，中间是变形曲线视窗，下面是视窗调整按钮。下面介绍各个按钮的操作功能。

- （均衡）：变形曲线将被锁定，在"X"和"Y"轴上对称。
- （显示 X 轴）：使控制"X"轴的曲线可见。
- （显示 Y 轴）：使控制"Y"轴的曲线可见。
- （显示 XY 轴）：使两条轴向同时显示出来。
- （交换变形曲线）：轴向变形情况互相调换。
- （移动控制点）：使用它可以移动控制点，其中还包括（水平）和（垂直）移动。通过移动控制点，可对放样对象进行缩放，如图 4-36 所示。

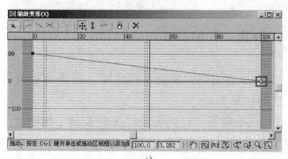

图4-36 移动控制点缩放底部的效果

- （缩放控制点）：按比例缩放控制点，改变曲线的形状。
- （插入控制点）：在变形曲线上插入新点，其中还包含（贝塞尔曲线）。通过插入新点，可在放样对象的任何位置进行缩放，如图 4-37 所示。

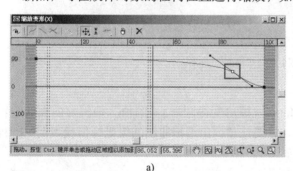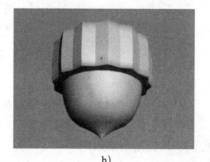

图4-37 插入控制点（贝塞尔曲线）的效果

- （删除控制点）：删除当前所选控制点。
- （重置曲线）：将曲线恢复到未变化前的形状。
- （平移）：移动变形曲线视窗。
- （最大化显示）：最大化显示曲线范围，其中还包含（水平方向最大化显示）和（垂直方向最大化显示）。
- （缩放）：放大或缩小变形曲线，其中还包含（水平缩放）和（垂直缩放）。
- （缩放区域）：用鼠标框选区域进行缩放。

(2)"扭曲"

放样对象的"扭曲"操作与参数编辑器中的"扭曲"编辑效果完全相同。具体的编辑方法与"缩放"基本相同，只是变形曲线反映的是扭曲的程度，而不是缩放的程度，如图4-38所示。

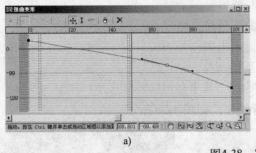
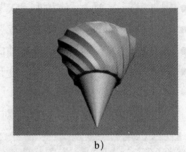

图4-38　"扭曲"效果

(3)"倾斜"

"倾斜"旋转横截面将其外部边移进路径，这是通过围绕它的局部 X 轴或 Y 轴旋转横截面实现的，结果与"等高线"复选框生成的结果类似。

"倾斜"视窗包含两条线：一条红线和一条绿线。红线表示绕 X 轴旋转；绿线表示绕 Y 轴旋转。默认情况下，两条曲线都定位于 0 度值，倾斜效果如图 4-39 所示。

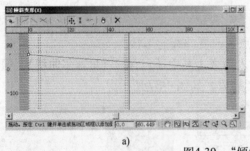
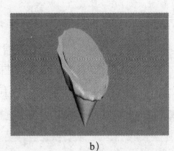

图4-39　"倾斜"效果

(4)"倒角"

"倒角"编辑的目的是将放样对象的尖锐棱角变得圆滑。"倒角"编辑与前面的编辑方法基本相同，都是在相应的面板中进行，只要注意倒角编辑曲线的纵坐标值代表倒角的程度就可以了，倒角效果如图 4-40 所示。

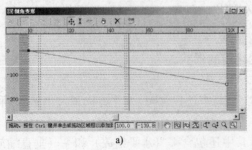

图4-40　"倒角"效果

"倒角"视窗可以选择下列 3 种不同的倒角类型。

-  （法线倒角）：不管路径角度如何，生成带有平行边的标准倾斜角。
- ᴸᴵᴺ 自适应（线性）：根据路径角度，线性地改变倾斜角。
- ᶜᵁᴮ 自适应（立方）：基于路径角度，用立方体样条曲线来改变倾斜角。

（5）"拟合"

"拟合"相对前几种编辑工具来讲更为复杂。"拟合"不是利用变形曲线来控制变形的程度，而是利用对象的顶视图和侧视图来描述对象的外表形状。在"拟合"变形窗口的工具栏中增加了一些工具，如图 4-41 所示。下面介绍这些新增的工具按钮。

图4-41 "拟合"窗口

- ⇔ （水平镜像）：在水平方向镜像变换曲线。
- ⇕ （垂直镜像）：在垂直方向镜像变换曲线。
- ↶ （逆时针旋转 90°）：将拟合图形逆时针旋转 90°。
- ↷ （顺时针旋转 90°）：将拟合图形顺时针旋转 90°。
- ⊘ （删除曲线）：删除选定的曲线。
- 乄 （获取图形）：在放样对象中选定单独的样条曲线作为轮廓线。
- 乚 （生成路径）：用一条直线替换当前路径。
- ⁺ₐ （锁定纵横比）：保持高度和宽度的比例关系。

4.1.10 网格化

使用"网格化"复合对象可以随动画的进展把对象转换成网格对象，这个特性对于粒子系统之类的对象十分有用。一旦把对象转换成网格对象，就可以应用以往无法应用的编辑修改器。

"网格化"复合对象的另一个优势就是可以给单个"网格化"对象应用几个复杂的编辑修改器并把它捆绑到一个粒子系统中，而不用把修改器应用于构成粒子系统的所有部分。它的参数面板只有"网格化"一个卷展栏，如图 4-42 所示。

图4-42 "网格化"参数卷展栏

"网格化"卷展栏用于控制"网格化"的所有属性。

- 单击"选取对象"下的按钮后，可从视窗中选择一个对象。再次单击该按钮并选定一个对象，可改变该对象。

- "时间偏移"数值框用于控制动画进展的原始对象之前或之后的帧数。
- 选中"仅在渲染时生成"复选框后，网格对象在视窗中是不可见的，只会显示在最终渲染的图像中。
- 选中"自定义边界框"复选框后，将会出现一个新的限制框。
- 单击"选取边界框"按钮后，可选中视窗中的一个对象，也可选定原始对象作为新的限制框。
- "使用所有 PFlow 事件"复选框用于控制是否使用所有 PFlow 事件。
- "PFlow 事件"列表框用于显示 PFlow 事件的名称。
- "添加"和"移除"按钮用于控制添加或移除 PFlow 事件。

4.1.11 ProBoolean复合对象

4.1.7 节讲解了通过对两个或多个其他对象执行布尔运算，可以将它们组合起来。但是，如果要进行连续布尔运算，就容易出现错误。ProBoolean 复合对象将大量功能添加到传统的 3ds max 布尔对象中，利用它可以方便快捷地使用多个不同的布尔运算，并立刻组合多个对象。同时 ProBoolean 复合对象还可以自动将布尔结果细分为四边形面，从而有助于将对象进行网格平滑和涡轮平滑。

下面通过一个实例来说明 ProBoolean 运算的方法，具体操作步骤如下：

1）在视图中创建一个"长方体"和两个"球体"，并赋予不同材质，放置位置如图 4-43 所示。

2）选中"长方体"，单击 （创建）命令面板下的 （几何体），在下拉列表框中选择"复合对象"选项，在"对象类型"卷展栏中单击 ProBoolean 按钮，如图 4-44 所示。

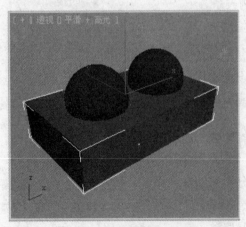

图 4-43　创建球体和长方体

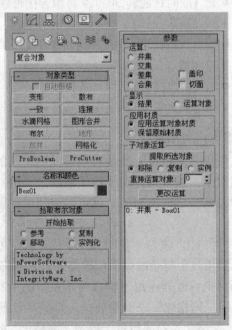

图 4-44　单击"ProBoolean"按钮

3）单击"参数"卷展栏"运算"选项组中的"差集"单选按钮，然后单击"应用材质"选项组中的"应用运算对象材质"单选按钮，接着单击"拾取布尔对象"卷展栏中的"开始拾取"按钮后，拾取视图中的一个球体，结果如图 4-45 所示。此时运算后的表面材质为长方体的材质。

4）单击"应用材质"选项组中的"保留原始材质"单选按钮后，拾取视图中的另一个球体，结果如图 4-46 所示。此时运算后的表面材质为原来球体的材质。

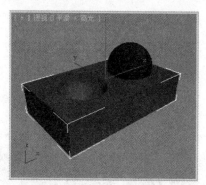

图 4-45 "应用运算对象材质"效果

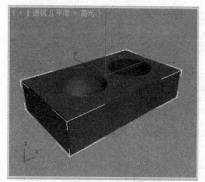

图 4-46 "保留原始材质"效果

5）如果要重新进行计算，可以执行下列操作。方法：在运算列表中选择要重新计算的对象（此时选择 2：交集-Sphere03），如图 4-47 所示，然后在"运算"选项组中单击"交集"单选按钮，接着单击"更改运算"按钮，结果如图 4-48 所示。

图 4-47 选择要重新计算的对象

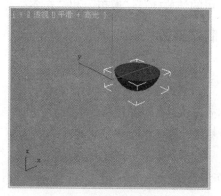

图 4-48 "更改运算"效果

4.1.12 ProCutter复合对象

ProCutter 复合对象能够使用户执行特殊的布尔运算，主要目的是分裂或细分体积。ProCutter 运算的结果尤其适合在动态模拟中使用。在动态模拟中，对象炸开，或由于外力或另一个对象使对象破碎。

以下为 ProCutter 复合对象的功能：

● 使用剪切器将子对象断开为可编辑网格的元素或单独对象，剪切器为实体或曲面。

● 同时在一个或多个子对象上使用一个或多个剪切器。

● 执行一组剪切器对象的体积分解。

● 多次使用一个剪切器，不需要保持历史。

图 4-49 为 ProCutter 复合对象的参数面板。图 4-50 为 ProCutter 运算后的效果。

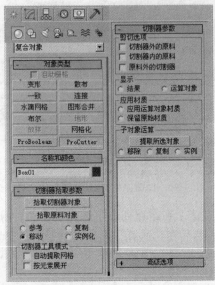

图 4-49　ProCutter 复合对象的参数面板

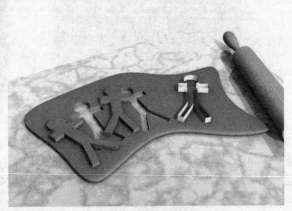

图 4-50　ProCutter 运算后的效果

4.2　实例讲解

本节将通过"制作窗帘"、"制作烟灰缸"和"制作罗马科林斯柱"3 个实例来讲解复合对象中常用的"放样"、"散布"和"布尔"建模的应用。

4.2.1　制作窗帘

 要点：

本例将制作两种窗帘效果，如图 4-51 所示。学习本例，读者应掌握放样建模的方法。

 操作步骤：

1. 制作一边收的窗帘

1）单击菜单栏左侧的快速访问工具栏中的 按钮，然后从弹出的下拉菜单中选择"重置"命令，重置场景。

2）在顶视图中利用"线"工具创建两条曲线作为放样截面图形，如图 4-52 所示。

图4-51　窗帘效果

提示："初始类型"和"拖动类型"均要设为"平滑"，如图4-53所示。

3）在前视图中创建一条直线作为放样路径，如图 4-54 所示。

4）以直线为路径在路径 0 和 100 处分别放样两条曲线截面，结果如图 4-55 所示。

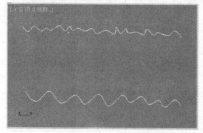
图 4-52　绘制两条曲线

图 4-53　参数设置

图 4-54　创建一条直线

5）此时无法看到窗帘实体，这是因为法线翻转的原因。解决这个问题的方法很简单，只要进入　（修改）命令面板选中"蒙皮参数"卷展栏中的"翻转法线"复选框即可，如图 4-56 所示，效果如图 4-57 所示。

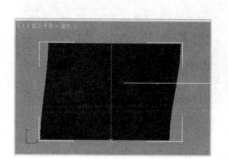
图 4-55　放样后的效果

图 4-56　选中"翻转法线"
复选框

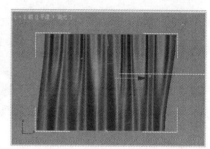
图 4-57　翻转法线后的效果

6）为了制作窗帘一边收的效果必须先将两条曲线截面左对齐。方法：选中窗帘模型进入　（修改）命令面板中的"图形"层级，分别拾取视图中的两条放样曲线，再单击　左　按钮，如图 4-58 所示，效果如图 4-59 所示。

图 4-58　单击"左"按钮

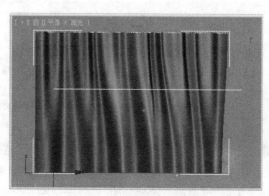
图 4-59　左对齐后的效果

7）制作窗帘一边收的效果。首先退出次对象层级，然后单击"变形"卷展栏中的 缩放 按钮，如图 4-60 所示，弹出如图 4-61 所示的窗口。

图 4-60　单击"缩放"按钮

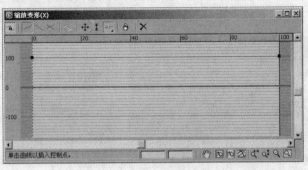

图 4-61　"缩放变形"窗口

8）在弹出的窗口中利用 （插入角点）工具添加一个角点，然后调节控制柄，如图 4-62 所示，效果如图 4-63 所示。

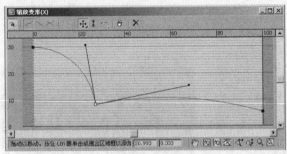

图 4-62　添加角点并调节控制柄

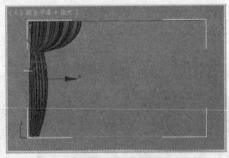

图 4-63　一边收窗帘效果

2. 制作法式窗帘

1）在前视图中用"线"工具创建曲线作为放样截面。

提示："初始类型"和"拖动类型"均要设为"平滑"。

2）在顶视图中创建直线作为放样路径，如图 4-64 所示。

3）以直线为路径放样曲线截面，效果如图 4-65 所示。

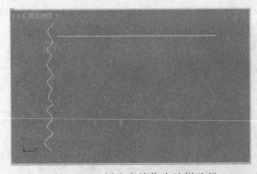

图 4-64　创建直线作为放样路径

图 4-65　以直线为路径放样曲线截面的效果

4）进入 （修改）命令面板，激活"图形"层级，单击 底 按钮，将曲线底对齐，如图 4-66 所示，然后退出"图形"层级。

5）单击"变形"卷展栏中的 缩放 按钮，在弹出窗口中利用 （插入角点）工具添加 9 个控制点并调节位置如图 4-67 所示。

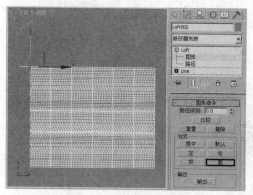

图 4-66　将曲线底对齐的效果

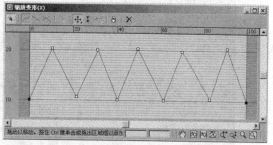

图 4-67　添加并调节角点位置

6）将所有的角点转为"贝塞尔 平滑"点，如图 4-68 所示，结果如图 4-69 所示。

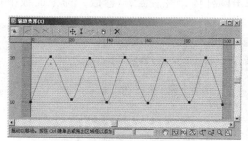

图 4-68　将角点转为"贝塞尔 平滑"点

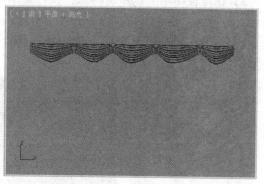

图 4-69　将角点转为"贝塞尔 平滑"点后的效果

7）最后将一边收的窗帘镜像一个到另一侧，然后与制作好的法式窗帘组合在一起，效果如图 4-51 所示。

4.2.2　制作烟灰缸

要点：

本例将制作一个烟灰缸，如图 4-70 所示。学习本例，读者应掌握"布尔"运算的使用方法。

操作步骤：

1）单击菜单栏左侧的快速访问工具栏中的 按钮，然后从弹出的下拉菜单中选择"重置"命令，重置场景。

图 4-70　烟灰缸效果

2）进入 （几何体）命令面板，在 标准基本体 下拉列表中选择 扩展基本体 选项，然后单击 切角圆柱体 按钮，在顶视图中创建一个切角圆柱体，参数设置及结果如图 4-71 所示。

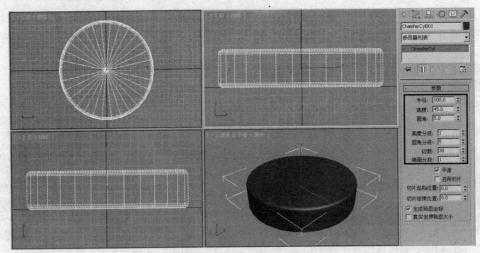

图 4-71　创建切角圆柱体

3）选择视图中的切角圆柱体，执行菜单中的"编辑 | 克隆"命令，然后在弹出的对话框中进行设置，如图 4-72 所示，单击"确定"按钮，从而原地复制出一个切角圆柱体。

4）在前视图中沿 Y 轴向上移动复制后的切角圆柱体，并在 （修改）命令面板中将它的半径改为 70，结果如图 4-73 所示。

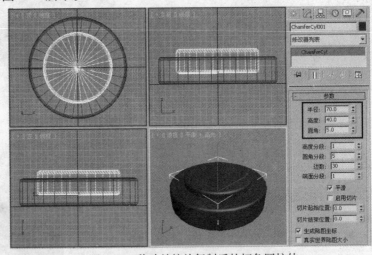

图 4-72　设置复制参数　　　　图 4-73　移动并缩放复制后的切角圆柱体

5）选择视图中大的切角圆柱体，然后选择创建命令面板中的几何体下拉列表中的"复合对象"选项，单击 布尔 按钮后单击"差集（A-B）"，接着单击 拾取操作对象 B 按钮后拾取视图中的小切角圆柱体，经运算后的结果如图 4-74 所示。

6）进入 （几何体）命令面板，单击 圆柱体 按钮，然后在前视图中创建一个圆柱体，设置其参数及放置位置如图 4-75 所示。

7）阵列出其他圆柱体。方法：在顶视图中选择圆柱体，然后在工具栏中设置坐标为 拾取 ，再单击视图中"布尔"运算后的物体，此时将坐标切换为 ChamferC （即以"布尔"运算的物体的原点作为轴心点），然后单击工具栏中的 （阵列）按钮，在弹出的"阵列"

对话框中设置如图 4-76 所示的参数，接着单击"确定"按钮，效果如图 4-77 所示。

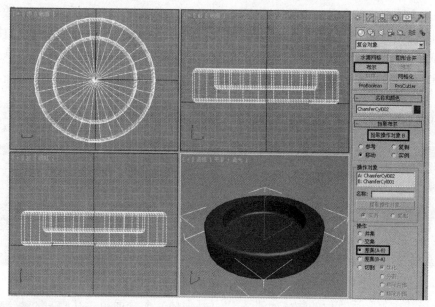

图 4-74 单击"差集（A-B）"后的运算效果

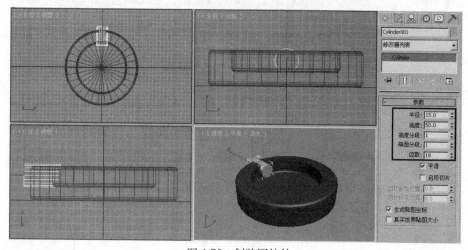

图 4-75 创建圆柱体

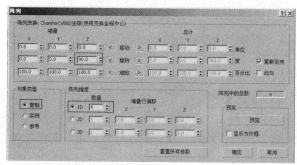

图 4-76 设置"阵列"参数

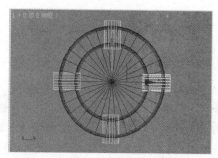

图 4-77 "阵列"后的效果

提示：此时一定不要选择"实例"方式，否则下面无法将4个圆柱体结合成一个整体。

8）将4个圆柱体整合成一个整体。方法：进入 ☑（修改）命令面板，在"修改器列表"下拉列表中选择"编辑网格"命令。然后单击 附加 按钮，拾取视图中其余3个圆柱体，将它们结合成一个整体以便再次进行"布尔"运算，结果如图4-78所示。接着再次单击 附加 按钮，退出附加操作。

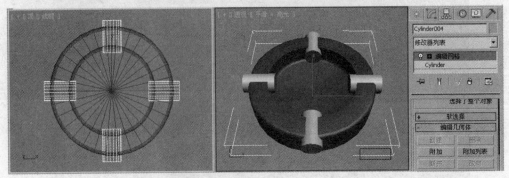

图4-78　将4个圆柱体附加成一个整体

9）选择"布尔"运算后的物体，进入 ◯（几何体）命令面板，在 标准基本体 下拉列表中选择 复合对象 选项，然后单击 布尔 按钮，接着单击 拾取操作对象 B 按钮，拾取视图中整合后的物体，经运算后的效果如图4-79所示。

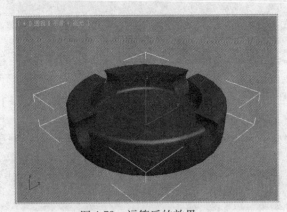

图4-79　运算后的效果

10）选择透视图，单击工具栏中的 ◙（渲染产品）按钮，完成渲染即可。

4.2.3　制作罗马科林斯柱

　要点：

立柱是欧式建筑的重要组成部分。它不仅起着承重作用，同时还以其独特的外观和造型起着装饰作用。目前，在国内的欧式仿古建筑中均可找到各种立柱的身影。欧式建筑的立柱主要有陶立克式、科林斯式、爱奥尼克式、托斯卡式和混合式5种经典柱式。常用的主要有陶立克式、科林斯式和爱奥尼克式3种，如图4-80所示。

科林斯式柱是柱式造型中最为复杂的一种，最著名的是苕叶形雕刻的柱头。学习本例，读者应掌握利用"放样"建模、"车削"、"平滑"、"倒角"和"倒角剖面"修改器制作苕叶形科林斯式柱的方法。

图4-80　欧式建筑中的立柱

制作流程：

此例包括制作柱身、制作柱头顶板、制作涡形装饰、制作叶形装饰和组装柱头 5 个流程，如图 4-81 所示。

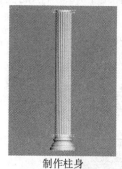
制作柱身

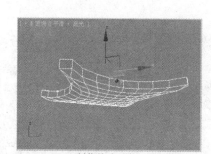
制作柱头顶板

制作涡形装饰

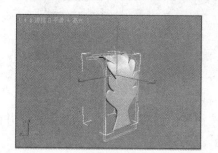
制作叶形装饰

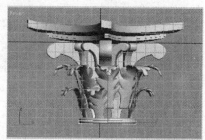
组装柱头

图4-81　制作流程

操作步骤:

1. 制作柱身

1) 单击菜单栏左侧的快速访问工具栏中的 按钮,然后从弹出的下拉菜单中选择"重置"命令,重置场景。

2) 进入 (图形) 命令面板,单击"星形"按钮,在顶视图中创建如图 4-82 所示的星形,命名为"星形截面"。

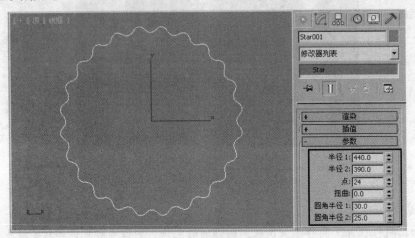

图4-82 创建星形

3) 在 (图形) 命令面板中单击"圆"按钮,然后在顶视图中创建如图 4-83 所示的圆,命名为"圆形截面"。

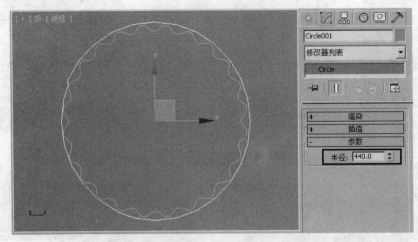

图4-83 创建圆

4) 进入 (图形) 命令面板,单击"线"按钮,然后在前视图中创建线段,并确认起点位于底端,如图 4-84 所示,命名为"柱身路径"。

提示:如果起点位于顶端,可进入 (修改) 面板的 层级,选择底端节点,然后单击"设为首顶点"按钮即可将起点定为底端。

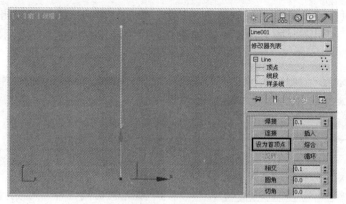

图4-84 创建线

5）选中"柱身路径"，进入 ◯（几何体）命令面板，在 标准基本体 下拉列表中选择 复合对象 选项。然后单击"放样"按钮，在"创建方法"卷展栏中单击"获取图形"按钮后拾取视图中的"圆形截面"，将"圆形截面"作为 0% 的放样截面。

6）在"路径"右侧输入不同的数值，然后分别拾取视图中的"圆形截面"和"星形截面"，放样图形的位置如图 4-85 所示，效果如图 4-86 所示。

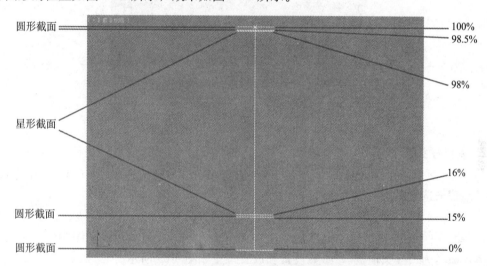

图4-85 放样图形的位置

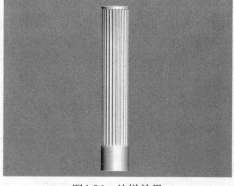

图4-86 放样效果

7）进入 ⚹（修改）命令面板，单击"变形"卷展栏中的"缩放"按钮，在弹出的"缩放变形"窗口中，利用 ⚹（插入角点）添加角点并调节位置，如图4-87所示，效果如图4-88所示。

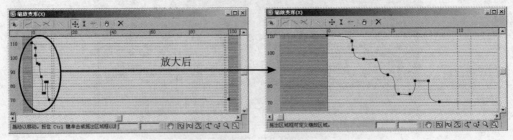

图4-87　添加角点并调节位置

图4-88　添加角点并调节位置的效果

2. 制作柱头顶板

1）为了便于操作，下面将"柱身"造型进行隐藏。方法：进入 ▣（显示）命令面板，单击"隐藏未选定对象"按钮即可。

2）创建"柱头顶板"。方法：进入 ◯（几何体）命令面板，在 标准基本体 ▾ 下拉列表中选择 扩展基本体 ▾ 选项，然后单击"切角长方体"按钮，在顶视图中创建一个倒角盒状体，命名为"柱头顶板"，参数设置和放置位置如图4-89所示。

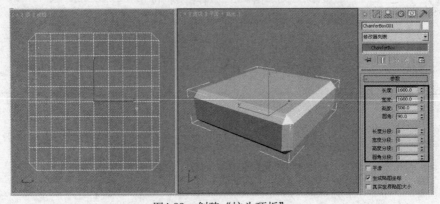

图4-89　创建"柱头顶板"

3）进入 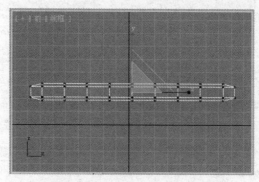（修改）命令面板，在修改器下拉列表中选择"编辑网格"命令，然后进入 （顶点）层级，在前视图中沿 Y 轴调节顶点，结果如图 4-90 所示。

图4-90　在前视图中沿Y轴调节顶点

4）在修改器下拉列表中选择"FFD 3×3×3"命令，然后进入"顶点"层级，在前视图中沿 Y 轴调节控制点的位置，结果如图 4-91 所示。

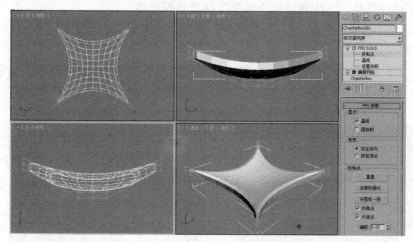

图4-91　"FFD 3×3×3"的处理效果

5）再次执行修改器下拉列表中的"编辑网格"命令，然后进入 （顶点）层级，在前视图中沿 Y 轴调节顶点，结果如图 4-92 所示。最后退出 （顶点）层级。

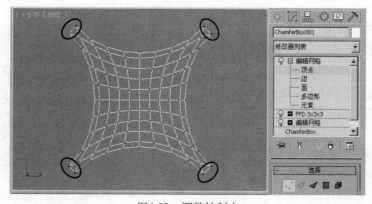

图4-92　调整控制点

6）在修改器下拉列表框中选择"平滑"命令，设置参数及结果如图4-93所示。

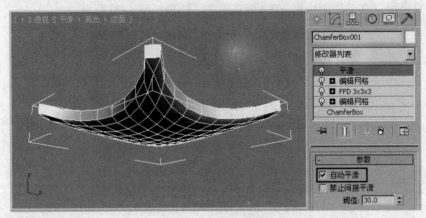

图4-93 "平滑"后效果

3. 制作涡形装饰

1）为了便于操作，下面将"柱头顶板"造型进行隐藏。

2）进入 （图形）命令面板，单击"线"按钮，在前视图中创建如图4-94所示的曲线，命名为"涡形装饰"。

3）进入 （修改）命令面板，在修改器下拉列表中选择"倒角"命令，设置参数及结果如图4-95所示。

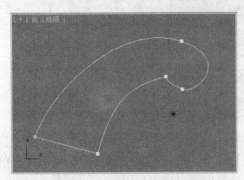

图 4-94 创建"涡形装饰"曲线

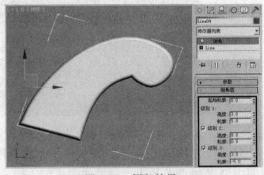

图 4-95 倒角效果

4. 制作叶形装饰

1）为了便于操作，下面将"涡形装饰"造型进行隐藏。

2）进入 （图形）命令面板，单击"线"按钮，在前视图中创建如图4-96所示的曲线，命名为"叶形装饰"。

3）进入 （修改）命令面板，在修改器下拉列表中选择"倒角"命令，设置参数及结果如图4-97所示。

图4-96 创建"叶形装饰"曲线

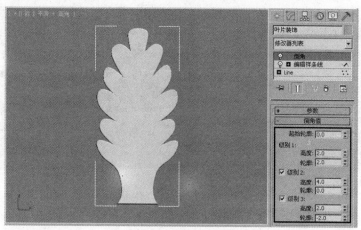

图4-97　"倒角"效果

4）在修改器下拉列表中选择"弯曲"命令，设置参数及结果如图 4-98 所示。

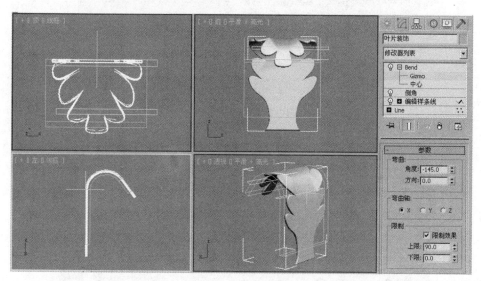

图4-98　"弯曲"效果

5. 组装柱头

1）为了便于操作，下面将"叶形装饰"造型进行隐藏，然后将"柱头顶板"造型显现出来。

2）在前视图中，按〈Shift〉键单击"柱头顶板"造型，在弹出的对话框中进行设置，如图 4-99 所示。然后利用工具栏中的 ⚿ （选择并匀称缩放）工具，缩放复制后的"柱头顶板"造型，结果如图 4-100 所示。

3）将"涡形装饰"造型显现出来。设置坐标为 Pick ▾ ⬚，然后拾取视图中的"柱头顶板"造型，将坐标切换为"柱头顶板"造型的原点上。

4）在顶视图中，单击工具栏上的 ▦ （阵列）按钮（或执行菜单中的"工具 | 阵列"命令），在弹出的对话框中进行设置，如图 4-101 所示，然后单击"确定"按钮，阵列出其余 3 个"涡形装饰"造型，结果如图 4-102 所示。

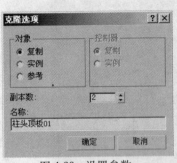

图 4-99　设置参数

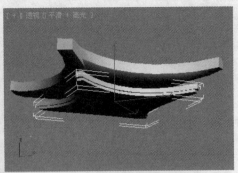

图 4-100　复制效果

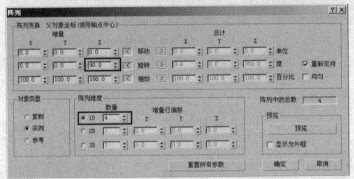

图4-101　设置"阵列"参数

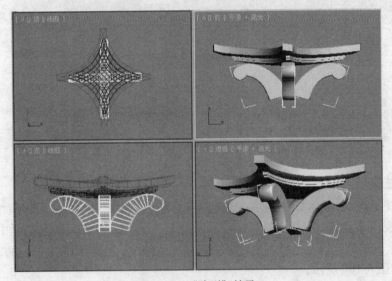

图4-102　"阵列"效果

5）同理,利用　（选择并匀称缩放）工具和　（阵列）工具,制作出其余的"涡形装饰"造型,结果如图 4-103 所示。

6）选择所有的"涡形装饰"造型,执行菜单中的"组 | 成组"命令将它们成组,组名为"涡形装饰"。

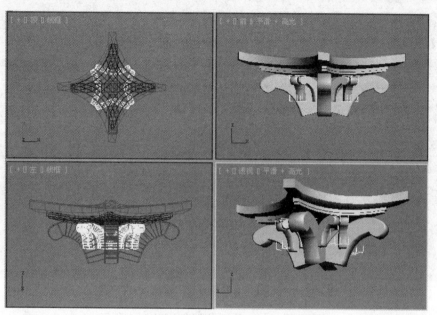

图4-103 创建"涡形装饰"组

7）下面将"叶形装饰"造型显现出来，制作出"叶形装饰"造型的组合图形。这里的操作方法与"涡形装饰"组合图形基本相同，不再具体说明，结果如图 4-104 所示。

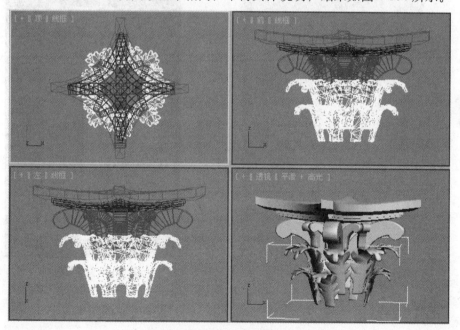

图4-104 创建"叶形装饰"组

8）选择所有的"叶形装饰"造型，执行菜单中的"组|成组"命令将它们成组，组名为"叶形装饰"。

9）进入 （几何体）命令面板，单击"圆环"按钮，在顶视图中创建两个三维圆环，设置参数及放置如图 4-105 所示。

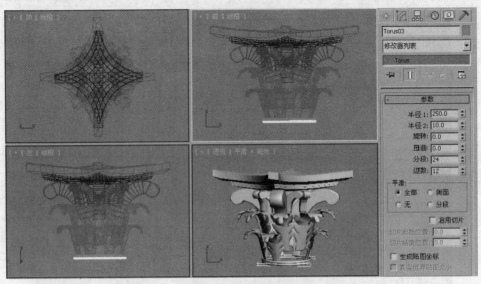

图4-105　创建两个圆环

10）下面将"柱身"造型显现出来，放置位置如图 4-106 所示。

11）选择透视图，单击工具栏上的　（渲染产品）按钮，渲染后的效果如图 4-107 所示。

图 4-106　显现出全部

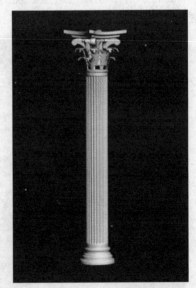

图 4-107　渲染效果

4.3　习题

1. 填空题

（1）对放样后的物体进行"变形"有 5 种方法，分别是 _____、_____、_____、_____ 和 _____。

（2）布尔对象的运算方式有 5 种，分别是 _____、_____、_____、_____ 和 _____。

（3）在"连接"复合对象的"选取操作对象"卷展栏中，"选取操作对象"按钮的下面有 4 个单选按钮，分别为 _____、_____、_____ 和 _____，代表"连接"对象的 4 种连接方式。

2. 选择题

（1）将一个对象分布到另一个对象上的运算为　（　）。

　　A. 连接　　　　　　B. 变形　　　　　C. 散布　　　　　　D. 地形

（2）将三维对象与一个二维造型结合在一起的运算是　（　）。

　　A. 连接　　　　　　B. 变形　　　　　C. 布尔　　　　　　D. 图形合并

（3）创建放样对象的方法有两种，分别是　（　）和　（　）。

　　A. 获取对象　　　　　B. 获取路径　　　　　C. 获取图形　　　　　D. 获取放样

（4）"地形"这种复合对象主要用于创建地形，地形的创建与前面的几种复合对象有所不同，它是由　（　）创建出来的。

　　A. 样条曲线　　　　　B. 基本模型　　　　　C. 复合对象　　　　　D. 面片对象

3. 问答题/上机练习

（1）放样建模的原理是什么？如何对放样对象进行变形操作？

（2）练习 1：通过布尔运算创建一个象棋模型，如图 4-108 所示。

（3）练习 2：通过放样建模创建一个饮料瓶，如图 4-109 所示。

图 4-108　练习 1 效果　　　　　　　　　　图 4-109　练习 2 效果

第5章 高级建模

本章重点

在前面各章中讲解了 3ds max 中的基础建模，通过修改器对基本模型进行修改产生新的模型和复合建模的方法。然而这些建模方式只能够制作一些简单的或者很粗糙的基本模型，要想表现和制作一些更加精细的真实复杂的模型需要使用高级建模技巧才能实现。3ds max 2012 中包括"网格建模"、"面片建模"、"多边形建模"和"NURBS 建模"4 种高级建模的方法。这几种建模方式可以创建非常复杂的对象，比如人物、动物、机械和各种生活用具等。在使用上，它们有一些功能是相同或比较类似的，但是也各自具有自己的特点。在使用中并不要求某种对象必须或最好使用哪种方式进行建模，而是应根据个人的习惯或喜好灵活应用这几种建模技巧。本章主要讲解常用的网格建模和多边形建模两种高级建模的方法。

5.1 网格建模

将一个对象转换为可编辑的网格并对其进行编辑，通常可以通过"编辑网格"修改器或者选择对象后单击右键，在弹出的快捷菜单中选择"转换到 | 转换为可编辑的网格"命令两种方法来完成。这里主要介绍通过"编辑网格"修改器将对象转换为可编辑网格的方法。

"编辑网格"修改器是三维造型最基本的编辑修改器，分为顶点、边、面、多边形、元素 5 个级别，如图 5-1 所示。它们的层次关系是两点构成边，边构成面，这些基础的面构成多边形，而多边形就构成了对象的整个表面（即元素）。

图 5-1 "编辑网格"修改器的 5 个层级

5.1.1 编辑"顶点"

"顶点"是"编辑网格"修改器最基本的单位。

对"顶点"进行编辑的操作方法如下：

1）在前视图中绘制一个圆柱体。

2）进入 （修改）命令面板，在修改器列表位置单击鼠标，然后在弹出的修改器列表中选择"编辑网格"修改器。接着进入 [..] （顶点）层级，选择视图中的相应顶点即可进行相应的操作。此时选中的顶点显示如图 5-2 所示，顶点层级参数面板如图 5-3 所示。

图5-2　网格顶点

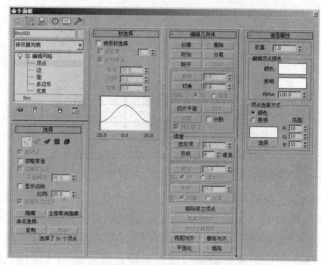

图5-3　"顶点"层级参数面板

"顶点"参数面板各参数的解释如下。

- 创建：用于创建新的"顶点"。
- 删除：用于删除选中的"顶点"。
- 附加：用于将其他三维对象合并在一起。
- 分离：与"附加"相反，是将合并在一起的对象分离出去。
- 断开：将选中的"顶点"分裂。这个"顶点"的面有多少，就分裂成为几个"顶点"，从而使每一个新增的"顶点"单独与一个面相连。如果只有一个面通过这个"顶点"，那么操作就没有实际的效果。
- 切角：用于对选中的"顶点"进行切角处理，如图 5-4 所示。切角的大小可以在后面的微调数值框中进行设置，也可以单击"切角"按钮将其激活，然后在视图中用鼠标进行控制。

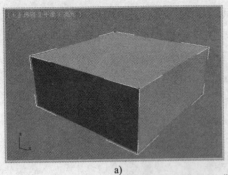 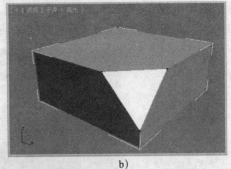

a)   b)

图 5-4 "切角"前后的比较

a)"切角"前 b)"切角"后

- 切片平面：单击此按钮后，在视图中对象的内部出现代表平面的黄色线框。
- 切片：单击该按钮后，能够将对象进行切割，在切割的部分增加"顶点"，如图 5-5 所示。这样做可以将对象表面进行进一步的细分，增加对象的细致程度，便于编辑。

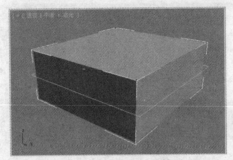

图5-5   "切片"后的效果

- "焊接"选项组："焊接"选项组中提供了两种将多个"顶点"焊接在一起的方法，一种是选中需要焊接的"顶点"，将按钮后面代表焊接距离的数值调整到选中的节点距离之内，单击"选定项"按钮，就能够将它们焊接起来。另一种是调整好"目标"按钮后面数值框中代表距离的数值（单位是像素点），单击"目标"按钮后移动"顶点"，在移动过程中，这个"顶点"就会与设置距离之内的节点焊接在一起。
- 移除孤立顶点：可以删除对象上与任何边都不相连的孤立"顶点"，如图 5-6 所示。

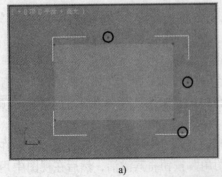 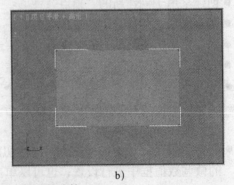

a)   b)

图5-6   移除孤立顶点前后的比较

a) 移除孤立顶点前 b) 移除孤立顶点后

- 视图对齐：用于将选中的"顶点"在当前激活的视图中进行对齐操作，重新排列位置。如果当前激活视图是正交视图，例如"顶视图"、"左视图"等，那么视图对齐实际上就是坐标对齐。如果激活视图是透视图或者摄像机视图，那么选中的"顶点"就会与摄像机视图相平行的平面进行对齐。
- 栅格对齐：用于将选中的"顶点"与当前激活视图中的网格线对齐。
- 平面化：通过选中的"顶点"创建一个新的平面，如果这些"顶点"不在一个平面上，那么会强制性地将它们调整到一个平面上。
- 塌陷：将选中的所有"顶点"塌陷为一个"顶点"，这个"顶点"的位置就在所有选中"顶点"的中心位置。

5.1.2 编辑"边"

编辑"边"的一些工具与"顶点"是相同的，但是它们编辑的主要目的有很大区别，因为通过"边"就能够直接创建出"面"，而"面"才是用户需要的最小可见单位。

对"边"进行编辑的操作方法如下：

1）在前视图中绘制一个四棱锥。

2）进入 （修改）命令面板，在修改器列表位置单击鼠标，然后在弹出的修改器列表中选择"编辑网格"修改器。接着进入 （边）层级，选择视图中的"边"，即可进行相应的操作。此时选中的边如图 5-7 所示，边层级参数面板如图 5-8 所示。

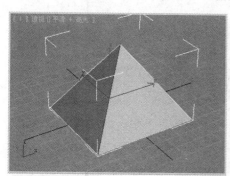

图 5-7　选中边

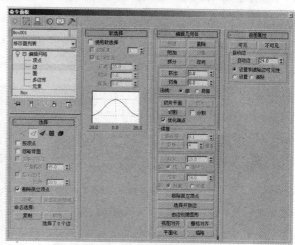

图 5-8　边层级参数面板

"边"参数面板各参数的解释如下。

- 改向：在 3ds max 2012 中所有的面都是三角形面，但是用于描述对象的往往是四边形面。这是因为有一条隐藏的边将四边形分割为两个三角形，如图 5-9 所示。"改向"按钮就是将这条隐藏的边转换方向。比如本来是从右上到左下的一条分割边，单击"改向"按钮后就能够将它转换为从右下到左上的边，如图 5-10 所示。
- 挤出：用于将选中的"边"挤压生成面，如图 5-11 所示。但利用边的挤压不能生成顶部和底部的封顶。

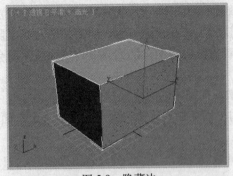

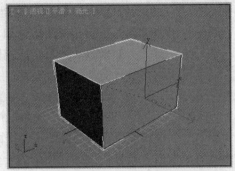

图 5-9　隐藏边　　　　　　　　　　　图 5-10　改向隐藏边

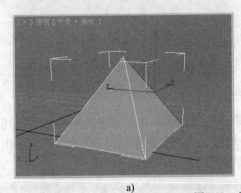

a)

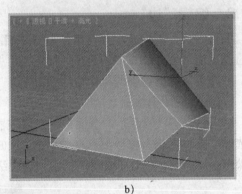

b)

图5-11　挤出前后比较
a) 挤压前　b) 挤压后

● 切角：用于将选中的边进行"切角"处理，如图 5-12 所示。

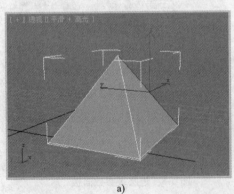

a)

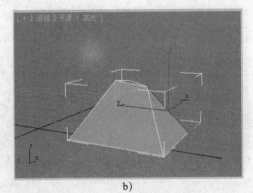

b)

图5-12　切角前后比较
a) 切角前　b) 切角后

● 选择开放边：用于自动选择开放的边，如图 5-13 所示。所谓的开放边指的是只与一个面连接的边，如果对象中有这样的边，那么它必须是不全封闭的。这个功能非常实用，一方面可以让用户发现没有闭合的表面，另一方面可以发现没有作用的边，将它们删除之后可以减少对象的复杂程度。

● 从边创建图形：用于从选中的边中创建二维图形，如图 5-14 所示。

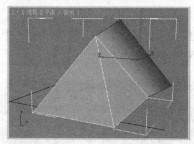

图 5-13 选择开放边

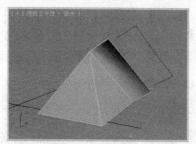

图 5-14 从边创建图形

5.1.3 编辑"面"/"多边形"

"面"和"多边形"层次的编辑命令相当接近,它们的区别是"面"为三角形,"多边形"为四边形。

对"面"/"多边形"进行编辑的操作方法如下:

1)在前视图中绘制一个长方体。

2)进入 (修改)命令面板,在修改器列表位置单击鼠标,然后在弹出的修改器列表中选择"编辑网格"修改器。接着进入 (面)层级 / ■(多边形)层级,选择视图中相应的"面"/"多边形",即可进行相应的操作。此时选中的"面"/"多边形"层级的参数面板如图 5-15 所示。

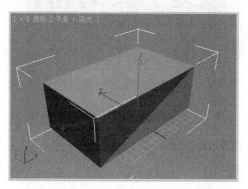
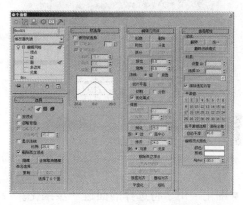

a)

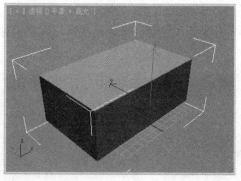
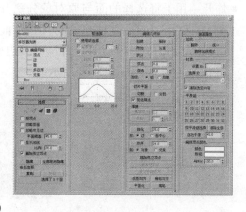

b)

图 5-15 "面"/"多边形"层级的参数面板
a)"面"层级 b)"多边形"层级

"面 / 多边形"参数面板参数的解释如下。

● 创建：单击此按钮，场景中对象上的所有"顶点"都被显示出来，依次单击 3 个"顶点"就能够随着产生的虚线创建出新的面，如图 5-16 所示。

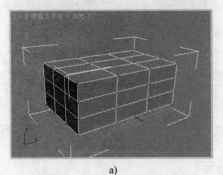 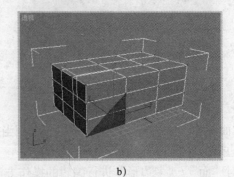

a)   b)

图5-16　创建前后比较

a) 创建前　b) 创建后

● 删除：用于删除所选中的面。

● 挤出：用于对选中的"面" / "多边形"进行挤压，如图 5-17 所示。

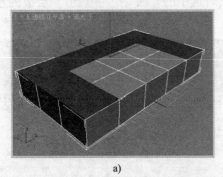 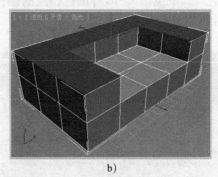

a)   b)

图5-17　挤压前后比较

a) 挤压前　b) 挤压后

● 细化：用于将选择的面进一步细化。

● 炸开：用于将选择的面与原对象分离开来，成为独立的面。这里有两种炸开方式：一种是"对象"方式，这种方式炸开后的"面" / "多边形"将成为单独的对象；另一种是"元素"方式，这种方式炸开后的"面" / "多边形"还是属于这个对象，只是不与原来的对象连接在一起罢了。如图 5-18 所示。

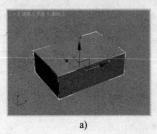 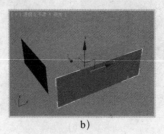 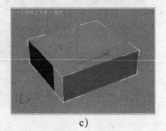

a)   b)   c)

图5-18　以"对象"和"元素"方式炸开的比较

a) 原对象　b) 以"对象"方式炸开　c) 以"元素"方式炸开

- "法线"选项组：用于设置法线的方向。选择相应的"面"/"多边形"后单击"翻转"按钮，将会使法线反向。单击"统一"按钮，将会使选中的面的法线指向一个方向。
- "材质"选项组：能够将选中的面赋给不同的 ID（材质）号，以便给不同的面赋予不同的材质，如图 5-19 所示。

图5-19　赋予对象不同材质

- 平滑组：可以将对象表面不同的部分分成不同的平滑组，从而能够对不同部分进行不同程度的平滑，如图 5-20 所示。

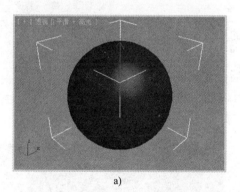 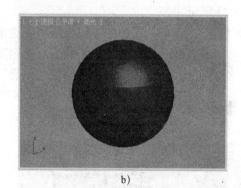

a)　　　　　　　　　　　　　　　　　　b)

图5-20　相同和不同平滑组的比较

a) 相同的平滑组　b) 不同的平滑组

5.2　多边形建模

使用多边形建模也是 3ds max 中一种很常用且灵活的建模方式，同网格建模的方式相类似，首先使一个对象转化为可编辑的"多边形"对象，然后通过对该"多边形"对象的各层级对象进行编辑和修改来实现建模过程。对于可编辑"多边形"对象，它包含了"顶点"、"边"、"边界"、"多边形"和"元素"5 种次对象层级模式，如图 5-21 所示。与"编辑网格"相比，"编辑多边形"具有更大的优越性。

在 3ds max 2012 中把一个存在的对象变为"多边形"对象有多种方式，可以在对象上单击右键从弹出的快捷菜单中选择"转换到 | 转

图5-21　"多边形"层级

换到可编辑多边形"命令，或者在"修改器列表"中选择"编辑多边形"。

5.2.1 "选择"卷展栏

图 5-22 "选择"卷展栏

与"编辑网格"类似，进入可编辑"多边形"后，首先看的是"选择"卷展栏，如图 5-22 所示。在"选择"卷展栏中提供了进入各次对象层级模式的按钮，同时也提供了便于次对象选择的各个选项。

"选择"卷展栏的各参数解释如下。

● 收缩：通过取消选择集最外一层多边形的方式来缩小已有多边形的选择集。

● 扩大：使用"扩大"按钮将已有的选择集沿任意可能的方向向外拓展，它是增加选择集的一种方式。

● 环形："环形"按钮只在选择"边"和"边界"层级时才可用，它是增加边界选择集的一种方式。

● 循环："循环"按钮也是增加选择集的一种方式，使用该按钮将使选择集对应于选择的"边界"尽可能地拓展。

5.2.2 "编辑顶点"卷展栏

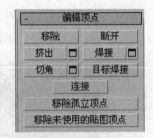

图5-23 "编辑顶点"卷展栏

只有在选择了"顶点"次对象时才会出现"编辑顶点"卷展栏，如图 5-23 所示。

● 移除："移除"按钮的作用就是将所选定的顶点从对象上删除，它和使用键盘上的〈Delete〉键删除"顶点"的区别是使用键盘上的〈Delete〉键删除"顶点"后会在对象上留下一个或多个空洞，而使用"移除"按钮可以从多边形对象上移除选定的"顶点"，但不会留下空洞，如图 5-24 所示。

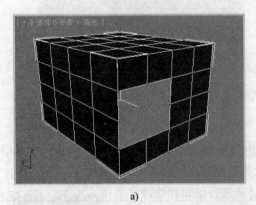
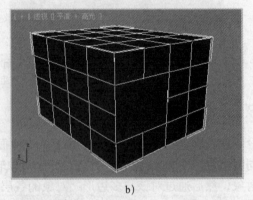

a)   b)

图5-24 删除和移除"顶点"比较
a) 删除"顶点" b) 移除"顶点"

● 断开："断开"按钮用于为多边形对象中选择的"顶点"分离出新的"顶点"，但是对于孤立的"顶点"和只被一个多边形使用的"顶点"，该选项是不起作用的，如图 5-25 所示。

- 挤出：对多边形"顶点"使用"挤出"功能是非常特殊的，"挤出"功能允许用户对多边形表面上选择的"顶点"垂直拉伸出一段距离形成新的"顶点"，并且在新的"顶点"和原多边形面的各"顶点"间生成新的多边形表面，如图 5-26 所示。

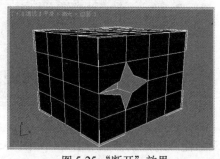

图 5-25 "断开"效果

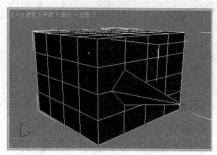

图 5-26 "挤出"效果

- 焊接：用来合并选择的"顶点"，作用和用法与"面片"建模中的"焊接顶点"一样。
- 切角：用来制作"顶点"切角效果，如图 5-27 所示。

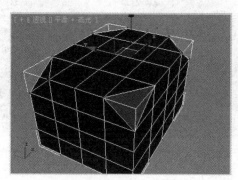

图5-27 "切角"效果

- 目标焊接：使用"目标焊接"按钮可以在选择的"顶点"之间连接线段从而生成"边界"，但是不允许生成的"边界"有交叉的现象出现。例如对四边形的 4 个"顶点"使用"目标焊接"，只会在四边形内连接其中的两个顶点。

5.2.3 "编辑边"卷展栏

多边形的"编辑边"卷展栏如图 5-28 所示。多边形的"边"的编辑与"顶点"的编辑在使用方法和作用上基本相同，但也具有一些各自的特点。

"编辑边"卷展栏的各按钮功能解释如下。

图5-28 "编辑边"卷展栏

- 移除：与"顶点"的"移除"按钮的作用完全一样，但是在移除"边"的时候，经常会造成网格的变形和生成多边形不共面的现象。
- 插入顶点：是对选择的"边"手工插入"顶点"来分割"边"的一种方式。
- 挤出：和"顶点"的"挤出"完全一样，如图 5-29 所示。
- 切角：沿选中的"边"制作切角，效果如图 5-30 所示。

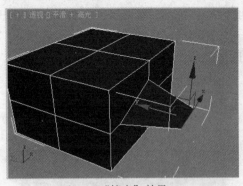

图 5-29 "挤出"效果

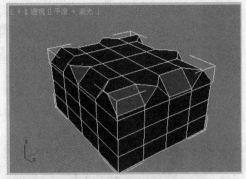

图 5-30 "切角"效果

● 编辑三角剖分：单击这个按钮后，多边形对象隐藏的边就会显示出来，如图 5-31 所示。
● 旋转：将显示出来的隐藏边的方向进行旋转，如图 5-32 所示。

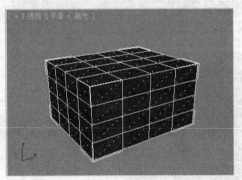

图 5-31 "编辑三角剖分"效果

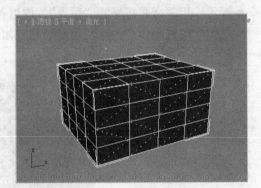

图 5-32 "旋转"效果

5.2.4 "编辑边界"卷展栏

"边界"可以理解为"多边形"对象上网格的线性部分，通常由多边形表面上的一系列"边"依次连接而成。"边界"是"多边形"对象特有的层级属性。"编辑边界"卷展栏如图 5-33 所示。

"编辑边界"卷展栏的各按钮功能解释如下。

图5-33 "编辑边界"卷展栏

● 挤出：用来对选择的"边界"进行挤出，并且在挤出后的"边界"上创建出新的多边形的面。
● 插入顶点：同"边"层级的"插入顶点"的作用和用法一样，不同的是这里的"插入顶点"按钮只对所选择的"边界"中的"边"有影响，对未选中的"边界"中的"边"没有影响。
● 切角："边界"的"切角"与"边"的"切角"的用法和作用完全一致，这里不再进行介绍。
● 封口：这是"编辑边界"卷展栏中的一个特殊的选项，它可以用来为所选择的"边界"创建一个多边形的表面，类似于为"边界"加了一个盖子，这一功能常被用于 样条线。

5.2.5 "编辑多边形"卷展栏

多边形面就是由一系列封闭的"边"或"边界"围成的面，它是多边形对象的重要组成部分，同时也为多边形对象提供了可渲染的表面。"编辑多边形"卷展栏如图 5-34 所示。

图5-34 "编辑多边形"卷展栏

"编辑多边形"卷展栏的各按钮功能解释如下。

● 插入顶点：在使用这一功能后，可以在多边形对象表面任意位置添加一个可编辑的"顶点"，如图 5-35 所示。

● 轮廓：可以将多边形表面对象上的任意一个或多个面进行放大或者缩小，效果如图 5-36 所示。

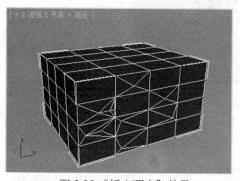

图 5-35 "插入顶点"效果

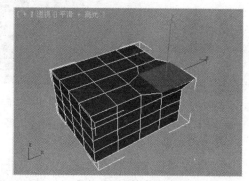

图 5-36 "轮廓"效果

● 倒角：可以将多边形表面对象上的任意一个或多个面进行挤出，然后进行倒角变化，如图 5-37 所示。

● 插入：可以将多边形表面对象上的任意一个或多个面进行缩小并复制出一个新的面，如图 5-38 所示。

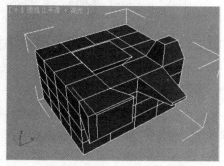

图 5-37 "倒角"效果

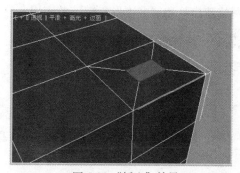

图 5-38 "插入"效果

5.2.6 "编辑元素"卷展栏

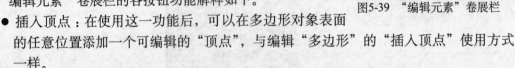
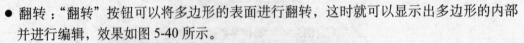

"元素"就是多边形对象上所有"多边形"的集合，与前边所说的"面片"中的"元素"层级意义完全相同，"编辑元素"卷展栏如图 5-39 所示。

图5-39 "编辑元素"卷展栏

"编辑元素"卷展栏的各按钮功能解释如下。

- 插入顶点：在使用这一功能后，可以在多边形对象表面的任意位置添加一个可编辑的"顶点"，与编辑"多边形"的"插入顶点"使用方式一样。

- 翻转："翻转"按钮可以将多边形的表面进行翻转，这时就可以显示出多边形的内部并进行编辑，效果如图 5-40 所示。

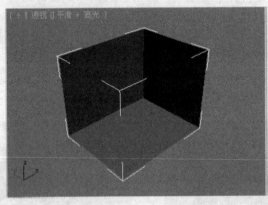

图5-40 "翻转"效果

- 编辑三角剖分：单击这个按钮后，多边形对象中隐藏的边就会显示出来，与"边"的"编辑三角剖分"概念一致。

- 旋转：将显示出来的隐藏边的方向进行旋转，与"边"的"旋转"概念一致。

- 重复三角算法：使用"重复三角算法"按钮可以自动计算多边形内部所有的边。

5.3 实例讲解

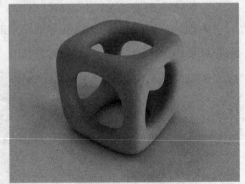

本节将通过"制作镂空的模型效果"和"制作勺子效果"两个实例来讲解一下高级建模中常用的"网格建模"和"多边形建模"的应用。

5.3.1 制作镂空的模型效果

要点：

本例将制作一个基础模型，如图 5-41 所示。学习本例，读者应掌握对可编辑的网格物体的基本操作。

图5-41 模型效果

操作步骤：

1）单击菜单栏左侧的快速访问工具栏中的 █ 按钮，然后从弹出的下拉菜单中选择"重置"命令，重置场景。

2）单击 █（创建）命令面板下 █（几何体）中的 █ 长方体 █ 按钮，在顶视图中创建一个正方体，参数设置及结果如图 5-42 所示。

3）右击场景中的正方体，在弹出的快捷菜单中选择"转换为|转换为可编辑的网格"命令，如图 5-43 所示，从而将长方体转换为"可编辑的网格"物体。

　　提示：当完成建模操作后，将模型转换成"可编辑的网格"是一个很好的习惯，这样可以大大节省资源。

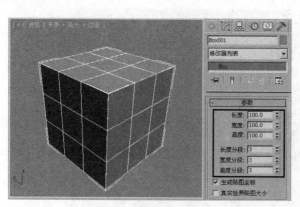

图 5-42　创建正方体

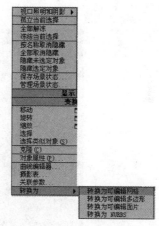

图 5-43　选择"转换为可编辑网格"命令

4）进入 █（修改）命令面板"可编辑的网格"中的 █（多边形）级别，然后选中立方体 6 个面中间的多边形，如图 5-44 所示。

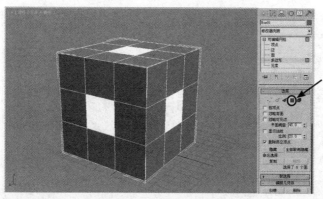

图 5-44　选择"多边形"

5）利用工具箱上的 █（选择并匀称缩放）将选中的 6 个多边形放大，如图 5-45 所示。

6）单击"挤出"按钮，然后在视图中向内挤出 6 个多边形，尽量使 6 个多边形靠近，结果如图 5-46 所示。

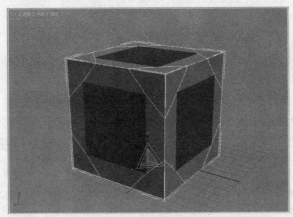

图5-45　放大多边形

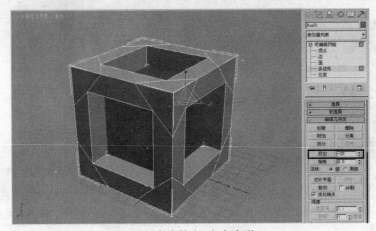

图5-46　向内挤出6个多边形

7）按〈Delete〉键删除选中的 6 个多边形，结果如图 5-47 所示。

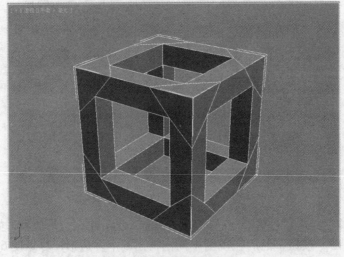

图5-47　删除6个多边形

8) 进入"可编辑的网格"物体的 ∷ (顶点) 级别,在顶视图中框选如图 5-48 所示的顶点。

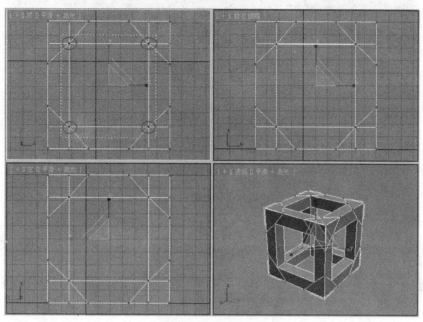

图5-48　框选顶点

9)利用 ∷ (顶点) 级别的焊接选项组中的 选定项 按钮,将焊接范围加到 10 左右,如图 5-49 所示,对节点进行焊接。

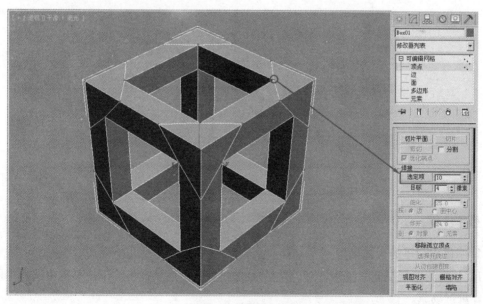

图5-49　焊接顶点

10) 在"修改器列表"下拉列表框中选择"网格平滑"命令,设置参数及结果如图 5-50 所示。

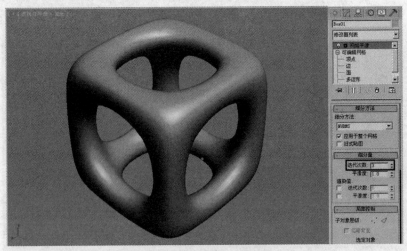

图 5-50 "网格平滑"后的效果

11）赋予模型材质后，单击工具栏上的 （渲染产品）按钮进行渲染。

5.3.2 制作勺子效果

要点：

本例将制作一个勺子的效果，如图 5-51 所示。学习本例，读者应掌握多边形建模、"壳"、"涡流平滑"修改器及不锈钢材质的综合应用。

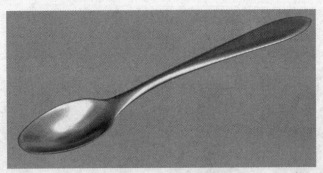

图 5-51 制作勺子的效果

 操作步骤：

1. 制作出勺子的大体模型

1）单击菜单栏左侧的快速访问工具栏中的 按钮，然后从弹出的下拉菜单中选择"重置"命令，重置场景。

2）在顶视图中创建一个平面，参数设置如图 5-52 所示。

3）为了便于操作，下面显示平面体的边面。方法：右击透视图左上角的"透视"文字，在弹出的快捷菜单中选择"边面"命令（快捷键是〈F4〉），结果如图 5-53 所示。

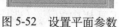

图 5-52　设置平面参数

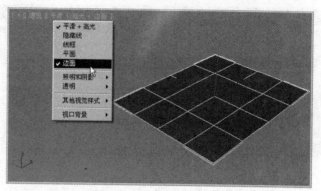

图 5-53　边面显示平面

4）右击视图中的平面，在弹出的快捷菜单中选择"转换为 | 转换为可编辑多边形"命令，如图 5-54 所示，从而将平面转换为可编辑的多边形。

5）制作出勺子的大体形状。方法：选择视图中的平面，进入 （修改）命令面板，执行修改器下拉列表框中的"FFD 3 × 3 × 3"命令，然后进入"控制点"级别，如图 5-55 所示。接着利用工具栏中的 （选择并匀称缩放）和 （选择并移动）工具对控制点进行缩放和移动处理，结果如图 5-56 所示。最后再将调整好大体形状的物体转换为可编辑多边形。

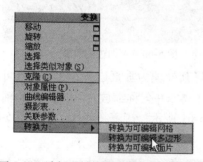

图 5-54　选择"转换为可编辑多边形"命令

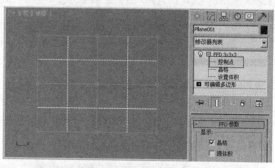

图 5-55　进入"控制点"级别

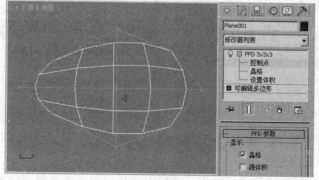

图 5-56　调整控制点的形状

6）制作出勺柄的大体形状。方法：进入可编辑多边形的 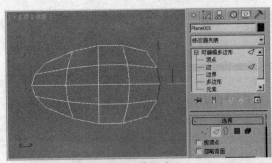（边）级别，选择如图 5-57 所示的两条边，然后选择工具栏中的 ⊹（选择并移动）工具，配合键盘上的〈Shift〉键向右移动，拉伸出勺柄的大体长度，如图 5-58 所示。

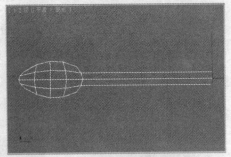

图 5-57　选择边　　　　　　　　　　图 5-58　拉伸出勺柄的大体长度

7）为了便于调整勺柄的形状，下面添加一条边。方法：利用工具栏中的 ▸（选择对象）工具选择如图 5-59 所示的边，然后单击"连接"按钮，从而添加一条边，如图 5-60 所示。

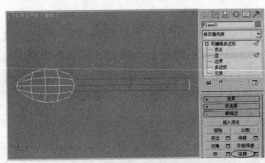
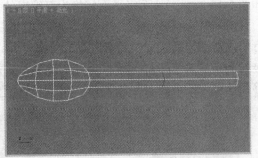

图 5-59　选择边并单击"连接"按钮　　　　图 5-60　添加边的效果

8）此时添加的边是倾斜的，为了便于操作，下面将其处理为垂直边。方法：进入可编辑多边形的 ▦（顶点）级别，然后利用工具栏中的 ▥（选择并匀称缩放）工具，沿 X 轴进行缩放，使 3 个顶点在垂直方向成为一条线，结果如图 5-61 所示。接着将其移动到如图 5-62 所示的位置。

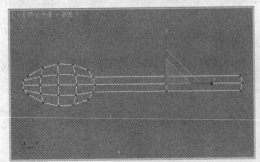
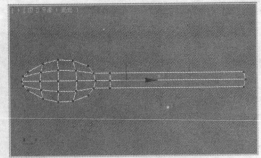

图 5-61　使 3 个顶点在垂直方向成为一条线　　图 5-62　移动顶点的位置

2. 制作出勺子的凹陷形状

1）选择如图 5-63 所示的顶点后右击，在弹出的快捷菜单中选择"转换到面"命令，如

图 5-64 所示，从而选中如图 5-65 所示的多边形。接着在左视图中将其沿 Y 轴向下移动，结果如图 5-66 所示。

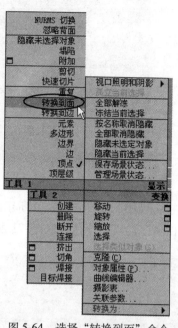

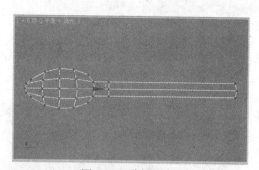

图 5-63　选择顶点

图 5-64　选择"转换到面"命令

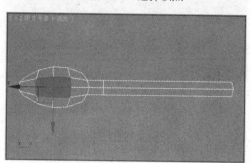

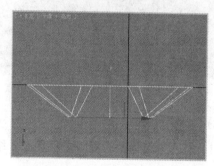

图 5-65　选择多边形　　　　　图 5-66　在左视图中将选中的多边形沿 Y 轴向下移动

　　2）进入可编辑多边形的 ◁（边）级别，选择如图 5-67 所示的边，然后在前视图中将其沿 Y 轴向下移动，如图 5-68 所示。接着进入可编辑多边形的 ⬚（顶点）级别，在前视图中调整顶点的形状，如图 5-69 所示。

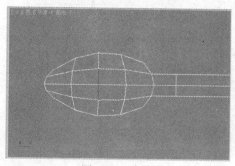

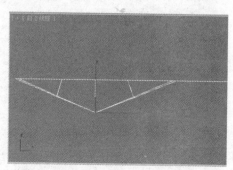

图 5-67　选择边

图 5-68　将选择的边沿 Y 轴向下移动

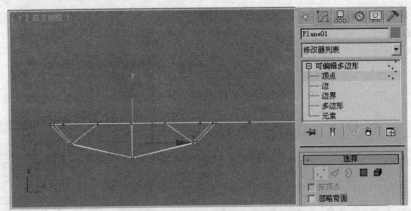

图 5-69　在前视图中调整顶点的形状

3）在左视图中选择如图 5-70 所示的顶点，沿 Y 轴向下移动，并适当调整其余顶点的位置，从而形成勺子的凹陷，如图 5-71 所示。

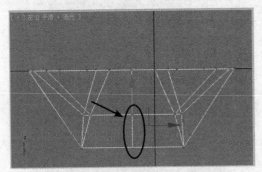

图 5-70　在左视图中选择相应的顶点

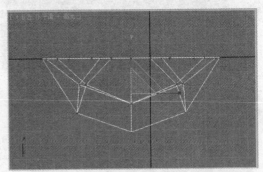

图 5-71　适当调整其余顶点的位置

3. 调整勺柄的形状

1）进入可编辑多边形的 　（顶点）级别，在前视图中调整勺柄上顶点的位置，如图 5-72 所示。

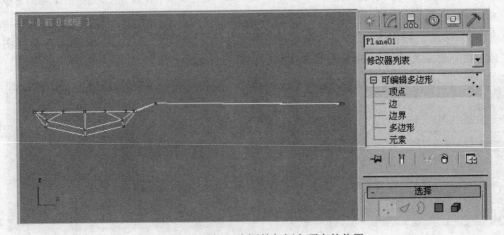

图 5-72　在前视图中调整勺柄上顶点的位置

2）为了便于调节勺柄的形状，下面进入可编辑多边形的 ◁（边）级别，单击"连接"按钮，添加边，如图 5-73 所示。然后进入 ⋮（顶点）级别，在前视图中调整顶点的位置，如图 5-74 所示。

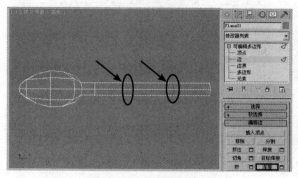

图 5-73　添加两条边

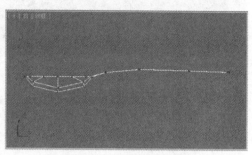

图 5-74　调整顶点的位置

3）在顶视图中利用工具栏中的 ▦（选择并匀称缩放）工具沿 Y 轴缩放顶点，如图 5-75 所示。然后调整勺柄末端顶点的位置，如图 5-76 所示。

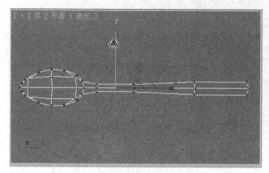

图 5-75　在顶视图中沿 Y 轴缩放顶点

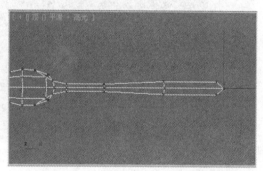

图 5-76　调整勺柄末端顶点的位置

4）为了制作出勺柄末端的加宽形状，下面在勺柄末端添加边，如图 5-77 所示。然后利用工具栏中的 ▦（选择并匀称缩放）工具沿 Y 轴缩放边，如图 5-78 所示。

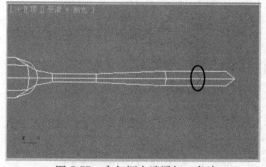

图 5-77　在勺柄末端添加一条边

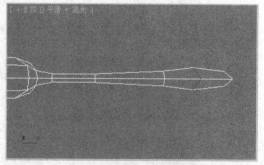

图 5-78　沿 Y 轴缩放边

5）制作出勺柄处的突起部分。方法：在顶视图中选择如图 5-79 所示的边，然后在前视图中沿 Y 轴向上移动，如图 5-80 所示。

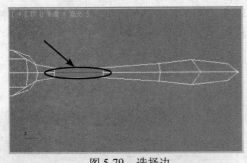

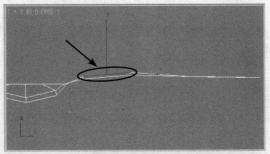

图 5-79 选择边 图 5-80 在前视图中沿 Y 轴向上移动边

4. 制作出勺子的厚度和平滑感

1）制作出勺子的厚度。方法：在修改器中单击"可编辑多边形"，退出次对象编辑模式。然后执行修改器下拉列表中的"壳"命令，参数设置及结果如图 5-81 所示。

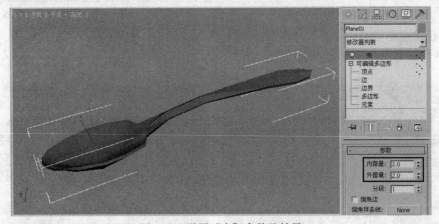

图 5-81 设置"壳"参数及效果

2）制作出勺子的平滑感。方法：执行修改器下拉列表框中的"涡轮平滑"命令，参数设置及结果如图 5-82 所示。

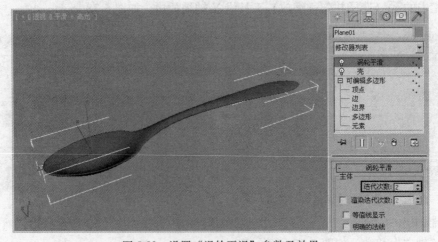

图 5-82 设置"涡轮平滑"参数及效果

5. 赋予勺子不锈钢材质

1）单击工具栏中的 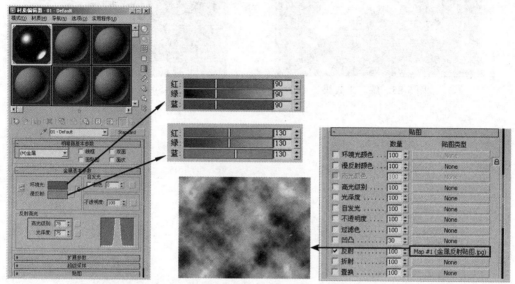（材质编辑器）按钮，进入材质编辑器。然后选择一个空白的材质球，参数设置如图 5-83 所示。接着展开"贴图"卷展栏，给"反射"右侧的按钮指定配套光盘中的"贴图 \ 金属反射贴图 .jpg"贴图，如图 5-84 所示。

图 5-83　设置不锈钢参数　　　　　　　　　　　图 5-84　指定反射贴图

2）选择视图中的勺子模型，然后单击材质编辑器工具栏中的 （将材质指定给选定对象）按钮，将材质赋予勺子模型。

3）选择透视图，然后单击工具栏中的 （渲染产品）按钮进行渲染。

5.4　习题

1. 填空题

（1）3ds max 2012 中高级建模方式有 4 种，分别是 _____、_____、_____ 和 _____。

（2）"编辑网格"修改器是三维造型最基本的编辑修改器，分为 _____、_____、_____、_____ 和 _____ 5 个层级。

2. 选择题

（1）下列哪些属于可编辑多边形中"选择"卷展栏中的选择方式？（　　）

　A. 收缩　　　B. 扩大　　　C. 环形　　　D. 循环

（2）下列哪些属于多边形建模的次对象层级？（　　）

　A. 顶点　　　B. 边界　　　C. 元素　　　D. 边

3. 问答题/上机练习

（1）练习 1：使用多边形建模方式制作飞机，如图 5-85 所示。

（2）练习 2：使用 NURBS 建模方式制作花瓶，如图 5-86 所示。

图 5-85　练习 1 效果

图 5-86　练习 2 效果

第6章　材质与贴图

本章重点

前面几章讲解了利用 3ds max 2012 创建模型的方法，好的作品除了模型之外还需要材质与贴图的配合，这些材料有颜色、纹理、光洁度及透明度等外观属性。在 3ds max 2012 中，材质作为物体的表面属性，在创建物体和动画脚本中是必不可少的。只有给物体制定了材质后，再加上灯光的效果才能完美地表现出物体造型的质感。材质与贴图是三维创作中非常重要的环节，它们的重要性和难度丝毫不亚于建模。学习本章，读者应掌握材质编辑器的参数设定，常用材质和贴图以及 UVW 贴图的使用方法。

6.1　材质编辑器

3ds max 2012 的材质编辑器有精简材质编辑器和平板材质编辑器（又称石板精简材质编辑器）两种界面。其中精简材质编辑器界面就是用户熟悉的以前版本中的材质编辑器界面，如图 6-1 所示。另一种平板材质编辑器（又称石板精简材质编辑器）界面则是 3ds max 2012 的新增功能，它将材质和贴图显示为关联在一起用来创建材质树的节点结构，如图 6-2 所示，用户可以通过这种节点结构编辑材质。下面以精简材质编辑器为例来讲解材质编辑器的使用。

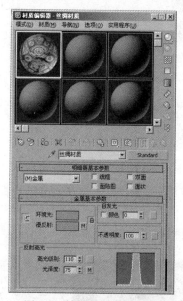

图 6-1　精简材质编辑器界面

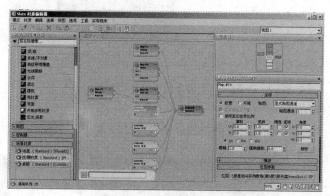

图 6-2　平板材质编辑器界面

进入材质编辑器的方法有两种：一种是单击主工具栏上的 （材质编辑器）按钮，另一种是用键盘上的快捷键〈M〉键。

材质编辑器可分为样本球区、编辑工具区和材质参数控制区 3 部分，如图 6-3 所示。

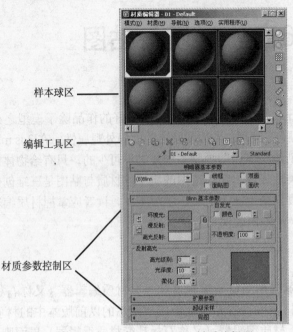

图6-3 材质编辑器

6.1.1 样本球区

材质样本球区如图 6-4 所示，它包括 24 个样本球和 9 个控制按钮。

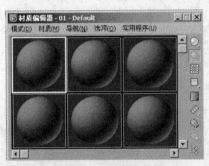

图 6-4 材质样本球区

◎（采样类型）：控制窗口样本球的显示类型，这里有 ◎▯▢ 3 种显示方式可供选择，比较结果如图 6-5 所示。

◎（背光）：控制材质是否显示背光照射，比较结果如图 6-6 所示。

图 6-5 采样类型

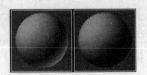

图6-6 有无背光效果比较

▦（背景）：控制样本球是否显示透明背景，该功能主要针对透明材质，比较结果如图 6-7 所示。

▣ （采样 UV 平铺）：控制编辑器中材质重复显示的次数，它有 ▣ ▦ ▦ ▦ 4 种方式可供选择，可影响材质球的显示而不影响赋给该材质的物体，比较结果如图 6-8 所示。

图 6-7 显示背景前后对比

图 6-8 不同采样 UV 平铺的效果对比

▣ （视频颜色检查）：检查无效的视频颜色。

◈ （生成预览）：控制是否能够预览动画材质。

◈ （选项）：单击该按钮，将弹出"材质编辑器选项"对话框，如图 6-9 所示。在这里可以设定样本球是否抗锯齿，以及在材质编辑器中显示材质球的数目（3×2、5×3 或 6×4）。

◈ （按材质选择）：单击该按钮，将弹出如图 6-10 所示的"选择对象"对话框。

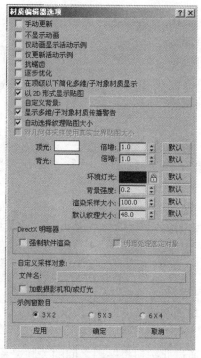

图 6-9 "材质编辑器选项"对话框

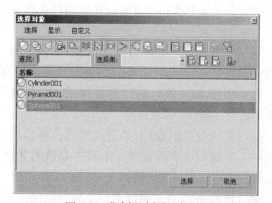

图 6-10 "选择对象"对话框

▣ （材质 / 贴图导航器）：单击此按钮将弹出"材质 / 贴图导航器"窗口，显示当前材质和贴图的分级目录，单击某级目录可直接到该级进行编辑，如图 6-11 所示。

图 6-11 "材质／贴图导航器"窗口

6.1.2 编辑工具区

样本球区的下面为材质编辑器的编辑工具区，如图 6-12 所示，其中陈列着进行材质编辑的常用工具，它们的具体功能如下。

图6-12 编辑工具区

（获取材质）：单击此按钮，将弹出"材质／贴图浏览器"对话框，如图 6-13 所示，可以为当前材质球选择一个材质或贴图，该材质可以是已经存在的，也可以是新建的。

（将材质放入场景）：用材质编辑器中的当前材质更新场景中材质的定义。

（将材质指定给选定对象）：赋予场景材质，将当前材质赋予场景中选择的对象。此按钮只在选定对象后才有效。

（重置贴图／材质为默认设置）：恢复材质／贴图为默认设置，恢复当前样本窗口为默认设置，单击此按钮将弹出如图 6-14 所示的"重置材质／贴图参数"提示对话框。

图 6-13 "材质／贴图浏览器"对话框

（生成材质副本）：单击此按钮，将当前的同步材质在同一个材质球中再复制一个同样参数的非同步材质。此按钮只能对同步材质使用。

（使唯一）：对于进行关联复制的贴图，可以通过此按钮将贴图之间的关联关系取消，使它们各自独立。

（放入库）：单击此按钮将弹出如图 6-15 所示的"放置到库"对话框，可以将反复修改后得到的材质存放到材质库中保存起来，以便将来调用使用。

（材质 ID 通道）：赋给材质通道，用于 Video Post。

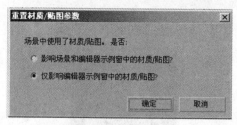

图 6-14　提示对话框

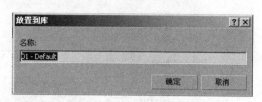

图 6-15　"入库"对话框

（在视口中显示标准贴图）：在视图中显示贴图，选择这个选项将消耗很多显存。

（显示最终效果）：3ds max 中的很多材质都是由基本材质和贴图材质组成的，利用此按钮可以在样本窗口中显示最终的效果。

（转到父对象）：当在一个材质的下一级材质中时，此按钮有效。单击此按钮可以回到上一级材质。

（转到下一个同级顶）：当在一个材质的下一级材质中时，此按钮有效。单击此按钮可以到另一个同级材质中去。

6.1.3　阴影类型和显示效果

在 3ds max 2012 中，材质的阴影类型和显示效果是在图 6-16 所示的"明暗器基本参数"卷展栏中进行设置的。

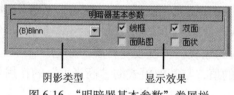

图 6-16　"明暗器基本参数"卷展栏

1. 阴影类型

材质编辑器的作用就是表示对象是由什么材料组成的，而对象表面的质感就要通过不同的阴影来表现。3ds max 2012 中的材质由 8 种阴影模式组成（见图 6-17），当选择不同的阴影模式类型时，下边的基本参数卷展栏也会随之发生变化。

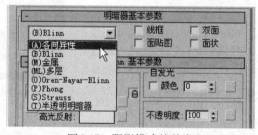

图6-17　阴影模式的种类

（1）各向异性

该阴影模式的高光区与其他阴影模式不同，它主要是用来表现非圆形的，具有方向性的高光区域，经常用来表现人工制作的对象表面，或者在受光的事物拥有不规则的受光表面时使用。"各向异性基本参数"卷展栏如图 6-18 所示，各向异性样本球如图 6-19 所示。

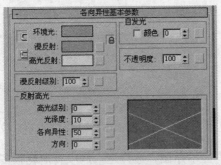

图 6-18 "各向异性基本参数"卷展栏　　　　图 6-19　各向异性样本球

(2) Blinn

Blinn 阴影模式为默认阴影类型，同时也是最常用的选项，这个模式的最亮部分到最暗部分的色调比较柔和。"Blinn 基本参数"卷展栏如图 6-20 所示，Blinn 样本球如图 6-21 所示。

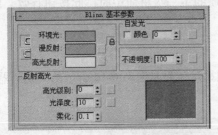

图 6-20 "Blinn 基本参数"卷展栏　　　　图 6-21　Blinn 样本球

调节"漫反射"颜色后边的色块，可以改变材质的颜色。

"光泽度"可以控制高光的值，与其他模式的"高光度"的作用基本一样。

(3) 金属

正如其字面意思一样，这一阴影模式主要用来表现金属效果为主的材质。"金属基本参数"卷展栏如图 6-22 所示，金属样本球如图 6-23 所示。

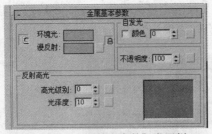

图 6-22 "金属基本参数"卷展栏　　　　图 6-23　金属样本球

(4) 多层

多层阴影模式可以说是双重的各向异性模式，它主要用来表现交叉光线的效果。"多层基本参数"卷展栏如图 6-24 所示，多层样本球如图 6-25 所示。

(5) Oren-Nayar-Blinn

该阴影模式主要用来表现吸收光线的材质，即所谓的漫反射材质。比较适合表现布料、塑料等对象。"Oren-Nayar-Blinn 基本参数"卷展栏如图 6-26 所示，Oren-Nayar-Blinn 样本球如图 6-27 所示。

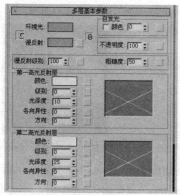

图 6-24　"多层基本参数"卷展栏

图 6-25　多层样本球

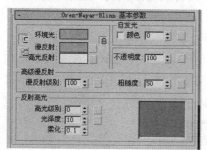

图 6-26　"Oren-Nayar-Blinn 基本参数"卷展栏

图 6-27　Oren-Nayar-Blinn 样本球

在这里要注意的是"粗糙度"值，数值越高，漫反射的颜色就越暗，也越能表现出 Oren-Nayer-Blinn 的本质；数值越低，漫反射颜色的效果越接近 Blinn 模式。

（6）Phong

Phong 模式和 Blinn 模式基本相同，不管是参数设置还是使用方式都很类似。但是在高光部分比 Blinn 模式更加突出，比较适合应用在具有人工质感的对象上。"Phong 基本参数"卷展栏如图 6-28 所示，Phong 样本球如图 6-29 所示。

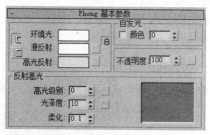

图 6-28　"Phong 基本参数"卷展栏

图 6-29　Phong 样本球

（7）Strauss

Strauss 模式的基本参数卷展栏初看起来是最简单的一个，它也是具有金属性质的一个阴影模式。但是它与金属模式还是有很大区别的。比起金属模式，Strauss 模式在高光区域的过渡很柔和，它没有环境光色，因此能够更加容易地调整金属的性质。这个模式非常适合表现涂料或油漆表面，如汽车表漆等部分。"Strauss 基本参数"卷展栏如图 6-30 所示，Strauss 样本球如图 6-31 所示。

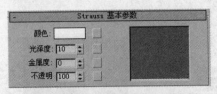

图 6-30　"Strauss 基本参数"卷展栏　　　　图 6-31　Strauss 样本球

● 调节"颜色"后边的色块，可以改变材质的颜色，它与"漫反射"的作用相同。

● "光泽度"可以控制高光的值，与其他模式的"高光度"的作用基本一样。

● "金属度"可以控制对象整体的明暗，使材质更像金属，它的取值范围为 0 ~ 100。

● "不透明"可控制透明度。

(8) 半透明明暗器

该阴影模式的字面意思是表现半透明质感，它主要是用来表现对象背面受到光线透视影响后的质感，说得简单一些就好像灯箱等对象的效果。"半透明基本参数"卷展栏如图 6-32 所示，半透明 Shader 样本球如图 6-33 所示。

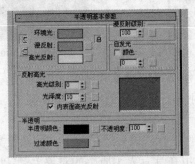

图 6-32　"半透明基本参数"卷展栏　　　　图 6-33　半透明 Shader 样本球

如果改变"半透明颜色"色块中的颜色，就可以表现对象部分吸收了运用的颜色之后发光的效果。"过滤颜色"这个色块的颜色必须在运用透明后才会在对象上显示出来。

2. 显示效果

3ds max 2012 有"线框"、"双面"、"面贴图"和"面状"4 种材质显示效果。下面分别介绍这 4 种显示效果的作用。

(1) 线框

该显示效果以网格线框的方式渲染物体，只能表现出物体的线架结构，如图 6-34 所示。对于线框的粗细，可由扩展参数面板中的"线框"项来调节。

(2) 双面

该显示效果将物体法线的另一面也进行渲染，为了

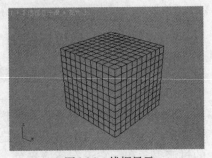

图6-34　线框显示

简化计算，通常只渲染物体的外表面，这对大多数的物体都适用。但对有些敞开的物体，其内壁不会看到材质的效果，这时就需要打开双面显示，效果如图 6-35 所示。

 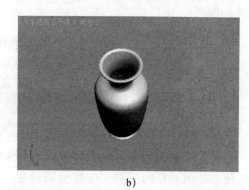

a)　　　　　　　　　　　　　　　　b)

图 6-35　选中"双面"选项前后比较
a) 双面显示（未打开）　b) 双面显示（打开）

（3）面贴图

该显示效果将材质指定给物体所有的面，如果是一个贴图材质，则物体表面的贴图坐标会失去作用，贴图会分布在物体的每一个面上，如图 6-36 所示。

（4）面状

该显示效果提供了更细级别的渲染方式，渲染速度极慢，效果如图 6-37 所示。如果没有特殊品质的高精度要求，建议不要使用这种方式，尤其是在指定了反射材质之后。

图 6-36　"面贴图"效果　　　　　　　　　图 6-37　"面状"效果

6.1.4　"扩展参数"卷展栏

"扩展参数"卷展栏如图 6-38 所示，这个卷展栏中的参数可以调节折射率和透明度等。"扩展参数"卷展栏中的参数会随着贴图和材质类型的改变而发生变化，但是其中的设定内容和设定方式基本上区别不大。其中的"线框"选项组中的参数是将材质线框化之后才能发生作用的。

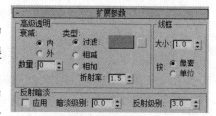

图 6-38　"扩展参数"卷展栏

6.1.5　"超级采样"卷展栏

"超级采样"卷展栏如图 6-39 所示，这个卷展栏可设置渲染的高级采样的效果，以提供更精细级别的渲染效果。"超级采样"卷展栏通常用于渲染高精度的图像，或者消除反光点处的锯齿或毛边，但是在使用时会消耗大量的渲染时间，这在使用"光线跟踪"材质的时候更加突出。

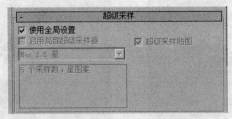

图 6-39 "超级采样"卷展栏

在使用超级采样时要将"使用全局设置"前边的复选框取消，然后才能打开"启用局部超级采样器"的功能，并在下拉菜单中选择超级采样的类型。

6.1.6 "贴图"卷展栏

"贴图"卷展栏如图 6-40 所示，在这里可以赋予材质不同的类型和性质。下面简单介绍一下这些参数的功能和使用方法。

图 6-40 "贴图"卷展栏

（1）环境光颜色

该贴图通道通常不单独使用，所以在一般情况下是灰色不可用的，在对这个模式进行设定时，首先要打开后边的锁，这样才可以在"None"按钮中单独添加贴图。

（2）漫反射颜色

该贴图通道用于在对象上显示贴图，主要表现材质纹理效果，也就是给对象穿上相应的衣服，来表现对象是由什么材质构成的。

指定"漫反射颜色"贴图的方法：单击"漫反射颜色"后边的"None"按钮，这时会弹出如图 6-41 所示的对话框，从中选择"位图"选项，单击"确定"按钮。然后在新弹出的对话框中找到需要的贴图或图片，单击"确定"按钮即可。

提示：此时在"统计信息"位置记录了所选图片的详细信息，如图6-42所示。

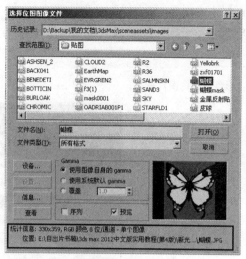

图 6-41　"材质／贴图浏览器"对话框

图 6-42　统计信息

还有一种方法比较直观。同样还是展开材质编辑器中的"贴图"卷展栏，然后打开 ✎（实用程序）命令面板，单击其中的"资源浏览器"按钮，如图 6-43 所示。然后在弹出的面板中找到贴图所在文件夹，这时就会在右边的面板中显示文件夹中所有可以使用的贴图，这样可以很方便地查找需要使用的贴图，如图 6-44 所示。接着将需要的贴图直接用鼠标拖到"漫反射颜色"后边的"None"按钮上即可。如果想要替换已用贴图，直接将新材质拖到"None"按钮上覆盖原来贴图即可，如果不需要在场景中应用这种贴图，只需要将"漫反射颜色"前边的对勾取消。

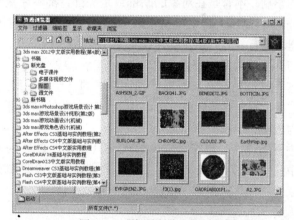

图 6-43　单击"资源浏览器"按钮

图 6-44　"资源浏览器"对话框

（3）高光颜色

该贴图通道可以在对象的最明亮部分加入贴图。用户可以在对象受光最强烈的部分赋予贴图，受到的反射越强烈，贴图越清晰，但是如果对象表面没有强烈的光反射区域，那么就不会显示贴图。

高光贴图的清晰度与高光度值有关，值越高，贴图越清晰，越低就越模糊，而且环境光贴图的范围大小还与光泽度值有关。

（4）高光级别

使用"高光级别"通道赋予对象贴图后会在对象表面会生成一个明暗通道，如图6-45所示。

　　提示：彩色或黑白图片皆可。

图6-45　使用"高光度"的效果

（5）光泽度

"光泽度"通道与上边提到的"高光级别"通道的使用方法基本一样，但是"光泽度"贴图通道与"高光级别"贴图通道的意义截然相反，它是将作为通道图片的亮部还原，将暗部变为高光区域。

（6）自发光

这种贴图可以产生自发光效果，在使用这个贴图通道时，同样也是在对象表面按照所用图片的明暗生成一个通道，但不同的是，在图片中偏白的部分会产生自发光效果，它不受光线的影响，不管是在对象的暗部或是亮部，都不会受到影响。相反，在图片中越接近黑色的部分，也就越不会产生自发光效果。"自发光"同样也可以配合"漫反射颜色"等通道使用，在这里不进行具体介绍。

（7）不透明度

这种通道一般用来表现三维场景中的一些非三维对象的效果，它可以过滤掉不需要的材质边缘，只显示需要的部分，因为它对白色的贴图部分是保留的，对于偏黑色部分就会逐渐变为透明。

举例来说，若想在场景中放入一只蝴蝶，如图6-46所示。首先在Photoshop中将配套光盘中的"贴图\蝴蝶.JPG"图片中的蝴蝶部分全部填充为白色，背景变为黑色，如图6-47所示。然后将其另存为"蝴蝶mask.JPG"文件。

图6-46　原图

图6-47　修改图片

单击"不透明度"后边的"None"按钮,在弹出的对话框中选择"位图"选项后单击"确定"按钮,然后找到修改后的图片,添加到通道中,这时要记住如图 6-48 所示的信息。接着单击"打开"按钮后,再单击示例窗下边的 (转到父对象)按钮,回到上一层级。

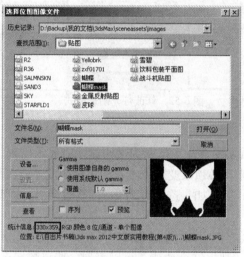

图 6-48　"选择位图图像文件"对话框

在场景中创建"平面",并将"平面"的参数按照如图 6-48 所标注的信息进行设定,结果如图 6-49 所示。然后将贴图赋予平面,这样蝴蝶的一个剪影轮廓就出现在了场景中,结果如图 6-50 所示。

图 6-49　创建"平面"

图 6-50　赋予贴图

在"漫反射颜色"通道中加入蝴蝶原来的贴图,一个完整的蝴蝶就出现在了场景中,此时效果如图 6-51 所示。

虽然蝴蝶已经出现在场景中,但是蝴蝶的阴影还是平面的形态,这时就要改变灯光的阴影模式。在默认情况下,灯光的阴影模式是"阴影贴图"模式,单击下拉列表,将"阴影贴图"模式改为"光线跟踪阴影"模式,如图 6-52 所示。现在阴影的效果变得比较完美,如图 6-53 所示。

提示:这一选项一般在处理平面上的植物或者远景背景时使用,这样可以节约不少资源,加快工作效率。

图 6-51　加入漫反射材质　　图 6-52　修改灯光阴影模式　　图 6-53　最终结果

（8）过滤色

"过滤色"通道的材质需要将样本球变为透明时才能显示出来。这个通道在加入贴图后并不能在对象表面显示出来，必须改变对象本身的不透明度才能看到。这个功能基本与上边的"不透明度"功能相同，但是如果透明度为 0，那么就会变为透明状态。

（9）凹凸

将彩色或黑白的图片添加到该贴图通道的"None"按钮中，就可以利用图片的明暗值在对象表面形成凹凸效果。利用这个功能，可以表现一些浮雕或者雕刻的效果。"凹凸"的默认值为 30，值越高，凹凸的效果越明显。如果直接采用黑白分明的贴图，就能表现非常分明的纹理效果，如图 6-54 所示。

（10）反射

"反射"贴图是一种高级的贴图方式，这种贴图方式主要表现具有镜像效果的对象，比如水面、玻璃或者光滑的大理石表面等。具体使用方法是首先打开或者创建一个场景，如图6-55 所示。

图 6-54　黑白贴图产生分明的纹理效果　　　　图 6-55　创建简单场景

　　然后单击工具栏中的 （材质编辑器） 按钮，打开材质编辑器，并展开"贴图"卷展栏，接着单击"反射"后边的"None"按钮。在弹出的对话框中选择"平面镜"，如图 6-56 所示。此时"平面镜参数"面板如图 6-57 所示。最后将"反射"贴图赋予地面和墙壁，渲染后可以看到在场景中地面和墙壁已经像镜子一样反射出周围的环境。但是这种反射非常强烈，下面可以回到"贴图"卷展栏，调整反射数值，以达到最满意的效果。

提示：此时即使已经加入了贴图，也不防碍加入镜像反射效果。

图 6-56　选择"平面镜"选项

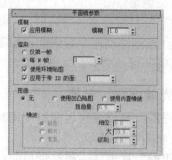

图 6-57　"平面镜参数"面板

（11）折射

这个贴图可在对象表面折射周围的其他对象或者环境，它可以很好地表现诸如水、玻璃、冰块等对光线的折射。在使用这一效果的同时，也会牺牲大量的渲染时间，但是最终的完成效果绝对是一流的。下面对这个贴图的使用方法作一下介绍。

这里还是采用前面的场景，将墙壁和地面的"反射"效果去掉。单击"折射"后边的"None"按钮，在弹出的对话框中选择"反射 / 折射"选项，如图 6-58 所示。

单击材质编辑器示例窗下边的 （转到父对象）按钮，回到上一层级。将材质赋予对象，结果如图 6-59 所示。

提示：可以通过改变折射数值调节折射率。

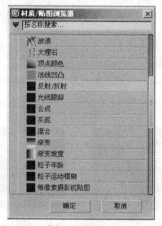

图 6-58　选择"反射 / 折射"选项

图 6-59　折射结果

（12）置换

"置换"贴图就是利用图片的明暗关系，做出隆起或者凹陷的效果。"置换"贴图一般应用在 NURBS 对象或者多边形对象上，作用和"凹凸"贴图比较类似。

6.2 材质类型

材质具有给对象赋予质感的功能。进一步来说，材质类型用于制作并具体设置这一质感。一个材质类型可以包含多个贴图类型，但是贴图类型中不包含材质类型。换句话说，材质类型是贴图类型的上一个层级。

接下来了解材质类型的具体用途。单击"标准"按钮，弹出"材质/贴图浏览器"对话框，如图6-60所示。下面将具体讲解每种材质类型。

6.2.1 "光线跟踪"材质

"光线跟踪"材质是可以同时使用反射和折射的材质类型，效果如图6-61所示。

"光线跟踪"材质是一种很常用的材质类型，它可以精确控制反射和折射的各种属性，包括对高光反射部位的贴图和暗部贴图的折射率、折射的颜色和透明度等属性的调整。

图6-60 "材质/贴图浏览器"对话框

"光线跟踪"材质的参数设置卷展栏如图6-62所示，参数面板的参数解释如下。

图6-61 "光线跟踪"材质效果

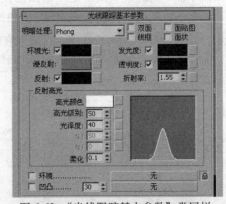

图6-62 "光线跟踪基本参数"卷展栏

● "双面"、"面贴图"、"线框"和"面状"的功能主要是控制材质的显示，如图6-63所示。

a)

c)

d)

图6-63 材质显示的4种状态

a) 双面　b) 面贴图　c) 线框　d) 面状

● 环境光：表示阴影部分的颜色，决定吸收多少光的值。解除这一选项的复选框就可以不用颜色，改为使用数值来进行设定。

- 漫反射：和普通材质中的"漫反射"作用相同，但是当"反射"值是纯白色或者取最大值 100 时并不显示本身的颜色，而是反射周围对象或是背景的颜色。
- 反射：可以通过颜色调整对象的透明度和对环境的反射值。使用颜色进行调整是按照颜色的明暗来取值的，色调越亮反射越强，反之越弱，但是并不影响对象颜色上的变化。同样，解除这一项复选框后，可以通过数值来调整，这时默认的颜色是纯黑色或纯白色。
- 发光度：与普通材质中的"自发光"具有相同的自发光的效果。但是不同的是，"自发光"是让漫反射颜色中的颜色发光，而"发光度"是按照自己设定的颜色发光，即可以发出与对象本身不同的光。如果解除此选项的复选框，也可以通过数值来进行调整，并且颜色也默认为纯黑或纯白色，这一点和自发光的性质完全一样。
- 透明度：可以调整对象的透明度，它和普通材质中的"不透明"的概念是完全一样的，这一功能的设置也可以通过颜色和数值两种方式来进行设定。
- 折射率：用于调整透过"光线跟踪"材质的光线折射率，在取值为 1 时不发生变化，但是当值高于 1 时后面的对象就会扩大显示，低于 1 时就会缩小显示。如果要表现水中透过对象折射的效果，就要运用"透明度"数值。
- 高光颜色：用来调整对象高光部分的颜色、强度和扩散值。
- 高光级别：代表对象受到光线影响在表面形成的高光区域，可以用来指定这一部分的颜色，默认为白色。
- 光泽度：表示高光部分的强度，与普通材质的区别是：在普通材质中可以使用的最高值为 100，而这里为 200。
- 柔化：也和普通材质中的柔化一样，可以用来调整"高光度"和"光泽度"之间的柔和度。
- 环境：忽视反射在对象表面的场景颜色和贴图，使用这里的贴图来进行替换，使对象表面折射出来的映像和这里设定的图片一致。
- 凹凸：和普通材质中凹凸的作用一样，利用打开图片的明暗关系来表现对象表面的纹理效果。

6.2.2 "顶/底"材质

"顶/底"材质的基本参数卷展栏如图 6-64 所示。这是一个可以给对象的上部和下部分别赋予不同贴图的材质类型，也是一种比较常用的材质类型。

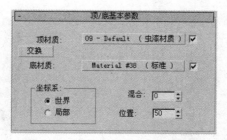

图 6-64 "顶/底基本参数"卷展栏

"顶/底"材质实际应用效果如图 6-65 所示。还可以将"顶/底"材质位置对调，效果如图 6-66 所示。

图 6-65　"顶/底"材质效果　　　　　　图 6-66　"顶/底"材质位置对调后的效果

"顶/底基本参数"卷展栏的各按钮功能和参数解释如下。

- 顶材质：指定对象的上部材质。
- 底材质：指定对象的下部材质。
- 交换：单击该按钮后，会将"顶材质"与"底材质"的位置对调。
- 坐标系：指定贴图的轴。
- 世界：以对象的世界轴坐标为标准，混合上下两部分的材质，不适合制作动画效果。
- 局部：以对象的自身坐标为标准，混合上下两部分的材质，在制作动画时必须使用此项。
- 混合：用来调节"顶材质"与"底材质"两个材质区域边界的柔和度，数值越大，混合度越高。
- 位置：用来调节"顶材质"与"底材质"所占区域的比例，默认为 50（即两种材质各占一半）。

6.2.3　"多维/子对象"材质

"多维/子对象"材质的使用范围非常广泛，它的作用是在同一个对象上的不同部位赋予各种不同的材质。

在使用"多维/子对象"材质时，要选中对象中需要赋予材质的部分，并指定它的 ID 号。

"多维/子对象"材质的参数设置卷展栏如图 6-67 所示，实际应用效果如图 6-68 所示。

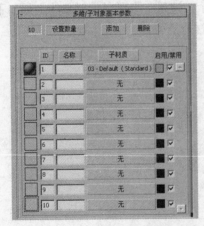

图 6-67　"多重/子对象基本参数"卷展栏　　　图 6-68　"多维/子对象"材质的实际应用效果

"多维 / 子对象基本参数"卷展栏的各按钮功能和参数解释如下。

- 设置数量：设置使用材质的个数，默认为 10 种材质。单击"设置数量"按钮，在弹出的对话框中设定数量后，单击"确定"按钮即可。
- 添加：增加新的材质，如果已经给对象指定了若干材质 ID，并且没有多余可使用的材质 ID，单击"添加"按钮就可以增加一个新的材质。
- 删除：删除所选定的材质，删除后的材质也就失去了作用。
- ID：材质的编号。
- 名称：可以给材质指定名称。在场景中如果使用的材质很多，为了方便地查找、修改或管理材质，就要在这里使用相应的名称来进行区分。即使在材质不是很多时，也要养成编制名称的习惯。
- 子材质：给相应的 ID 指定材质。
- 颜色：在不指定材质的情况下，也可以修改对象的漫反射颜色。
- 启用 / 关闭：决定是否使用相应的 ID 中的材质。

6.2.4 "混合"材质

"混合"材质可以通过合成两个不同的材质，生成如铁锈或者石头上的苔藓等效果。"混合基本参数"卷展栏如图 6-69 所示。

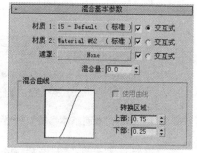

图 6-69 "混合基本参数"卷展栏

"混合基本参数"卷展栏的参数解释如下。

- 材质 1：选择合成材质的第一种材质。
- 材质 2：选择合成材质的第二种材质。
- 交互式：选中后，这种材质就会在场景中表现为阴影。
- 遮罩：在这里加入的图片会被识别为黑白图片，并按照图片的明暗关系对以上进行混合的材质进行混合。

在这里要提一下"遮罩"是两种材质的混合模式，也就是说上边的两种材质要按照"遮罩"中的材质纹理进行混合。

- 混合量：这个参数只有在没有使用"遮罩"贴图时才能使用，默认值为 0。在值为 0 时，只显示"材质 1"的材质，调高数值后逐渐显示"材质 2"的材质，数值为 100 时只显示"材质 2"的材质。

设定好混合材质后，下边还可以通过"转换区域"来进行编辑。"转换区域"在使用"遮罩"贴图时才会被激活。

- 使用曲线：可以使"材质 1"和"材质 2"的图片更加紧密地合成在一起。
- 上部：调整上一层级的合成部位。
- 下部：调整下一层级的合成部位。

上部和下部数值的差距越小，"材质 2"所占的面积就越小。差距越大，"材质 2"所占的面积就越大。混合方式如图 6-70 所示。

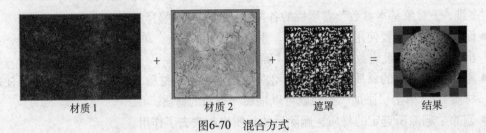

材质1 + 材质2 + 遮罩 = 结果

图6-70 混合方式

6.2.5 "双面"材质

顾名思义，"双面"材质就是在对象的两面都赋予材质，而且可以赋予不同的材质，一般用来表现瓶子的内壁和外壁为不同材质的效果。

"双面基本参数"卷展栏如图 6-71 所示，实际应用效果如图 6-72 所示。

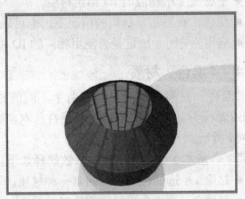

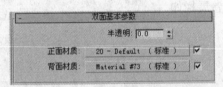

图 6-71 "双面基本参数"设置卷展栏　　图 6-72 "双面"材质的实际应用效果

"双面基本参数"卷展栏的各参数解释如下。

- 半透明：可以调整材质的透明度，随着数值的升高，指定在内部的材质从外部、外部的材质从内部开始变得透明。
- 正面材质：选择对象外部的材质。
- 背面材质：选择对象内部的材质。

如果没有选定"正面材质"或"背面材质"后边的复选框就会使用黑色进行渲染。

6.2.6 Ink' n Paint 材质

Ink' n Paint 材质实际上就是"卡通"材质，用于创建卡通效果。与其他大多数材质提供的三维真实效果不同，"卡通"材质提供带有"墨水"边界的平面着色。图 6-73 所示的是用"卡通"渲染的蛇。

由于"卡通"是材质，因此可以将 3D 着色对象与平面着色卡通对象相结合，如图 6-74 所示。

"Ink' n Paint"材质包含以下几个参数设置卷展栏。

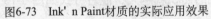

图6-73 Ink' n Paint材质的实际应用效果

1. "基本材质扩展"卷展栏

"基本材质扩展"卷展栏如图 6-75 所示，其各参数解释如下。

图 6-74 将 3D 着色对象与平面着色卡通对象相结合

图 6-75 "基本材质扩展"卷展栏

- 双面：和普通的材质"双面"作用一样，默认是选定状态。
- 面贴图：以对象所有的面为单位来运用。
- 面状：表现解除每个面的柔化之后的坚硬效果，但是实际上与"面贴图"的效果是一样的。
- 未绘制时雾化背景：在背景中设置烟雾，在解除"绘制控制"卷展栏中的所有选定时才能使用。如果在场景中加入烟雾效果，那么对象就会变为和烟雾一样的颜色。
- 不透明 Alpha：选中"不透明 Alpha"复选框后，进行渲染就不会在场景中形成任何的 Alpha 的通道值。
- 凹凸 / 置换：和前边提到的标准材质中的一般贴图的"凹凸"、"置换"功能是一样的。

2. "绘制控制"卷展栏

"绘制控制"卷展栏如图 6-76 所示，其各参数解释如下。

- 亮区：用于指定对象中亮的一面的填充颜色，默认设置为淡蓝色。取消勾选"亮区"复选框，将使对象不可见，但墨水除外。图 6-77 中左图为有光的效果，右图为禁用有光和高亮显示的效果。

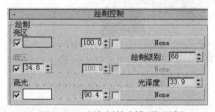

图 6-76 "绘制控制"卷展栏

图 6-77 勾选"亮区"前后比较

- 绘制级别：可以用来设定对象的层次感，最高有 255 个层级。层级越多，层次感越强，但是渲染时间也就越长。图 6-78 为不同绘制层级的效果比较。

● 暗区：在默认情况下暗区都是被选中的，它代表的是对象上最阴暗的部分。在选中的情况下阴影部分为黑色，数值越低，阴暗的部分越多；数值越高，阴暗的部分就越少。如果不选中此项，那么就可以改变暗部的颜色或者添加材质。图 6-79 为不同暗区数值的效果比较。

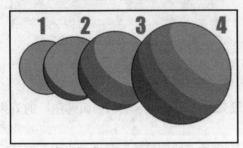

图 6-78　不同绘制层级的效果比较

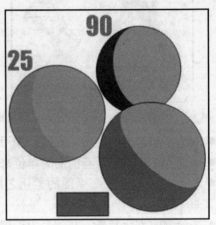

图 6-79　不同暗区数值的效果比较

● 高光：正如它的字面意思那样，控制的区域是对象上的高光部分。在选中此项后，高光区域就出现在对象上，可以直接改变颜色并通过调整光泽度的值来改变高光区域的大小，或者直接在后边的"None"按钮中加入贴图，并可通过调节数值来调整混合度。图 6-80 中左图为无高光效果，右图为有高光效果。

图6-80　有无高光效果比较

3. "墨水控制"卷展栏

"墨水控制"卷展栏如图 6-81 所示，它用于实现对材质颜色、表面凹凸、边缘轮廓线、内部轮廓线和高光等属性的调整。

"墨水控制"卷展栏的各参数解释如下。

● 墨水：选中"墨水"复选框会对渲染施墨，取消勾选时则不出现墨水线，默认设置为启用状态。图 6-82 中左图为选中"墨水"复选框时的状态，右图为未选中"墨水"复选框时的状态。

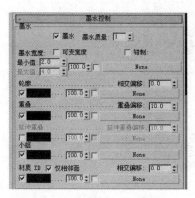

図 6-81　"墨水控制"卷展栏　　　　図 6-82　选中"墨水"复选框前后的效果比较

● 墨水质量：数值越大轮廓线越准确，最高值为 3，但是相应的渲染时间也会拉长。
● 墨水宽度 / 可变宽度 / 钳制：这 3 个参数互相关联。墨水宽度的作用是调整轮廓线的粗细。如果选中可变宽度，那么就可以产生轮廓线在对象凸起的部分逐渐变细的效果，这时墨水宽度下边的"最大值"开始发生作用，"最小值"代表最细部分宽度，"最大值"代表最粗部分的宽度。如果没有选中"钳制"，那么线条就会和亮区的亮度保持一致。
● 轮廓：代表对象的外轮廓线，在这里可以改变外轮廓线的颜色。"交集偏移"数值框可以用来设置外轮廓线交叉区域的倾斜度。
● 重叠：表现一个对象中重叠的区域。
● 延伸重叠：以对象的起点为标准，表现背面的颜色或贴图，表现对象的内部或边缘部分，默认状态为非选中状态。
● 小组：代表一个对象的内轮廓线，同外轮廓线一样，也可以进行改变颜色等设置。
● 材质 ID：可以在同一个对象的面中通过指定不同的 ID 运用不同的颜色或者贴图。

6.2.7　其他材质类型

3ds max 2012 除了上面介绍的 6 种主要材质外，还有变形器、虫漆、标准、高级照明覆盖、合成、建筑、壳材质和无光 / 投影等几种材质。

1."变形器"材质

具体来说，"变形器"材质类型并不能产生变形的作用，光凭材质本身起不到任何效果，只有在对象上使用了修改器中的"变形器"之后，才能使用材质编辑器中的"变形器"材质并产生效果。

通过"变形器"材质也能够制作人物面部表情发生变化时出现的皱纹等效果。"变形器基本参数"卷展栏如图 6-83 所示。

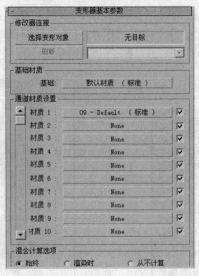

图 6-83 "变形器基本参数"卷展栏

2. "虫漆"材质

"虫漆"材质能够混合两个材质并表现出具有光泽的效果。当然也有其他的方法可以做出混合并有光泽的效果，但是效果最好的还是虫漆材质。

"虫漆材质基本参数"卷展栏如图 6-84 所示，实际应用效果如图 6-85 所示。

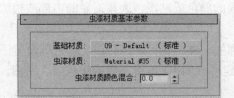

图 6-84 "虫漆材质基本参数"卷展栏　　　　图 6-85 "虫漆"材质的实际应用效果

"虫漆材质基本参数"卷展栏的各参数解释如下。

- 基础材质：决定基本的材质，可以使用标准材质，也可使用其他材质。
- 虫漆材质：决定混合在基础材质上面的材质。
- 虫漆材质颜色混合：决定怎样混合"基础材质"和"虫漆材质"的颜色，值为 0 时不会发生任何变化，数值越大，"基础材质"上的"虫漆材质"就越清晰。

3. "标准"材质

这里所说的"标准"材质就是普通材质，它是 3ds max 默认的材质类型，也是最基础的材质类型，所有对象的材质效果就是用它来编辑完成的，其他的材质类型只不过起到一个合成的作用。因此，可以把"标准"材质看做是材质制作的基础材质，这里不再过多介绍。

4. "高级照明覆盖"材质

"高级照明覆盖"材质的主要功能是让自发光的对象产生逼真的发光效果，向周围发出光线，如图 6-86 所示。

"高级照明覆盖材质"卷展栏如图 6-87 所示，其各参数解释如下。

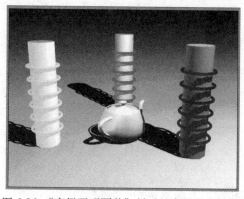

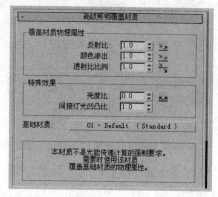

图 6-86　"高级照明覆盖"材质的实际应用效果　　图 6-87　"高级照明覆盖材质"卷展栏

- 反射比：可以调整发光的强度，这一数值越大，对象对周围其他事物造成的光照影响也就越大。
- 颜色渗出：可以调整发光的颜色。
- 透射比比例：可以调整光线透过事物的强度。假如对象后面有其他事物，就可以通过调整这一数值来表现光线穿透对象的效果。
- 亮度比：表现霓虹灯效果时使用。若要通过调整这一数值来表现效果，则最好使用自发光。
- 间接灯光凹凸比：调整对象通过发光来表现的凹凸效果。

5. "合成"材质

"合成"材质是能够合成 10 种材质的材质类型，这种材质不仅能够合成材质，同时还能合成动画。

"合成基本参数"卷展栏如图 6-88 所示。

基础材质：选择最基础的材质，在这里打开的材质将会在 10 个材质当中位于最下端。

6. "建筑"材质

顾名思义，"建筑"材质是专门针对建筑表现的材质类型。

"建筑"材质的参数设置卷展栏如图 6-89 所示。

"建筑"材质在光度类型灯光下可以表现真实的效果，它自动将光线追踪算法加入到渲染之中，能够反映真实的反射与折射。

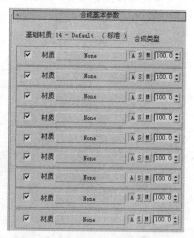

图 6-88　"合成基本参数"卷展栏

7. "壳材质"材质

"壳材质参数"卷展栏如图 6-90 所示。

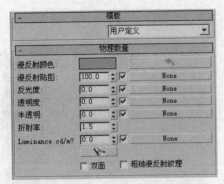

图 6-89 "建筑"材质的参数设置卷展栏

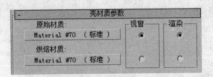

图 6-90 "壳材质参数"卷展栏

"壳材质参数"卷展栏的各参数解释如下：

- 原始材质：在这里添加的材质，其作用和使用方法基本和一般材质一致。
- 烘焙材质：除了包含原始材质的颜色和贴图之外，还包含了灯光的阴影和其他信息。
- 视窗：控制在视窗中显示哪种材质。
- 渲染：控制在渲染时显示哪种材质。

8. "无光/投影"材质

"无光/投影"材质的作用是隐藏场景中的对象，而且在渲染时也无法看到，它不会对背景进行遮挡，但却遮挡场景中的其他对象，而且还可以表现出自身投影和接受投影的效果。"无光/投影基本参数"卷展栏如图 6-91 所示。

产生阴影材质需要 3 个要点：

1）有产生阴影的对象。

2）有接受阴影的对象，"无光/投影"材质就是赋给该对象的。

3）在"无光/投影"基本参数卷展栏中选中"接收阴影"的复选框。

图 6-92 所示为茶壶在水面上产生阴影的效果。

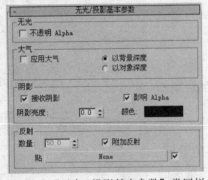

图 6-91 "无光/投影基本参数"卷展栏

图6-92 实际应用效果

6.3　贴图类型

初学 3ds max 2012 的读者经常将贴图和材质混淆在一起，其实两者是一种从属的关系。贴图只用于表现物体的某一种属性，如透明或凹凸等。而材质则是由多种贴图集合而成的，最终表现出一个真实的物体。例如，制作一个玻璃的材质，既要表现出玻璃的透明，又要表现出它的光滑和反射、折射特性，而玻璃的透明、光滑和反射、折射的属性便可以看做是 3 种不同的贴图。要完整地表现玻璃的材质，就要将这 3 种贴图集合在一起，这便是贴图和材质的关系。

在 3ds max 2012 中，贴图是由材质编辑器的内置程序生成或从外部导入的图案或图片，3ds max 2012 共有 38 种贴图类型，在图 6-93 所示的"材质/贴图浏览器"对话框可以对它们进行统一管理。

图 6-93　38 种贴图类型

下面就来介绍一些常用贴图的具体作用。

1. "位图"贴图类型

所谓"位图"就是由像素组成的图片。在计算机中，应用的图片和电影文件一般都属于位图的范围，如 jpg、bmp、tiff、avi 和 mov 等。位图贴图是非常常用的一种贴图形式，在使用"位图"贴图类型后，材质编辑器除了共有的"坐标"和"噪波"卷展栏外，还有打开或更换图片和电影文件的"位图参数"卷展栏、调整动画的"时间"卷展栏、调整图片的色彩和亮度的"输出"卷展栏 3 个部分，如图 6-94 所示。

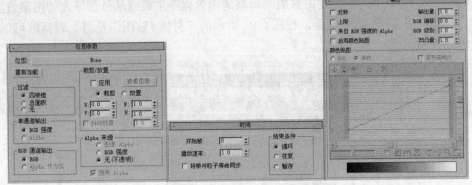

图 6-94 "位图参数"卷展栏、"时间"卷展栏和"输出"卷展栏

应用任意位图贴图，然后将贴图赋予物体，来达到所需要的质感的方式是基本的贴图方式，如图 6-95 所示。

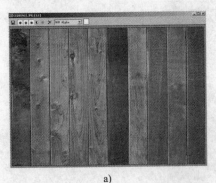

a)   b)

图6-95 赋予物体位图贴图的效果

a) 位图贴图 b) 赋予物体后的效果

2. "棋盘格"贴图类型

"棋盘格"贴图类型可以用来生成指定颜色的棋盘式贴图,该贴图类型除了通用的"坐标"卷展栏和"噪波"卷展栏外,"棋盘格"贴图还包括特有的"棋盘格参数"卷展栏,如图 6-96 所示。其中的"颜色 #1"和"颜色 #2"可对棋盘格的颜色,或者在格内添加贴图进行编辑。实际应用效果如图 6-97 所示。

"棋盘格参数"卷展栏的各参数解释如下。

● 柔化:可以将形成图案的两种颜色的边界部分进行混合。

● 交换:单击"交换"按钮可以将后边"颜色 #1"和"颜色 #2"中的颜色位置调换。

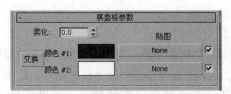

图 6-96　"棋盘格参数"卷展栏　　　　图 6-97　"棋盘格"贴图的实际应用效果

- 颜色 #1：可以指定纹理中第一种颜色或图片。
- 颜色 #2：可以指定纹理中第二种颜色或图片。

3. "渐变"贴图类型

"渐变"贴图的作用是使用 3 种不同的颜色或者贴图生成渐变效果，一般应用在天空或海水的制作上。"渐变参数"卷展栏如图 6-98 所示，"颜色 #1"、"颜色 #2"、"颜色 #3"和前边的"棋盘格"贴图中"颜色 #1"和"颜色 #2"的作用及使用方法完全一样。实际应用效果如图 6-99 所示。

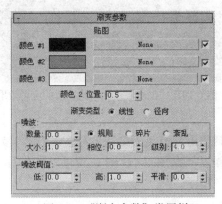

图 6-98　"渐变参数"卷展栏　　　　图 6-99　"渐变"贴图的实际应用效果

"渐变参数"卷展栏的各参数解释如下。

- 颜色 2 位置：这个数值可以调整 3 个渐变色或图片的分布位置。
- 线性：默认选项，为普通的线性渐变。
- 径向：制作放射型渐变。
- 数量：这一数值可决定噪波的程度，最大值为 1。
- 规则：这一选项为默认选项，常用于表现烟雾或云彩等效果，表现效果比较柔和。
- 碎片：常用来表现海水中的影子等效果，表现效果比较粗糙。
- 紊乱：常用来表现电子波长等效果，能够产生非常强烈的变形效果。
- 大小：这一数值可以用来指定纹理的大小。
- 相位：可以在噪波中产生流动效果，用来制作动画。

- 级别：只有选中上边的"紊乱"或"碎片"模式才能使用，可以用来调节"紊乱"和"碎片"的效果。
- 低：在下边设置噪波的移动方向。
- 高：在上边设置噪波的移动方向。
- 平滑：可以让噪波的边界变得柔和。

4. "渐变坡度"贴图类型

"渐变坡度"贴图与前边的"渐变"贴图很相似，作用也是一样的，但是"渐变坡度"贴图的功能更加强大，可以表现的渐变层次更丰富。"渐变坡度参数"卷展栏如图 6-100 所示。通过增加或者减少颜色条下边滑块的数量就可以改变渐变颜色层次的数量，如果要改变渐变的颜色只需要双击滑块，就会弹出颜色编辑对话框，在该对话框中可以进行颜色的改变。与前边的"渐变"贴图不同的是"渐变坡度"贴图不能进行贴图的渐变而只能进行颜色的渐变。实际应用时的效果如图 6-101 所示。

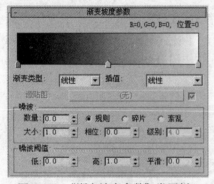

图 6-100 "渐变坡度参数"卷展栏

图 6-101 "渐变坡度"效果贴图的应用效果

5. "漩涡"贴图类型

"漩涡"贴图是将两种颜色或图片进行混合，制作出具有漩涡效果的贴图。"漩涡参数"卷展栏如图 6-102 所示，它的使用方法和前边的"渐变"贴图基本一样，也可以将漩涡的两种颜色换成贴图进行混合，实际应用效果如图 6-103 所示。

图 6-102 "漩涡参数"卷展栏

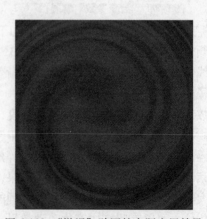

图 6-103 "漩涡"贴图的实际应用效果

"漩涡参数"卷展栏的各参数解释如下。

- 基本：可以设定漩涡贴图中的主体颜色，或者指定主体部分贴图。
- 漩涡：用来指定纹理部分的颜色或者贴图。
- 交换：单击这一按钮可以调换"基本"和"漩涡"中的颜色或者贴图。
- 颜色对比度：可以调整"基本"和"漩涡"的颜色对比，默认为 0.4，数值越大对比度越强。
- 漩涡强度：可以调整"漩涡"中颜色的范围和强度，默认值为 2。
- 漩涡数量：调整"漩涡"颜色的量，数值越低越淡，越高越浓。
- 扭曲：调整漩涡的旋转数，数值越大数量越多，数值为负数时向反方向旋转。
- 恒定细节：可以调整漩涡团的精密程度。
- 中心位置 X：延 X 轴移动漩涡的中心。
- 中心位置 Y：延 Y 轴移动漩涡的中心。
- 后边的锁基本上为选定状态，可以同时移动 XY 两个轴，解除后可分别移动两个轴。
- 随机种子：可以通过改变数值任意修改漩涡图案的形状。

6. "平铺"贴图

"平铺"贴图能够不使用图片就可以生成各种不同图案的砖，关于它的使用方法和前面提到的贴图类型大同小异，同样也可以用已有的贴图取代颜色，并且可以随意改变砖缝的纹理。"平铺"贴图特有的卷展栏如图 6-104 所示，实际应用效果如图 6-105 所示。

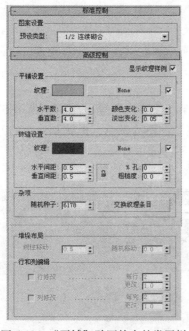

图 6-104　"平铺"贴图特有的卷展栏

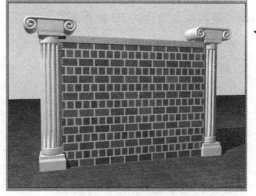

图 6-105　"平铺"贴图的实际应用效果

"平铺"贴图特有的卷展栏中的各参数解释如下。

- 预设类型：用于选择平铺的方式。
- 显示纹理样例：这一选项默认为选定状态。在使用图片时，可以在"纹理"的色块中显示所使用图片。

- 纹理：可以通过设定后边色块中的颜色改变砖的颜色，或者在后边的 None 按钮中添加图片贴图。
- 水平数：调整砖的纵列数。
- 垂直数：调整砖的横列数。
- 颜色变化：调整这一数值可以在原有颜色的基础上增加砖的颜色变化，使颜色更加自然。
- 淡出变化：这一参数用来指定颜色变化的幅度。
- 水平间距：调整缝隙部位的横列宽窄，当解除后边的锁定时就可以分别指定"垂直间距"和"水平间距"值。
- 垂直间距：调整缝隙部位的纵列宽窄。
- % 孔：调整砖的数量，可以用来表现表面破损的墙壁。
- 粗糙度：用来调整砖与砖缝之间的粗糙程度。
- 随机种子：可以通过这里的数值改变砖上不同颜色变化的分布。
- 交换纹理条目：单击此按钮可以将砖和砖缝中的颜色对调。
- 线性移动：可以调整砖的横向堆砌方式。
- 随机移动：让砖无规律地横向堆砌。
- 行修改：按照每一行横向调整砖的排列个数。
- 每行：设定每行的数量。
- 更改：移动砖的位置。
- 列修改：按照每一行纵向调整砖的排列个数。
- 每列：设定每列的数量。

7. "细胞"贴图

这一贴图效果主要用来表现地砖、马赛克、海面和某些生物皮肤等。"细胞"贴图的"细胞参数"卷展栏如图 6-106 所示，在这里可以对"细胞"贴图的颜色、形状和分布的方式进行编辑，还可以像前边的 2D 贴图那样加入图片贴图，实际应用效果如图 6-107 所示。

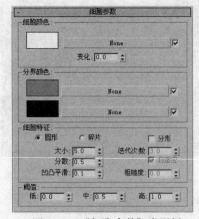

图 6-106 "细胞参数"卷展栏

图 6-107 "细胞"贴图的实际应用效果

"细胞参数"卷展栏的参数解释如下。

- 变化：调节变化的数值，可以让中心部分的颜色富于深浅变化。
- 分界颜色：这里的两个色块代表细胞边界的颜色。
- 圆形：默认的选项，使用圆形来表现单元格。
- 碎片：将单元格变为棱角分明的多边形。
- 大小：调整单元格的大小尺寸。
- 分散：可以调整上边"分界颜色"中两个颜色在贴图中所占的比率。
- 凹凸平滑：如果在材质编辑器中的"凹凸"贴图中使用细胞贴图，就可以在对象表面产生凹凸的效果，"凹凸平滑"可以将这些凹凸部分的单元格之间进行柔和处理。
- 分形：可以用来设定单元格分裂边缘的粗糙程度。
- 迭代次数：在使用了"分形"时才能发挥作用，其数值可以调整"分形"的应用次数。
- 自适性：在使用了"分形"时才能发挥作用，可以减少"分形"中贴图出现的棱角，一般为选用状态。
- 粗糙度：在使用了"分形"时才能发挥作用，在位图贴图中可以调整分形的效果程度。
- 低：调整单元格的大小，最高值为 1，如果取最高值就会只显示单元格的颜色。
- 中：调整单元格第一个边界的颜色幅度。
- 高：调整分界颜色的幅度，数值越小分界颜色的幅度就越大。

8. "凹痕"贴图

"凹痕"贴图主要用于"凹凸"贴图上，可以用来表现路面、岩石的表面、或者腐蚀的金属表面，"凹痕参数"卷展栏比较简单，如图 6-108 所示。实际应用效果如图 6-109 所示。

图 6-108　"凹痕参数"卷展栏

图 6-109　"凹痕"贴图的实际应用效果

"凹痕参数"卷展栏的各参数解释如下。

- 大小：调整"凹痕"贴图的大小。
- 强度：可以调整下边"颜色 #1"和"颜色 #2"之间的颜色对比。
- 迭代次数：调整"凹痕"贴图的重复次数，可以在凹痕的图案中形成小的图案。
- 交换：单击此按钮，可以将"颜色 #1"和"颜色 #2"中的颜色或贴图进行调换。
- 颜色 #1/ 颜色 #2：在"漫反射颜色"中使用"凹痕"贴图时可以在此进行颜色的编辑，或者在后边的 None 按钮中使用图片贴图，但并不是使用图片，而是应用图片的亮度。

提示：一般在"漫反射颜色"中使用"凹痕"贴图后，也要在位图中同样使用"凹痕"贴图，并且将参数设为一致，这样才能达到更加真实的效果。

9. "衰减"贴图

"衰减"贴图可根据对象表面的角度和灯光的位置来表现两种不同颜色的渐变效果，一般来说主要用在"不透明度"上。"衰减参数"卷展栏如图 6-110 所示。"衰减"贴图的效果类似于"渐变"贴图的效果，如图 6-111 所示。

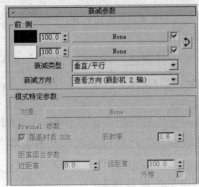

图 6-110 "衰减参数"卷展栏

图 6-111 "衰减"贴图的实际应用效果

"衰减参数"卷展栏的各参数解释如下。

● 前：侧：在运用"衰减"贴图时可以调整两个颜色之间的均衡度。上边的黑色代表对象中间"前"的颜色，下边的白色代表周围"边"的颜色。用户可以替换所使用的颜色，或者在后边的 None 按钮中使用图片贴图。

● ❯按钮：用于将两个色块中的颜色和贴图进行对调。

● 衰减类型：在这里的下拉列表中可以选择以什么表现形式来表现"衰减"贴图，共有"接近 / 远离"、"垂直 / 平行"、"fresnel"、"阴影 / 灯光"和"距离混合" 5 种类型可以选择。

● 衰减方向：在这里的下拉列表中可以选择"衰减"贴图的轴。

● 对象：在"衰减方向"下拉列表中选择"对象"才可激活这一功能，并且以这里的设置为基准来设置贴图。

● Fresnel 参数：在"衰减类型"下拉列表中选择"Fresnel"才可以使用这个功能，可以调整折射率的值。

● 覆盖材质 IOR：选中这一项后才可以调整运用在衰减上的 IOR 值，一般情况下都会选中这一项。

● 折射率：可以直接调整折射率。

● 距离混合参数：在"衰减类型"下拉列表中选择"距离混合"才能激活这里的选项。

● 近距离：指定距离混合效果的起点。

● 远距离：指定距离混合效果的终点。

● 外推：选中该项，可在超过"近距离"和"远距离"数值时设置表现效果的范围。

10. "大理石"贴图

"大理石参数"卷展栏如图 6-112 所示，一般应用在"漫反射颜色"中，主要用来表现大理石材质或一些不规律的条状花纹，实际应用效果如图 6-113 所示。

图 6-112 "大理石参数"卷展栏

图 6-113 "大理石"贴图的实际应用效果

"大理石参数"卷展栏的各参数解释如下。

- 大小：用来调整对象表面纹理的大小，数值越小纹理的尺寸越小，但纹理的数量会相应的增多。
- 纹理宽度：调整纹理之间的距离，数值越高，纹理的间隙就越小。
- 颜色 #1/ 颜色 #2：用来设定纹理的颜色，后边的 None 按钮中可以添加位图贴图。
- 交换：可以将"颜色 #1"和"颜色 #2"中的颜色或贴图进行调换。

11. "噪波"贴图

"噪波"贴图的应用范围非常广泛，用途也很多，可以用来表现水面、云彩和烟雾等效果。这里的"噪波"贴图和 2D 贴图中的"噪波"贴图差不多，但能够进行更加详细的设置。"噪波参数"卷展栏如图 6-114 所示，实际应用效果如图 6-115 所示。

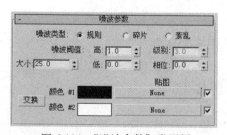

图 6-114 "噪波参数"卷展栏

图 6-115 "噪波"贴图的实际应用效果

"噪波参数"卷展栏的各参数解释如下。

- 噪波类型：在这里有"规则"、"碎片"和"紊乱"3 种噪波类型可以选择，用来表现不同的效果。
- 规则：制作柔和而有规律的噪波图案。

● 碎片：表现比较粗糙的"噪波"贴图。

● 紊乱：制作更加粗糙并且复杂的贴图。

● 噪波阀值：调整两个颜色的区域和浓度。

● 高：代表"颜色 #2"的区域大小，数值越小范围越大，颜色越浓。

● 低：代表"颜色 #1"的区域大小，数值越小范围越大，颜色越浓。

● 级别：在噪波类型中选择"规则"时不能使用，用来控制噪波的粗糙程度。

● 相位：在动画中运用"噪波"贴图时，用来表现噪波始点移动的动画效果。

● 大小：控制"噪波"贴图图案的整体大小。

● 颜色 #1/ 颜色 #2："颜色 #1"代表噪波的纹理颜色，"颜色 #2"代表噪波的背景图案
  的颜色。同样在后边的 None 按钮中可以添加位图贴图。

12. "Perlin大理石"贴图

"Perlin 大理石参数"卷展栏如图 6-116 所示。如果将"Perlin 大理石"贴图应用到凹凸
材质中，还可以用来表现腐蚀效果的材质，实际应用效果如图 6-117 所示。

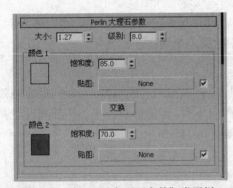

图 6-116 "Perlin 大理石参数"卷展栏

图 6-117 "Perlin 大理石"贴图的实际应用效果

"Perlin 大理石参数"卷展栏的各参数解释如下。

● 大小：调整花纹的大小。

● 级别：调整花纹图案的质量程度，数值越高图案越复杂。

● 颜色 1：设定背景的颜色或贴图。

● 饱和度：调整"颜色 1"的亮度，数值越高颜色越亮。

● 贴图：可以在后边的 None 中添加贴图。

● 颜色 2：设定花纹的颜色或贴图。

● 饱和度：调整"颜色 2"的饱和度。

● 贴图：可以在后边的 None 中添加贴图。

13. "烟雾"贴图

顾名思义，"烟雾"贴图可以表现烟雾形状的图案，它和"噪波"贴图类似。"烟雾参数"
卷展栏如图 6-118 所示，实际应用的效果如图 6-119 所示。

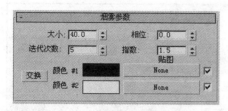

图 6-118 "烟雾参数"卷展栏

图 6-119 "烟雾"贴图的实际应用效果

"烟雾参数"卷展栏的各参数解释如下。

- 大小：调整烟雾粒子的大小。
- 迭代次数：调整表现烟雾的碎片图案的清晰度。
- 相位：用来对"烟雾"贴图进行动画设置。
- 指数：调整"颜色 #1"中颜色的浓度。
- 颜色 #1/ 颜色 #2：设定烟雾的颜色或者在后边的 None 按钮中添加贴图。
- 交换：将"颜色 #1"和"颜色 #2"中的颜色或贴图进行调换。

如果在透明通道中使用"烟雾"贴图还能表现烟雾的效果，如图 6-120 所示。

图 6-120 烟雾在透明通道中的效果

14. "斑点"贴图

"斑点"贴图一般用来表现一些斑点或油污等效果。"斑点参数"卷展栏比较简单，如图 6-121 所示，实际应用效果如图 6-122 所示。

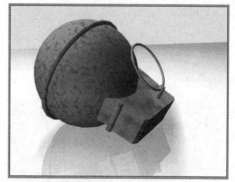

图 6-121 "斑点参数"卷展栏

图 6-122 "斑点"贴图的实际应用效果

"斑点参数"卷展栏的各参数解释如下。

- 大小：调整斑点的大小。
- 交换：调换"颜色 #1"和"颜色 #2"中的颜色和贴图。
- 颜色 #1/ 颜色 #2：设定斑纹的颜色或者在后边的 None 按钮中添加贴图。

15. "泼溅"贴图

"泼溅"贴图可以模仿类似颜料溅出或斑点的效果。"泼溅参数"卷展栏如图 6-123 所示，图 6-124 为使用"泼溅"贴图制作的各种冰淇淋效果。

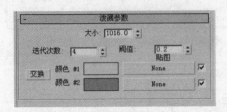

图 6-123 "泼溅参数"卷展栏

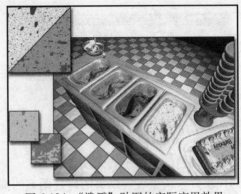

图 6-124 "泼溅"贴图的实际应用效果

"泼溅参数"卷展栏的各参数解释如下。

● 大小：调整图案粒子的大小。

● 迭代次数：调整纹理的数量，数值越高纹理越多。

● 阈值：调整"颜色 #1"和"颜色 #2"的混合比率，数值为 0 时只显示"颜色 #1"中的颜色，数值为 1 时只显示"颜色 #2"中的颜色。

● 交换：调换"颜色 #1"和"颜色 #2"中的颜色和贴图。

● 颜色 #1/ 颜色 #2：设定油彩的颜色或者在后边的 None 按钮中添加贴图。

16. "灰泥"贴图

"灰泥"贴图专门用来表现水泥墙壁和带有污垢的对象等效果，"灰泥参数"卷展栏如图 6-125 所示，实际应用效果如图 6-126 所示。

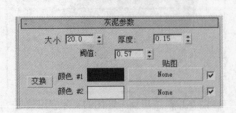

图 6-125 "灰泥参数"卷展栏

图 6-126 "灰泥"贴图的实际应用效果

"灰泥参数"卷展栏的参数解释如下。

● 大小：调整图案花纹的大小。

● 厚度：调整图案纹理的大小，同时可以调整两种颜色的边界的柔和程度。

● 阈值：调整"颜色 #1"与"颜色 #2"的大小比例。

- 交换：调换"颜色 #1"和"颜色 #2"中的颜色和贴图。
- 颜色 #1/ 颜色 #2：设定灰泥的颜色或者在后边的 None 按钮中添加贴图。

17."波浪"贴图

"波浪"贴图是用来表现水面波纹一类的贴图，"波浪参数"卷展栏如图 6-127 所示，实际应用效果如图 6-128 所示。

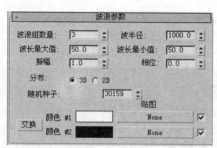

图 6-127　"波浪参数"卷展栏

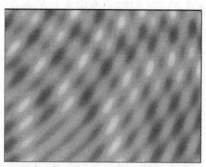

图 6-128　"波浪"贴图的实际应用效果

"波浪参数"卷展栏的各参数解释如下。

- 波浪组数量：用来设定水波的起伏程度。
- 波半径：调整水波起伏的半径，以水波的起伏次数为准调整半径大小。
- 波长最大值 / 波长最小值：从起伏的中心点开始调整起伏的值，"波长最大值"表示每个起伏点的最大起伏个数，"波长最小值"则表示最小起伏个数。
- 振幅：用来调整"颜色 #1"和"颜色 #2"两个颜色的对比。
- 相位：在制作动画效果时应用这一项，可以改变波纹起伏的位置。
- 分布：如果是一些具有平面的对象，一般选用 2D，但是如果对象有坡度，或者具有不规则的外形，那么一般要应用 3D。
- 随机种子：调整这一数值可以任意改变水波的起伏。
- 交换：调换"颜色 #1"和"颜色 #2"中的颜色和贴图。
- 颜色 #1/ 颜色 #2：设定波纹的颜色或者在后边的 None 按钮中添加贴图。

18."木材"贴图

"木材"贴图是用来生成木纹或者其他一些条纹的一种贴图形式，"木材参数"卷展栏如图 6-129 所示，实际应用效果如图 6-130 所示。

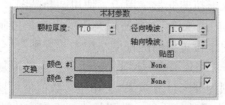

图 6-129　"木材参数"卷展栏

图 6-130　"木材"贴图的实际应用效果

"木材参数"卷展栏的各参数解释如下。

● 颗粒厚度：增加或减少木纹的数量。

● 径向噪波：增加木纹的横向起伏。

● 轴向噪波：增加木纹的纵向起伏。

● 交换：调换"颜色 #1"和"颜色 #2"中的颜色和贴图。

● 颜色 #1/ 颜色 #2：设定木材的颜色或者在后边的 None 按钮中添加贴图。

19. "平面镜"贴图

"平面镜"卷展栏如图 6-131 所示，实际应用效果如图 6-132 所示。

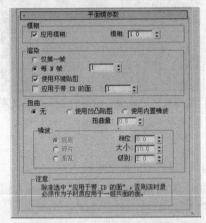

图 6-131 "平面镜参数"卷展栏

图 6-132 平面镜贴图的实际应用效果

"平面镜参数"卷展栏的各参数解释如下。

● "模糊"选项组：选中"应用模糊"选项可对贴图进行模糊处理。"模糊"数值框可根据反射图像离物体的距离远近，设置其自身尖锐或模糊的程度，一般将它设置为 1.0，用来对反射图像进行抗锯齿处理。

● "渲染"选项组：单击"仅第 1 帧"，只在第 1 帧建立自动平面镜反射；单击"每 N 帧"，并在后面的数值框输入数值，可设置间隔多少帧进行一次自动平面镜反射；选中"使用环境贴图"选项，平面镜反射将会对环境贴图进行反射计算；选中"应用于带 ID 的面"选项，并在后面的数值框输入数值，可在具有相同的 ID 号的所有平面产生平面镜反射效果。

● "扭曲"选项组：可模拟不规则表面产生的扭曲反射效果，也可以对镜面反射的图形进行扭曲变形。单击"无"，将不产生反射扭曲变形；单击"使用凹凸贴图"，可以对此材质指定一个凹凸贴图；单击"使用内置噪波"，将使用其下的设置来控制镜面反射的反射扭曲效果；"扭曲量"数值框用于设置扭曲的程度；单击"规则"，会产生规则整齐而且相对简单的噪声效果；单击"碎片"，会使用分形运算产生较为复杂的碎片效果；单击"紊乱"，会产生更为强烈的分形计算效果；"相位"数值框可控制噪声变化的速度；"大小"数值框用于控制噪声函数的比例，数值越小，噪声碎片越小；"级别"数值框用于控制迭代计算的次数，数值越大，噪声越不规则。

20. "光线跟踪"贴图

"光线跟踪"贴图用于实现反射折射效果,与"光线跟踪"材质算法相同。它比反射 / 折射贴图更为精确全面,但渲染时间也更长,可以通过排除功能对场景进行优化计算,节省一些时间。"光线跟踪"贴图可以与其他贴图类型一同使用,可以用于任何种类的材质,可以将光线跟踪类型指定给其他反射或折射材质。"光线跟踪"贴图比"光线跟踪"材质有着更多的衰减控制。通常"光线跟踪"贴图比"光线跟踪"材质渲染得更快一些。

"光线跟踪"贴图包括"光线跟踪器参数"、"衰减"、"基本材质扩展"和"折射材质扩展"4 个卷展栏,如图 6-133 所示。

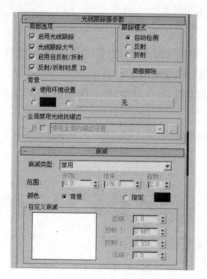
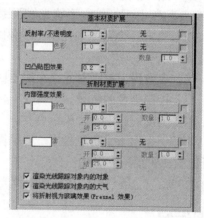

图 6-133 "光线跟踪"卷展栏

(1)"光线跟踪器参数"卷展栏

- "局部选项"选项组:包括"启用光线跟踪"、"光线跟踪大气"、"启用自反射 / 折射"和"反射 / 折射材质 ID"4 个复选框。

- "跟踪模式"选项组:单击"自动检测",系统会自动进行测试。如果作为反射贴图,将进行反射计算;如果作为折射贴图,将进行折射计算。单击"反射"将进行反射计算。单击"折射"将进行折射计算。

- "背景"选项组:单击"使用环境设置",将在进行光线跟踪计算时考虑当前场景的环境设置。单击色块将用指定颜色替代当前环境,进行光线跟踪计算。贴图按钮可指定一张贴图代替当前环境贴图,进行光线跟踪计算。

(2)"衰减"卷展栏

"衰减"卷展栏用于控制产生光线衰减,根据距离的远近产生不同强度的反射和折射效果,这样不仅增强了真实感,而且可以提高渲染速度。

"衰减"卷展栏的各参数解释如下。

- "衰减类型"下拉列表包括"禁用"、"线性"、"平方反比"、"指数"和"自定义衰减"5 个选项。"禁用"为默认选项,选择它衰减将为关闭状态;"线性"指的是线性衰减,衰减影响将根据其下的"开始"和"结束"的范围值来计算;"平方反比"是通过反向平方计算衰减,它只使用"开始"值;"指数"是利用指数进行衰减计算,根据其下的"开始"和"结束"值来计算,也可以直接对指数值进行指定;"自定义衰减"允许用户自己指定一条衰减曲线。

- 单击"指定",可用色块设置光线在最后衰减至消失时的状态;单击"背景",即隐没在场景的背景中。
- "自定义衰减"选项组:"近端"数值框用于设置距离的开始范围处的反射/折射光线的强度;"控制1"数值框用于设置起始处曲线的状态;"控制2"数值框用于设置结束处曲线的状态;"远端"数值框用于设置在距离的结束范围处反射/折射光线的强度。

(3)"基本材质扩展"卷展栏

"基本材质扩展"卷展栏用于调整基本的光线跟踪贴图的效果,其各参数解释如下。

- "反射率/不透明度":控制影响光线跟踪结果的强度。
- 贴图按钮:指定一个贴图来控制光线跟踪的数量,允许根据物体的表面来决定光线跟踪的强度。
- 色彩:这些参数用来控制对光线跟踪返回颜色的染色处理,不会影响材质的表面色。
- 数量:用于控制染色的数量。
- 色块:用于为反射指定一个染色色彩。
- 染色贴图按钮:用于为染色指定一个贴图,可以在物体表面形成变化的染色效果。

(4)"折射材质扩展"卷展栏

"折射材质扩展"卷展栏用于更好地协调光线跟踪贴图的效果。

6.4 实例讲解

本节将通过"制作银币"、"制作易拉罐"、"制作冰块效果"和"金属镜面反射材质"4个实例来讲解一下材质与贴图的应用。

6.4.1 制作银币

 要点:

本例将制作一枚银币,如图6-134所示。学习本例,读者应掌握"无光/阴影"材质以及在"凹凸"中指定凹凸贴图的方法。

 操作步骤:

1. 制作银币造型

1)单击菜单栏左侧的快速访问工具栏中的 按钮,然后从弹出的下拉菜单中选择"重置"命令,

图6-134 银币效果

重置场景。

2）在顶视图中创建一个圆柱体，参数设置及结果如图 6-135 所示。

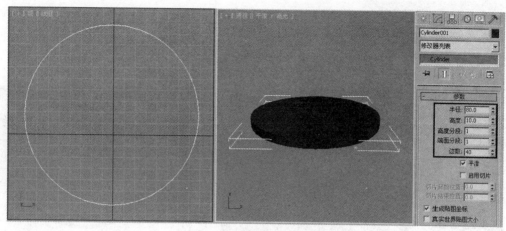

图6-135 创建一个圆柱体

3）单击工具栏上的 ![] （材质编辑器）按钮，进入材质编辑器。然后选择一个空白的材质球，将其命令为"银币材质"。接着单击"漫反射"右侧的按钮，在弹出对话框中选择"位图"选项，如图 6-136 所示，单击"确定"按钮。最后在弹出的对话框中选择配套光盘中的"贴图\OADRIAB001P1.jpg"贴图，如图 6-137 所示。

图 6-136 选中"位图"选项

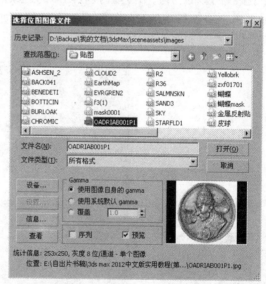

图 6-137 选择"OADRIAB001P1.jpg"贴图

4）展开"贴图"卷展栏，同样指定给"凹凸"一张钱币贴图，设置其余参数如图 6-138所示。

5）单击材质编辑器工具栏中的 ![] （将材质指定给选定对象）按钮，将材质赋给场景中的银币模型。

6）执行修改器上的"UVW 贴图"命令，赋给银币一个贴图轴。

7）选择透视图，单击工具栏上的  （渲染产品）按钮，渲染后效果如图 6-139 所示。

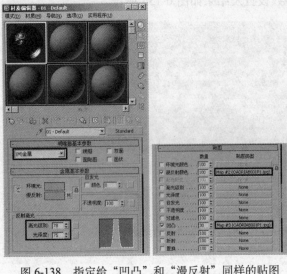

图 6-138　指定给"凹凸"和"漫反射"同样的贴图

图 6-139　渲染后效果

2. 指定阴影材质

要银币产生阴影需要两个条件，一是要有产生阴影的灯光，并选择出示阴影的选项；二是要有接收阴影的物体，并选择接收阴影的选项。

1）单击命令面板中的"目标聚光灯"按钮，如图 6-140 所示。在视图中创建一盏目标聚光灯，调节位置如图 6-141 所示。

图 6-140　"灯光"面板

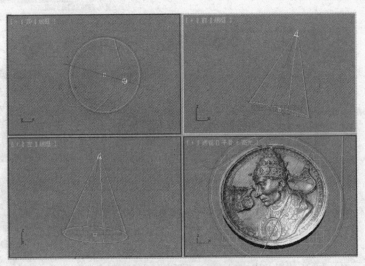

图 6-141　创建一盏目标聚光灯

2）进入  （修改）命令面板，选中"阴影"选项组下的"启用"选项，如图 6-142 所示，这样灯光就会产生阴影。

3）在顶视图中创建一个平面作为接收阴影的物体，如图 6-143 所示。

4）单击工具栏上的  （材质编辑器）按钮，进入材质编辑器。

图 6-142 选中"启用"选项

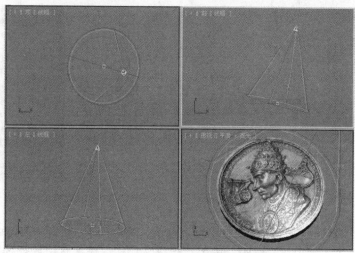

图 6-143 在顶视图中创建一个平面

5）选择另一个材质球，单击"标准"按钮，在弹出的对话框中选择"无光 / 阴影"，如图 6-144 所示，然后单击"确定"按钮。

6）在阴影材质设置中选择"阴影"选项组下的"接收阴影"选项，如图 6-145 所示。

图 6-144 选择"无光 / 投影"材质

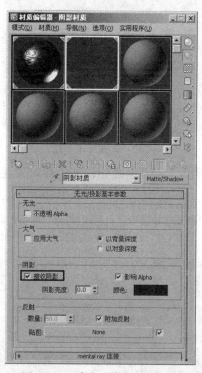

图 6-145 选中"接收阴影"选项

7）单击材质编辑器工具栏中的 ![按钮]（将材质指定给选定对象）按钮，将材质赋给视图中的平面体。

8）选择透视图，单击工具栏上的 ![按钮]（渲染产品）按钮，渲染后结果如图 6-134 所示。

6.4.2 制作易拉罐

 要点：

本例将制作一个易拉罐，如图 6-146 所示。学习本例，读者应掌握材质编辑器的基本参数的使用方法。

图6-146　易拉罐效果

 操作步骤：

1．制作罐体

1）在前视图中创建一个矩形，如图 6-147 所示。

2）选中这个矩形，进入 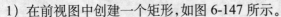（修改）命令面板，执行修改器中的"编辑样条曲线"命令。然后进入"顶点"层级，单击"优化"按钮。接着将鼠标移动到矩形的两条短边上，待光标变成加点形状时单击，即可添加一个顶点。

3）同理，在两边上各加两个"顶点"，如图 6-148 所示。

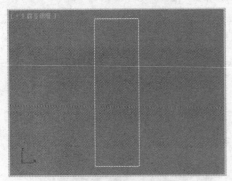

图 6-147　创建一个矩形

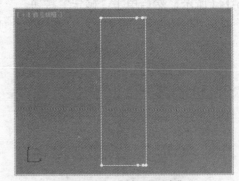

图 6-148　添加"顶点"

4）关掉"细化"按钮，然后移动顶点和调整顶点控制柄，如图 6-149 所示。

提示：如果需要对顶点的两条控制柄分别进行调整，可以在选中顶点的同时单击鼠标右键，在弹出的快捷菜单中选中"贝塞尔 角点"选项，如图6-150所示，这样即可将其他形式的顶点转化成贝塞尔角点，然后就可以单独对任意一条控制柄进行调整了。

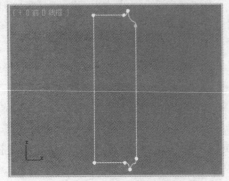

图 6-149　调整顶点的位置

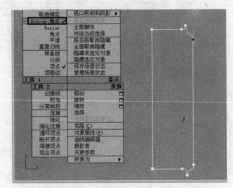

图 6-150　转换为"贝塞尔 角点"

5）退出"顶点"层级，执行修改器上的"车削"命令，参数设置及结果如图 6-151 所示。

提示：此时如果对罐体的外形还不满意，可以进入修改器"编辑样条线"中的"顶点"层级，对顶点进行再次修改。

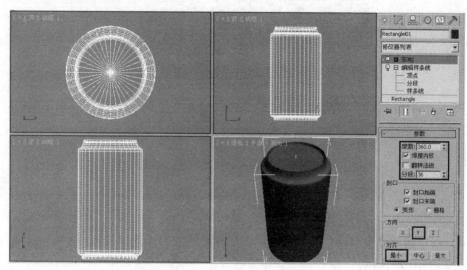

图 6-151　"车削"后的效果

2. 制作易拉罐材质

1）单击工具栏上的 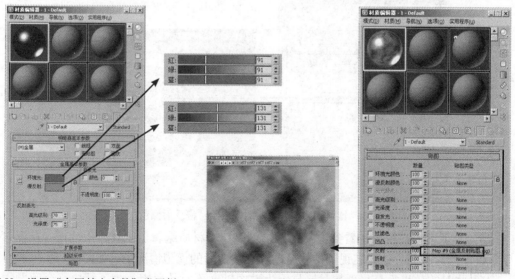（材质编辑器）按钮，进入材质编辑器。选中一个材质球，设置"金属基本参数"卷展栏中的参数，如图 6-152 所示。

2）指定反射贴图。展开"贴图"卷展栏，将配套光盘中的"贴图\金属反射贴图.jpg"贴图指定给"反射"右侧的贴图按钮，如图 6-153 所示。

图 6-152　设置"金属基本参数"卷展栏

图 6-153　将金属贴图指定给"反射"右侧按钮

3）选中罐体，单击材质编辑器工具栏上的 （将材质指定给选定对象）按钮，将刚才制作的贴图赋给罐体。然后单击工具栏上的  （渲染产品）按钮，渲染后的效果如图6-154所示。

图6-154　渲染后的效果

4）指定给"漫反射颜色"右侧的贴图按钮配套光盘中的"贴图\饮料包装平面图.jpg"贴图，如图6-155所示。

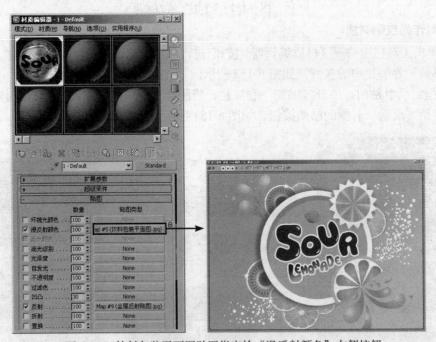

图6-155　饮料包装平面图贴图指定给"漫反射颜色"右侧按钮

5）为了直接在视图中看到渲染结果，可以单击材质编辑器工具栏上的 （在视口中显示标准贴图）按钮，这样在视图中就可以观察贴图后的模型情况了，如图6-156所示。

6）此时的效果不是很理想，这是因为贴图轴向不对的原因，为了解决这个问题需要对饮料包装的贴图进行进一步调整。方法：选中罐体，执行修改器上的"UVW贴图"命令，设置参数及效果如图6-157所示。

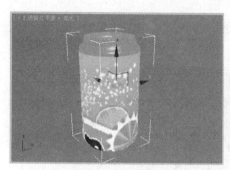

图 6-156 在视图中观看效果

图 6-157 执行 "UVW 贴图" 命令后效果

7）此时饮料包装贴图范围过大，需要缩小。方法：单击材质编辑器中 "漫反射" 右侧的带 M 字样的按钮，进入饮料包装贴图的扩展参数面板，设置参数如图 6-158 所示，结果如图 6-159 所示。

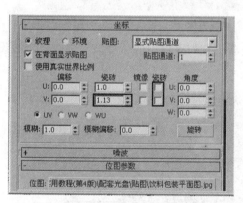

图 6-158 设置饮料包装贴图参数

图 6-159 调整后的效果

8）复制一个饮料罐，然后制作一个桌面，渲染后的效果如图 6-146 所示。

6.4.3 制作冰块效果

 要点：

本例将制作冰块材质效果，如图 6-160 所示。学习本例，读者应掌握 "衰减"、"烟雾"、"噪波" 和 "光线跟踪" 贴图的综合应用。

图 6-160 冰块材质

操作步骤：

1. 制作冰块造型

1）单击菜单栏左侧的快速访问工具栏中的 按钮，然后从弹出的下拉菜单中选择"重置"命令，重置场景。

2）单击 （创建）命令面板下 （几何体）中的 长方体 按钮，在场景中创建一个长方体，参数设置及结果如图 6-161 所示。

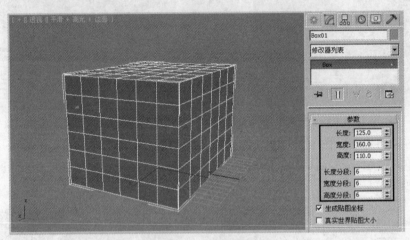

图 6-161　创建长方体

3）进入 （修改）命令面板，执行修改器下拉列表框中的"噪波"命令，参数设置及结果如图 6-162 所示。

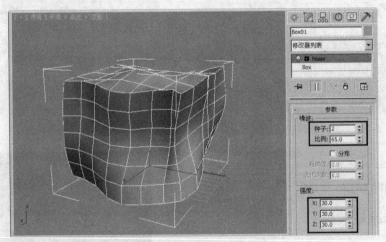

图 6-162　"噪波"效果

4）单击工具栏中的 （渲染产品）按钮，渲染后的效果如图 6-163 所示。

5）此时渲染后的冰块造型边缘不圆滑，下面对其进行圆滑处理。方法：选择冰块造型，执行修改器下拉列表框中的"涡轮平滑"命令，结果如图 6-164 所示。

图 6-163　渲染效果　　　　　　　　　　　图 6-164　"涡轮平滑"效果

2. 制作并赋予冰块材质

1）单击工具栏中的 （材质编辑器）按钮，进入材质编辑器。然后选择一个空白的材质球，将该材质命名为"冰块"，接着将材质的阴影类型设置为 Oren-Nayar-Blinn，并设置"Oren-Nayar-Blinn"卷展栏的参数，如图 6-165 所示。

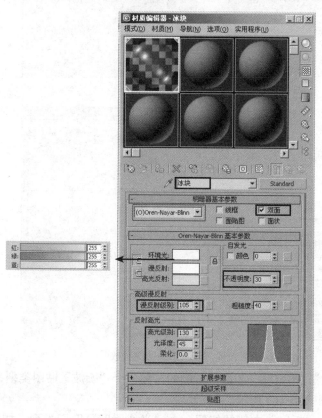

图 6-165　设置"Oren-Nayar-Blinn"的参数

2）指定不透明度贴图。方法：展开"贴图"卷展栏，然后指定给"不透明度"右侧的按钮一个"衰减"贴图类型，如图 6-166 所示。接着在"衰减"贴图参数面板中指定一个"烟雾"贴图类型，如图 6-167 所示。

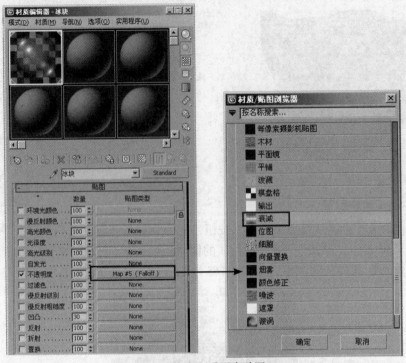

图 6-166　指定不透明度贴图

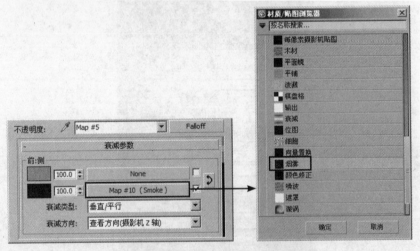

图 6-167　设置"衰减"贴图的参数

3）指定凹凸贴图。方法：指定给"凹凸"右侧的按钮一个"噪波"贴图类型，如图 6-168 所示，然后设置其参数，如图 6-169 所示。

4）指定给"反射"和"折射"右侧的按钮一个"光线跟踪"贴图类型，如图 6-170 所示。然后单击材质编辑器工具栏中的 🔲（材质 / 贴图导航器）按钮，查看材质分布，如图 6-171 所示。

5）至此整个冰块材质制作完毕。下面在视图中选择冰块造型，然后单击材质编辑器工具栏中的 🔲（将材质指定给选定对象）按钮，从而将冰块材质赋予冰块造型。

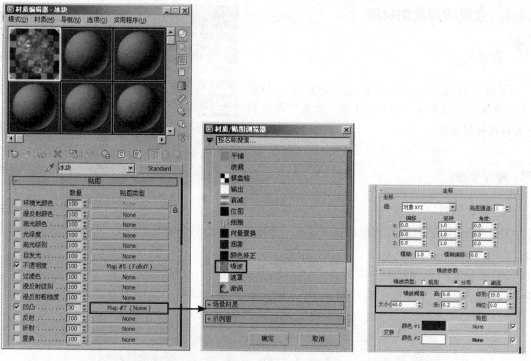

图 6-168　指定给"凹凸"右侧的按钮一个"噪波"贴图类型　　图 6-169　设置"噪波"贴图的参数

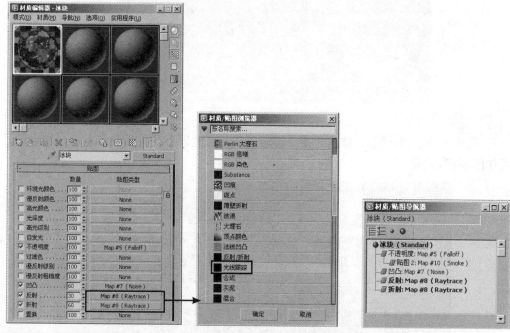

图 6-170　指定"反射"和"折射"右侧按钮一个"光线跟踪"贴图　　图 6-171　查看材质分布

6）为了美观，还可以再制作出另外一个冰块。然后单击工具栏中的 （渲染产品）按钮，渲染后的效果如图 6-160 所示。

6.4.4　金属镜面反射材质

 要点：

本例将制作一个金属倒角文字的效果，如图 6-172 所示。学习本例，读者应掌握"倒角"命令和金属材质的综合使用。

图6-172　金属倒角文字

 操作步骤：

1. 建立模型

1）单击菜单栏左侧的快速访问工具栏中的 按钮，然后从弹出的下拉菜单中选择"重置"命令，重置场景。

2）单击 （创建）命令面板中的 （图形）按钮，在出现的图形命令面板中单击"文本"按钮。接着在文本框中输入文字"3ds max"，参数设置及结果如图 6-173 所示。

图6-173　输入文字

3）选中文字，进入 （修改）命令面板，执行修改器中的"倒角"命令，参数设置及结果如图 6-174 所示。

图6-174　创建倒角文字

4）进入（摄像机）命令面板，单击"目标"按钮，如图 6-175 所示。然后在前视图中创建一架目标摄像机，并调整其参数和位置。接着选中透视图，按快捷键〈C〉，将透视图切换为摄像机视图，结果如图 6-176 所示。

图 6-175　单击"目标"按钮　　　　　　图 6-176　将透视图切换为摄像机视图

5）单击 ✱ （创建）命令面板中的 ◎ （几何体）按钮，然后单击其中的"长方体"按钮，在顶视图中创建一个长方体，参数设置及结果如图 6-177 所示。

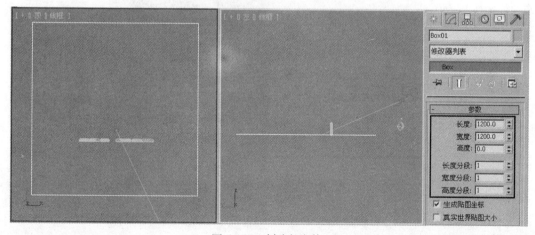

图 6-177　创建长方体

2. 设置灯光及材质

1）进入 （灯光）命令面板，单击"目标聚光灯"按钮。然后在顶视图中创建一盏目标聚光灯。接着进入 （修改）命令面板，修改其参数，如图 6-178 所示。

2）单击工具栏中的 （材质编辑器）按钮，进入材质编辑器。然后选择一个空白的材质球，在"明暗器基本参数"卷展栏中设置渲染方式为"金属"，环境色设为 RGB（50，40，20），漫反射设为 RGB（220，180，50），如图 6-179 所示。

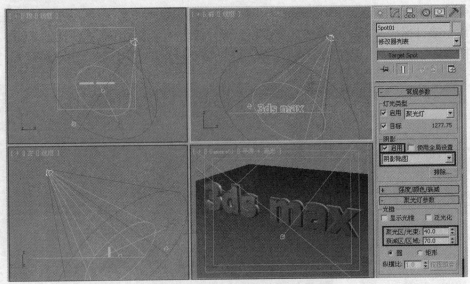

图6-178　创建目标聚光灯并修改参数

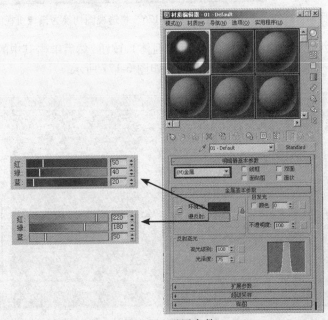

图6-179　设置参数

3）展开"贴图"卷展栏，单击"反射"右侧的按钮，在弹出的"材质/贴图浏览器"对话框中选择"位图"，如图6-180所示，单击"确定"按钮。然后在弹出的对话框中选择配套光盘中的"贴图\CHROMIC.jpg"贴图，如图6-181所示，此时材质球如图6-182所示。接着单击 (将材质指定给选定对象) 按钮，将材质赋予视图中的文字。

4）选中视图中的长方体，然后在材质编辑器中选择一个空白的材质球，单击"漫反射"右侧按钮。接着从弹出的"材质/贴图浏览器"对话框中选择"棋盘格"贴图，如图6-183所示，单击"确定"按钮。最后设置"棋盘格"贴图的平铺次数和颜色如图6-184所示。

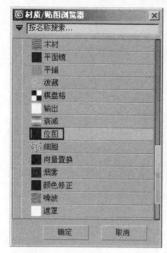

图 6-180 选择"位图"

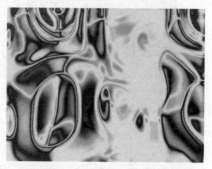

图 6-181 "CHROMIC.jpg"贴图

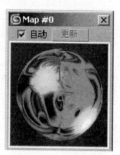

图 6-182 材质球

图 6-183 选择"棋盘格"贴图

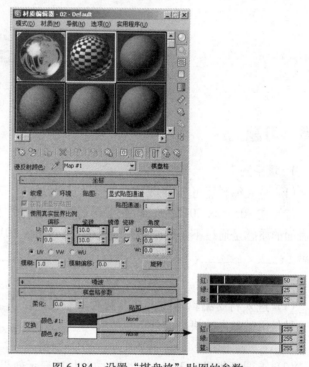

图 6-184 设置"棋盘格"贴图的参数

5) 单击 （转到父对象）按钮，回到上一级面板。然后选中"反射"复选框，单击其右侧按钮，从弹出的"材质/贴图浏览器"对话框中选择"光线跟踪"选项，并设置数值为30，如图 6-185 所示。接着单击 （将材质指定给选定对象）按钮，将材质赋予视图中的长方体。

6) 选择透视图，单击工具栏中的 （渲染产品）按钮，渲染后的效果如图 6-172 所示。

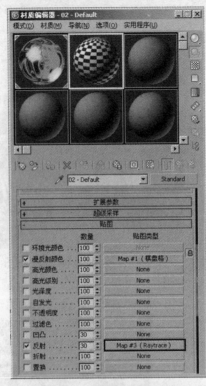

图 6-185　设置"反射"贴图

6.5　习题

1. 填空题

（1）材质编辑器可分为 _____、_____ 和 _____ 3 部分。

（2）在 3ds max 2012 中，材质编辑器的作用就是表示对象是由什么材料组成的，而对象表面的质感是通过不同的阴影来表现的。3ds max 2012 中的材质由 8 种阴影模式组成，分别是 _____、_____、_____、_____、_____、_____、_____ 和 _____。

2. 选择题

（1）进入材质编辑器的方法有两种：一种是单击工具栏中的 （材质编辑器）按钮；另一种是用键盘上的快捷键（　　）。

　A. G　　　　B. R　　　　C. M　　　　D. 空格

（2）下列哪些属于 3ds max 2012 中的材质显示效果？（　　）

A. 线框　　　B. 双面　　　C. 面状　　　D. 面贴图

3. 问答题/上机题

（1）简述"贴图"卷展栏中的相关参数的含义。

（2）简述 Ink'n Paint 材质的参数意义。

（3）练习 1：使用双面材质和混合贴图制作花瓶贴图，如图 6-186 所示。

（4）练习 2：使用光线追踪材质制作酒杯，如图 6-187 所示。

图 6-186 练习 1 效果

图 6-187 练习 2 效果

第7章 灯光、摄影机、渲染与环境

本章重点

在三维制作中要完成一个真实和丰富多彩的场景，通过简单的建模、材质和贴图是远远不够的，还需要灯光、摄像机、环境和渲染的综合应用。学习本章，读者应掌握 3ds max 2012 中灯光、摄像机、环境和渲染的相关知识。

7.1 灯光

本节将对灯光的概念和 3ds max 2012 中灯光的种类和参数设置作一个具体讲解。

7.1.1 灯光概述

灯光在创建三维场景中是非常重要的，它的主要作用是用来模拟太阳、照明灯和环境等光源，从而营造出环境氛围。灯光的颜色对环境影响很大，明亮、色彩鲜艳的灯光可以营造出一种喜庆的气氛，而冷色调、幽暗的灯光则给人带来阴森、恐怖的感觉。另外，灯光的照射角度也能够从侧面影响人的感觉，它可以烘托和影响整个场景的色彩和亮度，使场景更具真实感。

7.1.2 灯光的种类

单击 ▓ （创建）命令面板中的 ◪ （灯光）按钮，即可打开"灯光"命令面板。在 3ds max 2012 灯光面板的下拉列表中，有"标准"和"光度学"两种灯光类型，如图 7-1 所示。

- "标准"对象类型有 8 种，分别为："目标聚光灯"、"自由聚光灯"、"目标平行光"、"自由平行光"、"泛光灯"、"天光"、"mr 区域泛光灯"和"mr 区域聚光灯"，如图 7-2 所示。
- "光度学"对象类型有 3 种，分别为："目标光源"、"自由光源和 mr Sky 门户，如图 7-3 所示。

图 7-1 "灯光"命令面板

图 7-2 标准灯光

图 7-3 光度学

1. "标准"灯光

"标准"灯光包括的对象类型解释如下。

- "目标聚光灯"：3ds max 2012 环境中的基本照明工具，它产生的是一个锥形的照射区域，可影响光束内被照射的物体，从而产生一种逼真的投影效果。目标聚光灯包括两个部分：投射点和目标点。投射点就是场景中的圆锥形区域，而目标点则是场景中的小立方体图形。用户可以通过调整这两个图形的位置来改变物体的投影状态，从而产生不同方向的效果。聚光灯有"矩形"和"圆"两种投影区域。"矩形"特别适合制作电影投影图像、窗户投影等。"圆"适合制作路灯、车灯、台灯等灯光的照射效果。

●"自由聚光灯"：是一个圆锥形图标，可产生锥形照射区域。自由聚光灯实际上是一种受限制的目标聚光灯，也就是说它是一种无法通过改变目标点和投影点来改变投射范围的目标聚光灯，但可以通过主工具栏中的旋转工具来改变其投影方向。

●"目标平行光"：可产生一个圆柱状的平行照射区域，其他的功能与目标聚光灯基本类似。目标平行光主要用于模拟日光、探照灯和激光光束等光线效果。

●"自由平行光"：是一种与自由聚光灯相似的平行光束，它的照射范围是柱形的。

●"泛光灯"：是三维场景中应用最广泛的一种光源，它是一种可以向四面八方均匀照射的光源。泛光灯的照射范围可以任意调整，在场景中表现为一个正八面体的图标。标准泛光灯常用来照亮整个场景。

●"天光"：可以对场景中天空的颜色和亮度进行设置，此外还可以进行贴图的设置，它不能控制发光范围。

●"mr 区域泛光灯"和"mr 区域聚光灯"：是用于 mental ray 的泛光灯和聚光灯。

（1）目标聚光灯

目标聚光灯创建的具体过程如下。

1）打开配套光盘中的"源文件 \ 第 7 章 \7.1.2 灯光的种类 \ 灯光的种类 .max"文件，如图 7-4 所示。

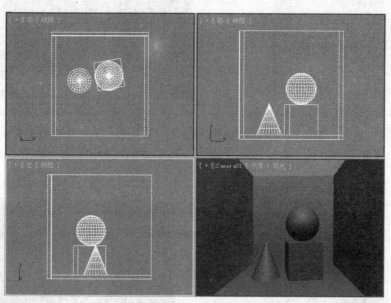

图 7-4 "灯光的种类 .max"文件

2）单击 ＊（创建）命令面板中的 （灯光）按钮，然后单击 目标聚光灯 按钮，在左视图中单击鼠标左键不放，由上而下拖动出一个如图 7-5 所示的目标聚光灯，使目标点落在物体底面的中心位置处。

3）激活 Camera01（摄影机）视图，单击工具栏中的 ⬜（渲染产品）按钮，渲染效果如图 7-6 所示。

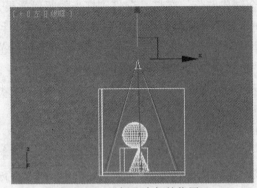

图 7-5　目标聚光灯的位置

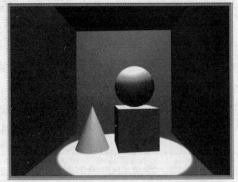

图 7-6　创建目标聚光灯后的渲染效果

4）进入 🖊（修改）命令面板，在该命令面板下方的"常规参数"卷展栏中，选中"阴影"选项组中的"启用"复选框，如图 7-7 所示，从而使目标聚光灯产生阴影效果。然后单击工具栏中的 ⬜（渲染产品）按钮，得到的渲染效果如图 7-8 所示。

图 7-7　目标聚光灯的"常规参数"卷展栏

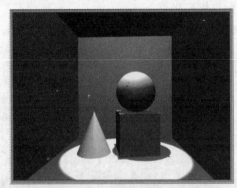

图 7-8　使用"阴影"后的渲染效果

5）在"常规参数"卷展栏中单击"阴影贴图"下拉列表，选择下拉列表中的"区域阴影"选项，如图 7-9 所示，然后单击工具栏中的 ⬜（渲染产品）按钮，得到的渲染效果如图 7-10 所示。

图 7-9　选择"区域阴影"项

图 7-10　使用"区域阴影"后的渲染效果

提示：在3ds max 2012中，对于标准灯光的阴影选项，系统默认为不启用。

（2）自由聚光灯

自由聚光灯创建的具体过程如下。

1）继续使用上面的场景，在 （灯光）命令面板中单击 自由聚光灯 按钮，在左视图中以形成一个如图 7-11 所示的自由聚光灯，创建一个自由聚光灯。然后单击工具栏中的 （渲染产品）按钮，渲染效果如图 7-12 所示。

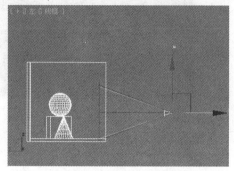

图 7-11　创建自由聚光灯

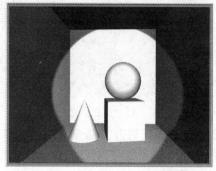

图 7-12　自由聚光灯的渲染效果

2）进入 （修改）命令面板，在该面板下方的"常规参数"卷展栏中，选中"阴影"选项组中的"启用"复选框，从而使其产生阴影效果。然后单击工具栏中的 （渲染产品）按钮，得到的渲染效果如图 7-13 所示。

3）在"常规参数"卷展栏中单击"阴影贴图"下拉列表，选择下拉列表中的"区域阴影"选项，然后再次渲染摄影机视图，得到的效果如图 7-14 所示。

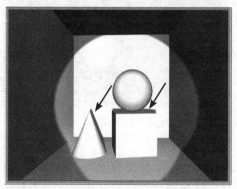

图 7-13　使用"阴影"后的渲染效果

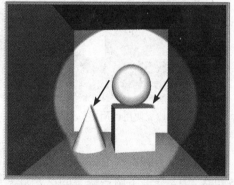

图 7-14　使用"区域阴影"后的渲染效果

（3）目标平行光

"平行光"灯光就像太阳照射地面一样，在一个方向上发出平行光线，主要用于模拟太阳光的照射效果。通过调整参数，可以调整平行光的颜色和位置。"平行光"也有自己的平行光参数卷展栏，其参数界面、使用及各选项组的含义与聚光灯的参数基本相同，这里不再重复。

目标平行光创建的具体过程如下。

1）使用上面的场景，在 （灯光）命令面板中单击 目标平行光 按钮，在透视图单击以形成一个如图 7-15 所示的目标平行光，创建一个目标平行光灯，目标点落在物体前方的中心位置处，创建一个目标平行光，接着单击工具栏中的 🖳 （渲染产品）按钮，得到的渲染效果如图 7-16 所示。

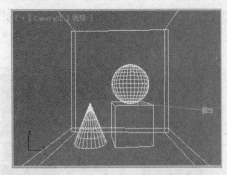

图 7-15　创建目标平行光

图 7-16　目标平行光的渲染效果

2）进入 🖉 （修改）命令面板，在该面板下方的"常规参数"卷展栏中，选中"阴影"选项组中的"启用"复选框，然后单击工具栏中的 🖳 （渲染产品）按钮，得到的渲染效果如图 7-17 所示。

3）在"常规参数"卷展栏中单击"阴影贴图"下拉列表，选择下拉列表中的"区域阴影"选项，然后再次渲染摄影机视图，得到的效果如图 7-18 所示。

图 7-17　使用"阴影"后的渲染效果

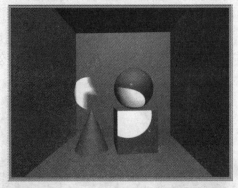

图 7-18　使用"区域阴影"后的渲染效果

（4）泛光灯

泛光灯是一种向所有方向发射的点光源，它将照亮朝向它的所有表面。在默认情况下，3ds max 2012 提供了两盏缺省的泛光灯来照亮场景，这两盏泛光灯默认情况下是不显示的，一旦创建了自己的灯光，这两盏缺省的泛光灯将关闭。

泛光灯是一种比较简单的灯光类型，除了具有与其他标准灯光一样的通用参数卷展栏外，并没有自己特有的参数卷展栏。

泛光灯创建的具体过程如下。

1）仍然使用前面的场景，在 🔆 （灯光）命令面板中单击 泛光灯 按钮，在透视图中单击以形成一个如图 7-19 所示的泛光灯，然后单击工具栏中的 🖳 （渲染产品）按钮，得到的渲染效果如图 7-20 所示。

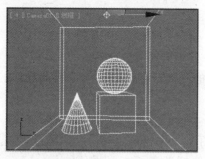
图 7-19　创建泛光灯

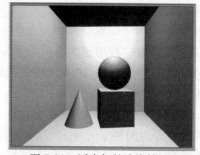
图 7-20　泛光灯的渲染效果

2）进入 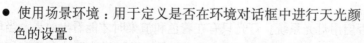（修改）命令面板，在该面板下方的"常规参数"卷展栏中，选中"阴影"选项组中的"启用"复选框，再单击工具栏中的 （渲染产品）按钮，得到的渲染效果如图 7-21 所示。

3）在"常规参数"卷展栏中单击"阴影贴图"下拉列表，选择下拉列表中的"区域阴影"选项，然后再次渲染摄影机视图，得到的效果如图 7-22 所示。

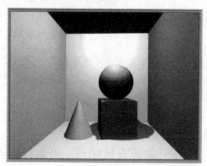
图 7-21　使用"阴影"后的渲染效果

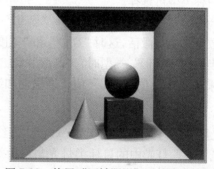
图 7-22　使用"区域阴影"后的渲染效果

（5）天光

"天光"主要用于模拟整体场景的环境日光效果。"天光"同"聚光灯"和"平行灯"一样，有它自己特有的参数。

"天光参数"卷展栏主要用于设定颜色和渲染，如图 7-23 所示。

"天光参数"卷展栏的各参数解释如下。

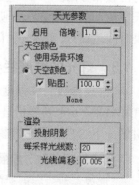
图 7-23　"天光参数"卷展栏

- 启用：用于确定是否使用天光，当选中时，将使用该灯光的阴影和渲染效果来给场景添加效果。
- 倍增：用来改变灯光的强度，默认值为 1.0（也可是负数）。如果该数值太强，灯光的颜色会有一种烧焦的感觉。

"天空颜色"选项组

- 使用场景环境：用于定义是否在环境对话框中进行天光颜色的设置。
- 天空颜色：通过右侧的颜色块来选择灯光的颜色。
- 贴图：定义是否使用贴图来影响天光的颜色，通过下侧的按钮可将一张贴图设置为环境色，而右侧的数值框用于设定贴图颜色的百分比，数值小于 100 时，贴图颜色将与天光的颜色混合。

"渲染"选项组

- 投射阴影：用于设置是否对天光产生阴影。
- 每采样光线数：数值越大，渲染效果越好，但渲染速度会减慢。
- 光线偏移：用于设定物体与产生阴影图形的距离，数值越大，阴影离物体的距离就越远。

(6) mr 区域灯

mr 区域灯分为两种：一种是"mr 区域泛光灯"，另一种是"mr 区域聚光灯"，它们的参数卷展栏中比其他灯光多了一项选项组，即"区域灯光参数"卷展栏，如图 7-24 所示。

"区域灯光参数"卷展栏的各参数解释如下。

- 启用：选中后，将使用"mr 区域灯光"。
- 在渲染器中显示图标：选中后，将在渲染器中显示图标。
- 类型：在"类型"下拉列表中有"矩形"和"圆形"两种类型可选择。
- 半径/高度/宽度：当选择"圆形"类型时，"半径"数值才能被激活，这时"高度"和"宽度"数值不能使用。

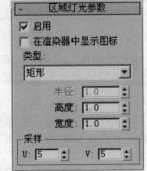

图 7-24　"区域灯光参数"卷展栏

当选择"矩形"类型时，"高度"和"宽度"数值才能使用，而"半径"数值不可用。

- 采样："U"值和"V"值代表横向和纵向，可针对"U"、"V"方向进行调节。

2. "光度学"灯光

"光度学"灯光用于创建荧光灯管、霓红灯或是天空照明的效果。

"光度学"灯光中的目标类灯光与自由灯光的区别在于是否有目标点。设置目标点的意义在于可设置追光功能，将目标点与物体连接起来，这样随着物体的运动，就可改变灯光照射位置和方向。"mr Sky 门户"灯光为天空门户对象提供了一种"聚集"内部场景中的现有天空照明的有效方法，使用"mr Sky 门户"灯光无需高度聚集或全局照明设置（这会使渲染时间过长）。实际上，门户就是一个区域灯光，从环境中导出其亮度和颜色。

7.1.3　灯光的卷展栏参数

"常规参数"、"强度/颜色/衰减"、"聚光灯参数"、"高级效果"、"阴影参数"和"大气和效果"6 个卷展栏是每种灯光修改面板中的共有卷展栏。下面以目标聚光灯为例，具体讲解一下这些卷展栏的参数含义。

1. "常规参数"卷展栏

"常规参数"卷展栏的参数面板如图 7-25 所示。"常规参数"卷展栏的各参数解释如下。

(1)"灯光类型"选项组

- 启用：用来控制是否启用灯光系统。灯光只有在着色和渲染时才能看出效果，当取消选中"启用"选项时，渲染将不显示出灯光的效果。"启用"复选框的右侧为灯光类型的下拉列表，用于转换灯光的类型，其中有"聚光灯"、"平行光"和"泛光灯"3 种灯光类型可供选择，如图 7-26 所示。
- 目标：用来控制灯光是否被目标化，选中后灯光和目标之间的距离将在目标项的右侧

图 7-25 "常规参数"卷展栏　　　　图 7-26 可选择的灯光类型

被显示出来。对于自由灯光，可以直接设置这个距离值。对于有目标对象的灯光类型，可通过移动灯光的位置和目标点来改变这个距离值。

(2) "阴影"选项组

● 启用：可用来定义当前选择的灯光是否要投射阴影和选择所投射阴影的种类。
● 使用全局设置：选中后，将实现灯光阴影功能的全局化控制。
● "阴影贴图"下拉列表：有"高级光线跟踪"、"mental ray 阴影贴图"、"区域阴影"、"阴影贴图"和"光线跟踪阴影"5 种阴影类型可供选择，如图 7-27 所示。
● 排除：单击"排除"按钮，将弹出灯光的"排除 / 包含"对话框，如图 7-28 所示。用户可通过"排除 / 包含"对话框来控制创建的灯光对场景中的哪些对象起作用。

关于"排除 / 包含"对话框的各项参数解释如下。

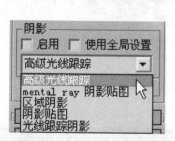

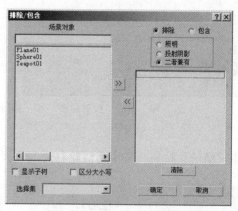

图 7-27 可选择的阴影类型　　　　图 7-28 "排除 / 包含"对话框

场景对象："场景对象"栏及下面的列表栏列出了场景中所有受灯光影响的对象名称。单击》按钮，能把左边列表栏所选择的对象转移到右边的列表栏中。单击《按钮，能把右边列表栏中所选择的对象移回左边的列表栏中。

排除 / 包含："排除 / 包含"两个单选框可用来决定对象是否排除 / 包含灯光的影响，它们只对右边列表栏中被选择的对象起作用。

单击"照明"和"排除"两个单选框，右侧列表框中的球体表面将不受任何光线影响，显示为黑色，但显示投射阴影，如图 7-29 所示。

单击"投射阴影"和"排除"两个单选框，右侧列表框中的球体在灯光启用阴影的情

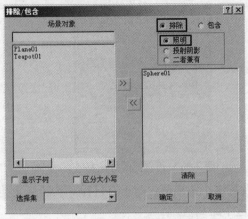

图 7-29　单击"照明"和"排除"两个单选框及渲染后的效果

况下将没有阴影效果，如图 7-30 所示。

单击"二者兼有"和"排除"两个单选框，表示既不显示球体也不显示阴影，如图 7-31

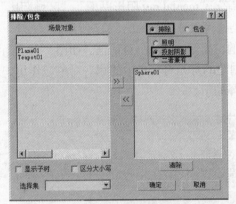

图 7-30　单击"投射阴影"和"排除"两个单选框及渲染后的效果

所示。

单击"清除"按钮，将快速清除右边列表栏中的所有对象。

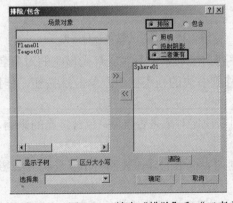

图 7-31　单击"排除"和"二者兼有"两个单选框及渲染后的效果

显示子树 / 区分大小写：“显示子树”和“区分大小写”复选框用于控制左侧列表框中的对象是以“显示子树”方式还是“区分大小写”方式进行显示。

2. “强度/颜色/衰减”卷展栏

灯光是随距离的增大而减弱的，“强度 / 颜色 / 衰减”卷展栏主要设置灯光的强度、颜色和衰减效果，控制灯光的特性，它的参数面板如图 7-32 所示。

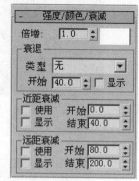

图 7-32　“强度 / 颜色 / 衰减”卷展栏

“强度 / 颜色 / 衰减”卷展栏的各参数解释如下。

（1）倍增

“倍增”数值框中的数值为灯光的亮度倍率，数值越大光线越强，反之越小，系统默认的灯光亮度为 1.0。单击“倍增”数值框后面的色块，可设置灯光的颜色。

（2）“衰退”选项组

- 类型：“类型”下拉列表中包括“无”、“倒数”和“平方反比”3 个选项。三者的差异之处在于其计算衰减的程序不同，具体表现为按照上述 3 个选项的顺序，衰减程度逐渐加强。
- 开始：指的是衰减的近远值，值越大，灯光强度越强。
- 显示：选中后，在视图中将会显示光源的衰减范围，如图 7-33 所示。

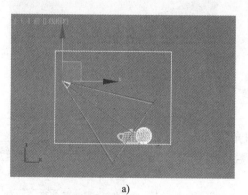
a)
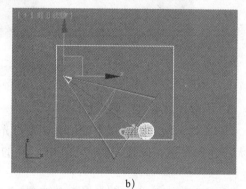
b)

图 7-33　选中“显示”复选框的前后比较
a) 未选中“显示”复选框　b) 选中“显示”复选框

（3）“近距衰减”选项组

“近距衰减”选项组用于设定系统光源衰减的最小距离，如果对象与光源的距离小于这个值，那么光源是照不到它的。

- 开始 / 结束：“开始”和“结束”两个数值框的数值用于控制光源衰减的范围。
- 使用：选中该复选框后，衰减参数才能起作用。
- 显示：选中该复选框后，衰减的开始和结束范围将会用线框在视图中显示，以便观察，如图 7-34 所示。

（4）“远距衰减”选项组

“远距衰减”选项组用于设定光源衰减的最大距离，如果物体在这个距离之外，光线也不会照射到这个物体上。

在视图中创建一个简单场景，即可观察灯光衰减的效果，如图 7-35 所示。

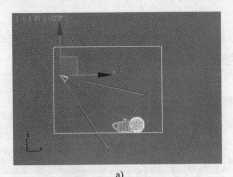 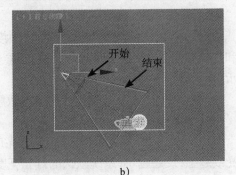

a)   b)

图 7-34 选中"显示"复选框的前后比较
a) 未选中"显示"复选框　b) 选中"显示"复选框

a)   b)

图 7-35 使用"衰减"和不使用"衰减"的对比
a) 使用"衰减"　b) 不使用"衰减"

3. "聚光灯参数"卷展栏

"聚光灯参数"卷展栏主要用来调整灯光的光源区与衰减区的大小比例关系，以及光源区的形状，它的参数面板如图 7-36 所示。

"聚光灯参数"卷展栏的各参数解释如下。

"光锥"选项组用于设定聚光效果形成的光柱的相关选项。

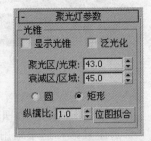

图 7-36 "聚光灯参数"卷展栏

- 显示光锥：选中后，系统用线框将光源的照射作用范围在场景中显示出来。
- 泛光化：选中后，光线将向四面八方散射。
- 聚光区 / 光束："聚光区 / 光束"数值框用于设定光源中央亮点区域的投射范围。
- 衰减区 / 区域："衰减区 / 视野"数值框用于设定光源衰减区的投射区域的大小，很显然衰减区应该包含聚光区。
- 圆 / 矩形："圆"和"矩形"分别代表光照区域为圆形或矩形。
- 纵横比：用于设置矩形光源的长宽比，不同的比值决定光照范围的大小和形状。

● 位图拟合：用于将光源的长宽比作为所选图片的长宽比。

4.　"高级效果"卷展栏

"高级效果"卷展栏用于设定灯光照射物体表面，它的参数面板如图 7-37 所示。

"高级效果"卷展栏的各参数解释如下。

（1）"影响曲面"选项组

● 对比度：用于设定当光源照射物体边缘时，受光面和阴暗面所形成的对比值的强度。

● 柔化漫反射边：用于设定灯光照射到物体上的柔和程度。

● 漫反射 / 高光反射 / 仅环境光：用于将物体表面分为不同部分进行柔和处理。

图 7-37　"高级效果"参数卷展栏

（2）"投影贴图"选项组

贴图：选中后，可将贴图以影像投影的方式投影出来，单击右边的 [　　无　　] 按钮可指定投射贴图文件。图 7-38 所示为灯光直接投射的效果，图 7-39 所示为指定了一张投影贴图后渲染出来的效果。

图 7-38　灯光直接投射的效果

图 7-39　指定投影贴图的效果

5.　"阴影参数"卷展栏

"阴影参数"卷展栏可对具体的阴影效果进行设置，也可对阴影方式进行选择，它的参数面板如图 7-40 所示。

"阴影参数"卷展栏解释如下。

（1）"对象阴影"选项组

● 颜色：单击"对象阴影"选项组中的"颜色"块，可对阴影进行颜色的调节。

● 密度："密度"数值框中的数值代表阴影的浓度，数值越大阴影浓度越大，如图 7-41 所示为不同"密度"值的比较。

图 7-40　"阴影参数"卷展栏

● 贴图：选中"贴图"复选框后，单击右面的 [　　无　　] 按钮，可选择阴影的贴图，即用一幅位图来代替单纯的颜色。

● 灯光影响阴影颜色：选中后，阴影的颜色会与灯光的颜色进行计算得到一个综合颜色。

a)

b)

图 7-41　不同"密度"值的比较

a)"密度"值为 0.8　b)"密度"值为 3

（2）"大气阴影"选项组

"大气阴影"选项组可使大气效果产生阴影。

● 启用：选中后，大气的效果发生作用。

● 不透明：用于设置阴影的透明程度。

● 颜色量：用于设置阴影颜色与大气颜色的混合程度。

6. "大气和效果"卷展栏

"大气和效果"卷展栏用于添加和删除相关的效果，它的参数面板如图 7-42 所示。

"大气和效果"卷展栏的各参数解释如下。

● 添加：单击"添加"按钮，在弹出的如图 7-43 所示的对话框中可添加相应的效果。

图 7-42　"大气和效果"卷展栏

图 7-43　"添加大气或效果"对话框

● 设置：单击"设置"按钮可对添加的效果进行相应的参数设置。

7.2　摄影机

本节将对 3ds max 2012 中的摄影机作一个具体讲解。

7.2.1　摄影机概述

在基本的场景、物体和灯光建立完成后，还要在场景中加入摄影机。三维场景中的摄影机与在真实场景中使用摄影机的拍摄效果基本上是一致的。

三维动画场景中的摄影机捕捉的信息分为静态和动态两种。在场景中布置好摄影机后，摄影机的位置不变，而且也不作任何参数改变，这样就会得到一个静态镜头。在场景中布置好摄影机后，摄影机的位置可随场景物体的移动而作相应的移动和参数改变，或摄影机的位置不随场景中物体的移动而移动，而是在不移动的条件下拍摄场景中正在移动或不动的物体，这样就会得到一个动态镜头。

3ds max 2012 提供了"目标摄影机"和"自由摄影机"两种摄影机的类型。其中"目标摄影机"有一个目标点和一个视点；而"自由摄影机"没有目标点只有视点。

7.2.2　创建目标和自由摄影机

创建摄影机有两种方法：执行菜单中的"创建 | 摄影机"命令，在弹出的子菜单中选择相应的命令来创建摄影机，如图 7-44 所示；在命令面板中单击　（创建）下的　（摄影机）按钮，然后通过单击"目标"或"自由"按钮来创建相应的摄影机，如图 7-45 所示。

图 7-44　"摄影机"子菜单

图 7-45　摄影机创建面板

目标摄影机有一个目标点和一个视点，一般把目标所处的位置称为目标点，把摄影机所处的位置称为视点。可以通过调整目标点或者视点来调整观察方向，也可以在目标点和视点选择后同时调整它们。目标摄影机多用于观察目标点附近的场景对象，比较容易定位，确切地说，就是将目标点移动到需要的位置上。制作动画时，摄影机及其目标点都可以设置动画，即将它们连接到一个虚拟物体上，通过虚拟物体进行动画设置，从而完成摄影机的动画。在视图中创建目标摄影机如图 7-46 所示。

提示：单击目标摄影机的目标点和视点之间的连线，可以同时选择摄影机的目标点和视点。

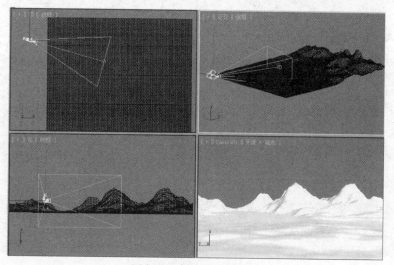

图 7-46　创建目标摄影机

自由摄影机多用于观察所指方向内的场景内容，可以应用其制作轨迹动画，例如在室内外场景中的巡游。也可以将自由摄影机应用于垂直向上或向下的摄影机动画，从而制作出升 / 降镜头的效果。在视图中创建的自由摄影机只有摄影点而没有目标点，如图 7-47 所示。

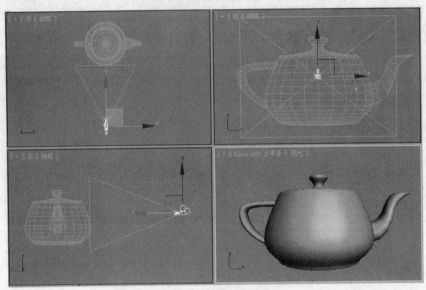

图 7-47　自由摄影机的创建

下面通过一个实例来讲解摄影机参数面板中常用参数的功能，具体过程如下。

1）执行菜单中的"文件 | 打开"命令，打开配套光盘中的"源文件 \ 第 7 章 \7.2.2 创建目标和自由摄影机 \ 自由摄影机 .max"文件。

2）在命令面板中单击 ＊（创建）下的 ＊（摄影机）按钮，可显示出摄影机命令面板，然后单击"自由"按钮后在前视图中创建自由摄影机，如图 7-48 所示。

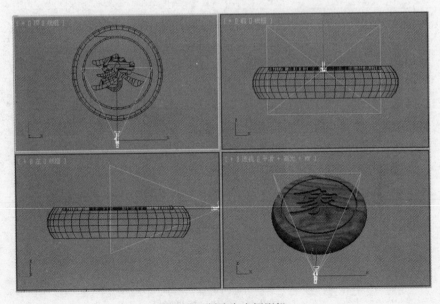

图 7-48　创建自由摄影机

3）选择透视图，然后按键盘上的〈C〉键，从而将透视图切换为 Camera01 视图。接着利用工具栏中的 ⟳（选择并旋转）工具旋转摄影机目标点，如图 7-49 所示。

4）进入 ☑（修改）命令面板，即可看到相应的调整摄影机的参数，如图 7-50 所示。

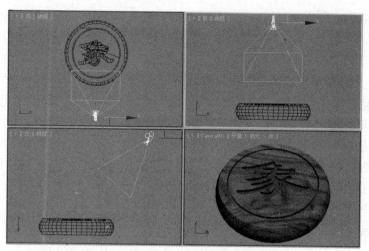

图 7-49 切换 Camera 01 视图并调整自由摄影机角度

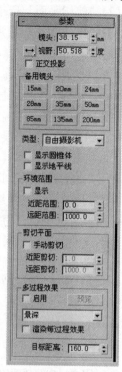

图 7-50 "摄影机"参数面板

"摄影机"参数面板中的常用参数及其功能介绍如下。

● 镜头：用于改变摄影机的镜头大小，单位是"mm（毫米）"。随着镜头数值的增大，摄影机视图的物体变大，而通过摄影机所能看到的范围则变窄。

● 视野：用于设置摄影机的视野范围，单位是"度"。默认值相当于人眼的视野值，当修改其数值时，镜头的数值也将随之改变。左边弹出的按钮有 ↔（水平）、↕（垂直）和 ↘（对角线）3 种视野范围可供选择。

● 正交投影：选中后，摄影机会以正面投影的角度面对物体进行拍摄，这样将消除场景中后面对象的任何透视变形，并显示场景中所有对象的真正尺寸。

●"备用镜头"选项组：是系统预设的镜头，镜头包括 15mm、20mm、24mm、28mm、35mm、50mm、85mm、135mm 和 200mm 9 种。"镜头"和"视野"数值框将根据所选择的备用镜头自动更新。

● 类型：通过右边的下拉列表框可以来回切换目标摄影机和自由摄影机。

● 显示圆锥体：选中后，系统会将摄影机所能够拍摄的锥形视野范围在视图中显示出来。

● 显示地平线：选中后，系统会将场景中水平线显示于屏幕上。

（1）"环境范围"选项组

"环境范围"选项组用于设置远近范围值。

● 显示：选中后，在视图中将显示摄影机圆锥体内的黄色矩形。

● 近距范围：用于设置取景作用的最近范围。

● 远距范围：用于设置取景作用的最远范围。

（2）"剪切平面"选项组

"剪切平面"选项组用于设置摄影机视图中对象的渲染范围，在范围外的任何物体都不被渲染。

● 手动剪切：选中后，可以通过手动的方式来设定摄影机的切片功能。

● 近距剪切：用于设定摄影机切片作用的最近范围，物体在范围内的部分不会显示于摄影机场景中。

● 远距剪切：用于设定摄影机切片作用的最远范围，物体在范围外的部分不会显示于摄影机场景中。

（3）"多过程效果"选项组

"多过程效果"选项组用于设定摄影机的深度或模糊效果。

● 启用：选中后，将启动景深模糊效果，其右侧的"预览"按钮也会变成可选状态。如不选中，景深效果只有在渲染时才有效。

● 预览：单击"预览"按钮后，景深效果将在视图中显示出来。

●"多次效果"的下拉列表：在"多次效果"的下拉列表中有"景深 metal ray"、"景深"和"运动模糊"3 种效果类型可供选择，在选择不同效果类型时会出现不同的参数卷展栏。

● 渲染每过程效果：选中后，场景的景深效果会被最终渲染出来。

● 目标距离：用于控制摄影机目标与摄影点之间的距离。

7.2.3　摄影机视图按钮

在使用 3ds max 2012 时，需要经常放大显示场景中的某些特殊部分，以便进行细致调整，此时可以通过 3ds max 2012 右下角视图区中的摄影机视图按钮来完成这些操作，如图 7-51 所示。

图 7-51　摄影机视图按钮

视图区中各摄像机视图按钮的具体解释如下。

（推拉摄影机）：前后移动摄影机来调整拍摄范围。

（推拉目标）：前后移动目标来调整拍摄范围。

（推拉摄影机＋目标）：同时移动目标物体以及摄影机来改变拍摄范围。

（透视）：移动摄影机的同时保持视野不变，改变拍摄范围，用于突出场景主角。

（侧滚摄影机）：转动摄影机，产生水平的倾斜。

（所有视图最大化显示）：最大化显示所有视图。

（所有视图最大化显示选定对象）：将显示选定对象在所有视图中最大化显示。

（视野）：改变摄影机的视野范围，它不会改变摄影机和摄影机目标点的位置。

（环游摄影机）：固定摄影机的目标点，保持目标物体不变，转动摄影机来调整拍摄范围。

（摇移摄影机）：固定摄影机的视点，使摄影机目标点围绕摄影机视点旋转。

（最大化视窗切换）：最大化或最小化单一的显示视图。

7.2.4 摄影机的景深特效

首先来观察图 7-52 所示的左右两张图片的区别。

图 7-52 有无景深特效的比较

对比两张渲染后的摄影机视图，可以发现其中的区别：左边的图片没有使用景深特效，视图中所有的对象都显得非常清楚；右边的图片使用了景深特效，只有第 1 个长方体看得很清楚，后面的越来越模糊。景深特效是运用多通道渲染效果生成的。在渲染时可以看到，对同一帧进行多次渲染，每次渲染都有细小的差别，最终合成一幅图像。

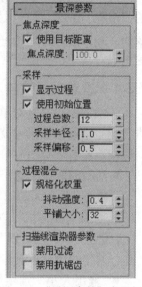

"景深参数"卷展栏用于调整摄影机镜头的景深与多次效果的设置，如图 7-53 所示。

"景深参数"卷展栏的各参数解释如下。

(1)"焦点深度"选项组

● 使用目标距离：选中后，可以通过改变这个距离来使目标点靠近或远离摄影机。当使用景深时，这个距离非常有用。在目标摄影机中，可以通过移动目标点来调整距离，但在自由摄影机中只能改变设置此参数来改变目标距离。

图 7-53 "景深参数"卷展栏

● 焦点深度：用于控制摄影机焦点远近的位置。当"使用目标距离"复选框被选中时，此参数不可用；如果没被选中，则可以手工在"焦点深度"数值框内输入距离。

(2)"采样"选项组

"采样"选项组用于渲染景深特效的抽样观察。

● 显示过程：选中后，系统渲染将能看到景深特效的叠加生产过程。

● 使用初始位置：选中后，渲染将在原位置上进行。

● 过程总数：数值越大，特效越精确，渲染耗时越长。

● 采样半径：决定模糊的程度。

● 采样偏移：决定场景的模糊程度。

(3)"过程混合"选项组

"过程混合"选项组用于设置系统控制模糊抖动的参数。

● 规格化权重：选中后，系统会给一个标准的平滑作业结果。

- 抖动强度：控制抖动模糊的强度值。
- 平铺大小：用于设定抖动的百分比，最大值为100，最小值为0。

(4)"扫描线渲染器参数"选项组

- 禁用过滤：选中后，系统渲染将不使用滤镜效果。
- 禁用抗锯齿：选中后，系统渲染将不使用保真效果。

7.3 渲染

渲染是指以各种不同的层次细节查看构成场景的对象。3ds max 2012可以使用几种不同的渲染引擎，也可以使用外部插件渲染器或者专用的渲染工具。

进入"渲染场景"对话框的方法有两种：一种是执行菜单中的"渲染 | 渲染"命令，另一种是单击工具栏中的 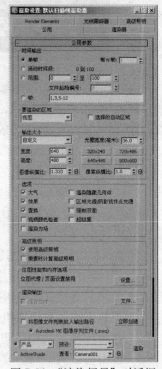（渲染设置）按钮。在弹出的如图7-54所示的对话框中有很多的参数和选项，这里只对其中一些比较常用的设置作如下介绍。

7.3.1 设置动画渲染

一般的渲染只是对单帧进行渲染，并不能生成动画。如果要进行场景动画的渲染，就要选中"时间输出"选项组中的"活动时间段"或者"范围"单选框。

- 活动时间段：这个复选框能够对0～100帧进行渲染，也就是3ds max 2012默认的帧数。
- 范围：在这里可以任意设置要进行渲染的帧数，可以是0～100，也可以是50～100或者0～300，前提是用户制作的动画必须有那么多的帧数。
- "输出大小"选项组可以任意改变所渲染的单帧或者动画的分辨率，可以从它给出的选择范围中进行选择，也可以根据用户的不同需要自定义渲染分辨率。
- "选项"选项组中有很多的复选框，这些复选框可以控制对哪些效果或者对象进行渲染，或者不可以对哪些效果或者对象进行渲染。
- "高级照明"选项组控制场景中的照明在渲染时是否发生作用。

图7-54 "渲染场景"对话框

- "渲染输出"选项组比较重要，在进行渲染动画时，要在这里设置动画的输出路径，否则当动画渲染完成后不能生成动画格式文件。单击"文件"按钮会弹出"渲染输出文件"对话框，如图7-55所示，打开保存类型下拉列表，就能选择所要渲染动画的文件格式。

图7-55 "渲染输出文件"对话框

7.3.2　选择渲染器类型

展开"指定渲染器"卷展栏，在这里可以改变渲染器的类型或者调用渲染器插件，比如现在比较流行的巴西渲染器。单击如图 7-56 所示的按钮，会弹出"选择渲染器"对话框，如图 7-57 所示，在这里就可以指定渲染器。

图 7-56　"指定渲染器"卷展栏　　　　图 7-57　"选择渲染器"对话框

7.4　环境

本节将对环境大气的概念和特效作一个具体讲解。

7.4.1　环境大气的概念

真实世界中的所有对象都被某种特定的环境所围绕，环境对场景氛围的设置起到了很大的作用。例如，冬天大雪后的小镇与夏天大雨后的小镇的环境有很大不同，在制作这样的场景时要应用不同的环境效果。3ds max 2012 包含颜色设置、背景图像和光照环境的对话框，这些特性有助于定义场景。

大气效果包括火效果、雾、体积雾和体积光，这些效果只有在进行渲染后才可以看到。

7.4.2　设置环境颜色和背景

本小节将对如何在 3ds max 2012 中设置环境颜色和背景作具体讲解。

1. 背景颜色设置

在渲染时，默认背景色为黑色，但有时渲染主体为深色时，就需要适当更改背景色。更改背景色的具体过程如下。

1）打开配套光盘中的"源文件 \ 第 7 章 \7.4.2 设置环境和背景 \ 烟灰缸 .max"文件，然后单击工具栏中的 ▧（渲染产品）按钮进行渲染，结果如图 7-58 所示。

2）更改背景颜色。方法:执行菜单中的"渲染 | 环境"命令,在弹出的对话框中单击"颜色"下面的颜色块，然后在弹出的"颜色选择器"对话框中将颜色设为白色，如图 7-59 所示。

3）再次单击工具栏中的 ▧（渲染产品）按钮进行渲染，结果如图 7-60 所示。

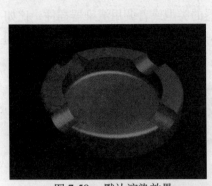

图 7-58　默认渲染效果

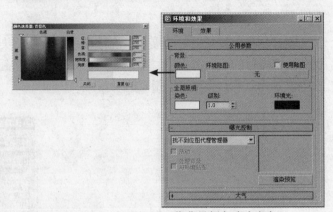

图 7-59　将背景颜色改为白色

图 7-60　渲染效果

2. 背景图像设置

除了可以根据需要来更改背景颜色外，还可以添加背景图像来进一步烘托效果。添加背景图像的具体过程如下。

1）打开配套光盘中的"源文件 \ 第 7 章 \7.4.2 设置环境和背景 \ 烟灰缸 .max"文件。

2）执行菜单中的"渲染 | 环境"命令，在弹出的对话框中单击"无"按钮，然后在弹出的"材质 / 贴图浏览器"对话框中选择"位图"，如图 7-61 所示，单击"确定"按钮。

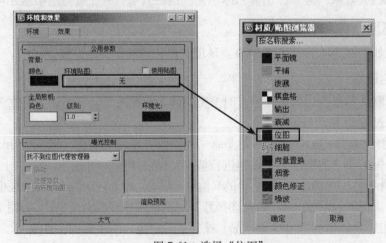

图 7-61　选择"位图"

3）在弹出的"选择位图图像文件"对话框中选择配套光盘中的"贴图 \ BOTTICIN.jpg"图片，如图 7-62 所示，单击"打开"按钮。

4）单击工具栏中的 （渲染产品）按钮进行渲染，结果如图 7-63 所示。

图 7-62 选择位图图片

图 7-63 渲染后效果

7.4.3 火效果

使用火效果可以生成火焰、烟以及爆炸效果等，如火炬、火球和云团类的效果。制作火效果需要"Gizmo"来限定火的范围。"Gizmo"可在 （创建）面板下 （辅助对象）次面板下拉框"大气装置"中创建，它有 3 种方式供选择：长方形 Gizmo、球形 Gizmo 和圆柱体 Gizmo，如图 7-64 所示。通过移动、旋转和缩放可对已创建的 Gizmo 进行修改，但不能使用修改器命令。"火效果"参数面板如图 7-65 所示。

提示：火效果不支持透明物体，若要表现物体被烧尽的效果应该用可见的物体。

图 7-64 大气装置面板

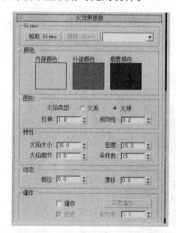

图 7-65 "火效果"参数面板

"火效果参数"卷展栏的各参数解释如下。

（1）"Gizmo"选项组

"Gizmo"选项组用于选取和删除作为火焰的 Gizmo。当单击"拾取 Gizmo"按钮后可拾取视图中的 Gizmo 作为火效果。

（2）"颜色"选项组

"颜色"选项组用于设置火焰的颜色。火焰的组成颜色有 3 种：内部颜色、外部颜色和烟雾颜色。

（3）"图形"选项组

"图形"选项组的参数用于设置火焰的形状，火焰的总体形状是由加载的对象决定的，这里指的形状是火焰的形状。

火焰有"火舌"和"火球"两种类型，这两种类型是由"拉伸"和"规则性"的数值来控制。

（4）"特性"选项组

"特性"选项组用于设置火焰的具体特性。

● 火焰大小：用于控制火焰的大小，值越大火焰越大。

● 密度：用于设置火焰的颜色浓度。

● 火焰细节：用于设置火焰的细节描述程度，数值越高，运算量越大。

● 采样数：用于设置火焰的模糊度，数值越大，渲染时间越长。

（5）"动态"选项组

● 相位：用于设置不同类型的火焰。

● 漂移：数值越大，火焰的跳动越强烈。

（6）"爆炸"选项组

● 爆炸：选中后，单击"设置爆炸"按钮，在弹出的对话框中可设置爆炸的开始时间和结束时间。

● 烟雾：选中后，爆炸发生的同时会产生浓烟。

● 剧烈度：用于控制爆炸的激烈程度。

下面通过一个实例，具体介绍"火效果"的使用方法，具体过程如下。

1）执行菜单中的"文件|打开"命令，打开配套光盘中的"源文件\第 7 章\7.4.3 火效果\火效果 .max"文件，创建火把如图 7-66 所示。

2）在火把头的位置创建大气装置中的"球体 Gizmo"，如图 7-67 所示。

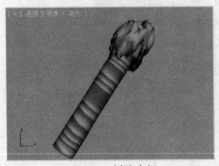
图 7-66　创建火把

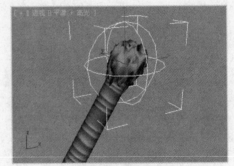
图 7-67　创建"球体 Gizmo"

3）在"球体 Gizmo 参数"卷展栏中选中"半球"前的复选框，将球体 Gizmo 变为半球 Gizmo，然后使用 （选择并非均匀缩放）工具对其进行拉伸，结果如图 7-68 所示。

4）执行菜单中的"渲染|环境"命令，进入"环境和效果"面板。

5）单击"大气"卷展栏中的"添加"按钮，在弹出的"添加大气效果"对话框中选择"火效果",如图 7-69 所示,然后单击"确定"按钮。

图 7-68 变形"球体 Gizmo"

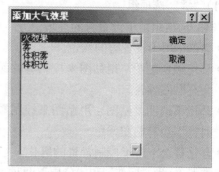

图 7-69 选择"火效果"

6)这时就会出现"火效果参数"卷展栏。单击"拾取 Gizmo"按钮,到场景中拾取"圆柱体 Gizmo",然后渲染场景,结果如图 7-70 所示。

图 7-70 渲染结果

7.4.4 雾效果

"雾"用于制造一种在视图中物体可见度随位置改变而改变的大气效果,像现实生活中的雾一样,它的位置一般以渲染的视图作为参照。"雾参数"卷展栏如图 7-71 所示。

图 7-71 "雾参数"卷展栏

"雾参数"卷展栏的各参数解释如下。

(1)"雾"选项组

"雾"选项组用于设置雾的环境。

● 颜色:用于设置雾的颜色。

● 环境颜色贴图:用贴图来控制雾的颜色,取消勾选"使用贴图"复选框,渲染时将不会有贴图颜色。

● 环境不透明度贴图:用贴图来控制雾的透明度,取消勾选"使用贴图"复选框,渲染时将不会有贴图颜色。

● 雾化背景:用于控制背景的雾化。

● 类型:分为"标准"和"分层"两种。"标准"指雾的浓度随远近的变化而变化;"分层"指雾的浓度随视图的纵向变化。

(2)"标准"选项组

"标准"选项组只有在选择"标准"类型时才可用。

● 指数:用于控制雾的浓度随距离的变化符合现实中的指数规律。

● 近端%/远端%:用于控制在摄像机的近端和远端位置上雾的浓度的百分数,在这两者之间系统会自动产生过渡。

图7-72为使用"标准"雾前后的比较。

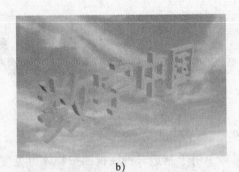

a)   b)

图7-72 使用"标准"雾前后的比较

a)未使用"标准"雾 b)使用"标准"雾

(3)"分层"选项组

"分层"选项组只有在选择"分层"类型时才可用。

● 顶:用于设定雾的顶端到地平线的值,也就是雾的上限。

● 底:用于设定雾的底端到地平线的值,也就是雾的下限。

● 密度:用于控制雾的整体浓度。

● 衰减:有"顶"、"底"、"无"3种,选择后将添加一个额外的垂直于地平线的浓度衰减,在顶层或底层雾的浓度将为0。

● "地平线噪波"复选框:指的是为雾添加噪波,可在雾的地平线上增加一些噪波以增加真实感。

● 角度:用于控制效果偏离地平线的角度。

● 大小:用于控制噪波的尺寸,值越大,雾的卷须越长。

● 相位:设置数值框数值可制作雾气腾腾的效果。

图 7-73 为使用"分层"雾的效果。

图 7-73　"分层"雾效果

7.4.5　体积雾

"体积雾"是一种拥有一定作用范围的雾，它和火焰一样需要一个 Gizmo。体积雾的参数卷展栏如图 7-74 所示。

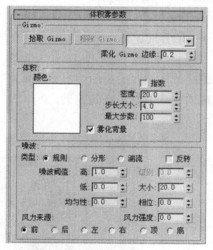

图 7-74　"体积雾参数"卷展栏

"体积雾参数"卷展栏的参数解释如下。

（1）"Gizmo"选项组

● 拾取 Gizmo：单击该按钮后拾取一种类型的 Gizmo，即可产生"体积雾"效果。如果不选择任何 Gizmo，那么体积雾将会弥漫整个场景。

● 柔化 Gizmo 边缘：用于控制加载物体的边缘模糊，使得雾的边缘更加柔和，产生更为朦胧的感觉。

（2）"体积"选项组

"体积"选项组用于设定体积雾的特性。

● 颜色：用于控制体积雾的颜色。

● 指数：能使雾的浓度随距离的变化符合现实中的指数规律。

- 密度：用于定义体积雾的整体浓度。
- 步长大小：用于控制体积雾的粒度，值越大，则体积雾显得越粗糙。
- 最大步数：用于限定取样的数量。
- 雾化背景：选中后使背景雾化。

（3）"噪波"选项组

噪波有规则、分形和湍流 3 种类型。

- 反转：用于将噪波浓度大的地方变成浓度小的，浓度小的地方变成浓度大的。
- "噪波阈值"中的"高"：用于设定阈值的上限。
- "噪波阈值"中的"低"：用于控制阈值的下限。"高"和"低"两者的值均在 0 ~ 1 之间，它们的差越大，雾的过渡越柔和。
- 均匀性：用于控制雾的均匀性，取值范围为 −1 ~ 1，值越小，越容易形成分离的雾块，雾块间的透明也越大。
- 级别：只有选择"分形"或"湍流"类型时才有效，用于调整噪波的程度。
- 大小：用于调整体积雾的大小。
- 相位：用于调节动画时控制体积雾的相位。
- 风力强度：用于控制烟雾的速度。
- 风力来源：可在下面选择风的方向。风力来源的方向有 6 种，分别是：前、后、左、右、顶、底。

图 7-75 为应用前边火把的场景，为火焰添加体积雾效果。

图 7-76 为使用体积雾表现的山峰云雾环绕的效果。

图 7-75　体积雾效果

图 7-76　山峰云雾环绕的效果

7.4.6　体积光

"体积光"常用来模拟光柱或光圈等效果，它在制造氛围时十分有用。体积光必须与灯光相结合，也就是说场景中必须有灯光。体积光和体积雾的参数十分相似，在此只对体积光特有的参数作介绍，"体积光参数"卷展栏如图 7-77 所示。

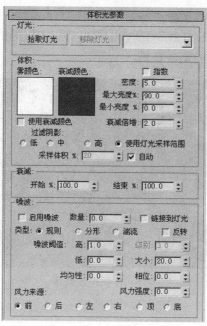

图 7-77 "体积光参数"卷展栏

"体积光参数"卷展栏的各参数解释如下。

（1）"灯光"选项组

"灯光"选项组用于选取灯光，将设置好的大气效果添加到场景中的灯光上。单击"拾取灯光"按钮后，在视图中拾取作为体积光的灯光，即可将体积光添加到灯光上。

（2）"体积"选项组

"体积"选项组用于调整体积光的特性，它的色块有两种，分别是"雾颜色"和"衰减颜色"。

● 当选中色块下的"使用衰减颜色"复选框后，体积光将由"雾颜色"逐渐变成"衰减颜色"。

● "衰减倍增"数值用于控制衰减的程度。

● "最大亮度 %"和"最小亮度 %"两者用于控制体积光的最大亮度和最小亮度，一般最小亮度的值设为"0"。

● "过滤阴影"用来提高体积光的渲染质量，随着渲染质量的提高，渲染的时间也会增加。对不同的输出应使用不同的方法，一般使用默认即可。

（3）"衰减"选项组

"衰减"选项组用于控制体积光的衰减速度。"开始 %"和"结束 %"是体积衰减和灯光衰减的比较。数值在 100 时，体积光的衰减和灯光的衰减是一致的，如果数值小于 100，体积光比灯光衰减要快，而数值大于 100 时则相反。

（4）"噪波"选项组

● 选中"启用噪波"复选框会把噪波加入到体积光上。

● "数量"数值框指的是噪波的强度。

● 选中"链接到灯光"复选框会使噪波跟随灯光一起移动，一般不使用此项，除非要达到一种特殊的效果。

● 体积光的"风力来源"也可制作动画,设置方法与体积雾相同。

图 7-78 为使用体积光制作的路灯效果。

图 7-78　体积光效果

7.5　实例讲解

本节将通过"被火焰包裹的星球"和"烟雾环绕的山峰"两个实例来讲解大气效果在实践中的应用。

7.5.1　被火焰包裹的星球

要点:

本例将制作被火焰包裹的星球,如图 7-79 所示。学习本例,读者应掌握"火效果"的应用。

图 7-79　被火焰包裹的星球

操作步骤:

1)单击菜单栏左侧的快速访问工具栏中的 按钮,然后从弹出的下拉菜单中选择"重置"命令,重置场景。

2)在顶视图中创建一个球体,参数设置及结果如图 7-80 所示。

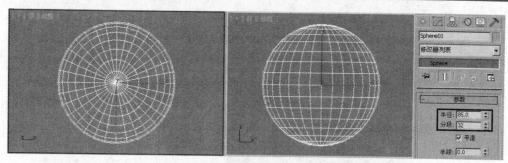

图 7-80 创建一个球体

3）单击 （创建）命令面板下 （辅助对象）中的 标准 下拉列表，从中选择 大气装置。然后单击"球体 Gizmo"按钮，在顶视图中创建一个半径为 140 的球体 Gizmo。接着利用工具栏中的 （对齐）工具将其与前面创建的作为星球的球体中心对齐，如图 7-81 所示。

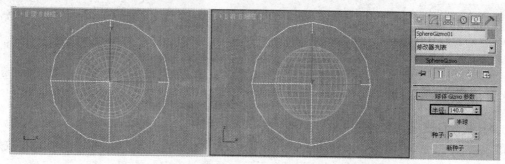

图 7-81 创建一个"球体 Gizmo"，并与作为星球的球体中心对齐

4）赋予星球材质。方法：单击工具栏中的 （材质编辑器）按钮，进入材质编辑器。然后选择一个空白的材质球，指定给"漫反射"右侧按钮一个"渐变"贴图类型，如图 7-82 所示。接着设置"渐变"贴图的参数如图 7-83 所示。最后将设置好的材质赋予场景中的球体，结果如图 7-84 所示。

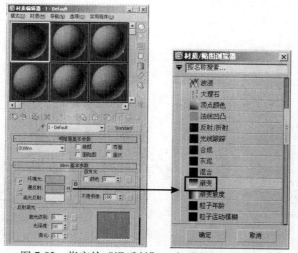

图 7-82 指定给"漫反射"一个"渐变"贴图类型

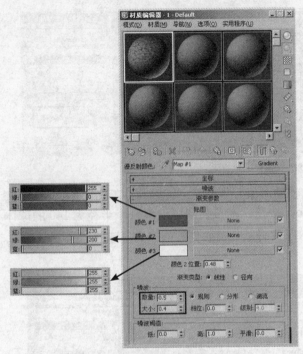

图 7-83　设置"渐变"贴图的参数

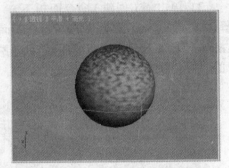

图 7-84　赋予星球材质

5）制作包裹星球的火焰效果。方法：执行菜单中的"渲染 | 环境"命令，在弹出的"环境和效果"对话框中单击"添加"按钮，如图 7-85 所示。然后在弹出的"添加大气效果"对话框中选择"火效果"选项，如图 7-86 所示，单击"确定"按钮。接着单击 拾取 Gizmo 按钮后拾取视图中的球体 Gizmo，并设置其余参数如图 7-87 所示。

图 7-85　单击"添加"按钮

图 7-86　选择"火效果"

图 7-87　设置"火效果"参数

6）指定背景。方法：在"环境和效果"对话框中单击"公用参数"卷展栏中的"无"按钮，然后指定给它一张配套光盘中的"贴图 \SALMNSKN.TGA"贴图，如图 7-88 所示。

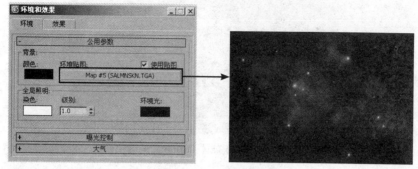

图 7-88　指定背景贴图

7）选择透视图，然后单击工具栏中的 （渲染产品）按钮进行渲染，最终结果如图 7-79 所示。

7.5.2　烟雾环绕的山峰

要点：

本例将制作烟雾环绕的山峰效果，如图 7-89 所示。学习本例，读者应掌握"体积雾"和"雾"效果的应用。

图 7-89　烟雾环绕的山峰效果

 操作步骤：

1. 创建体积雾效果

1）执行菜单中的"文件 | 打开"命令，打开配套光盘中的"源文件 \ 第 7 章 \7.5.2　烟雾环绕的山峰 \ 山峰 .max"文件。

2）单击 ❋（创建）命令面板下 ◌（辅助对象）中的 标准 ▼下拉列表，从中选择 大气装置 。然后单击"球体 Gizmo"按钮后，在前视图中创建一个球体 Gizmo。接着利用工具栏中的 ▫（选择并挤压）工具进行挤压，结果如图 7-90 所示。

图 7-90　挤压球体 Gizmo 后的效果

3）执行菜单中的"渲染 | 环境"命令，在弹出的"环境和效果"对话框中单击"添加"按钮。然后在弹出的"添加大气效果"对话框中选择"体积雾"选项，如图 7-91 所示，单击"确定"按钮，结果如图 7-92 所示。

图 7-91　选择"体积雾"选项

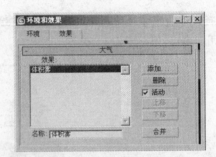

图 7-92　添加"体积雾"

4）单击"拾取 Gizmo"按钮，然后拾取视图中的球体 Gizmo，如图 7-93 所示。

5）为了使烟雾更加真实，下面复制球体 Gizmo，结果如图 7-94 所示。

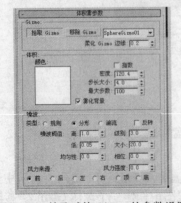

图 7-93　拾取球体 Gizmo 的参数设置

图 7-94　复制球体 Gizmo

6）选择 Camera01 视图，单击工具栏上的 🔾（渲染产品）按钮，渲染后的结果如图 7-95 所示。

图 7-95　渲染体积雾效果

2. 制作分层雾效果

1）单击"环境和效果"对话框中的"添加"按钮，在弹出的"添加大气效果"对话框中选择"雾"选项，如图 7-96 所示，单击"确定"按钮。

2）调节参数如图 7-97 所示，然后选择 Camera01 视图，单击工具栏上的 🔾（渲染产品）按钮，渲染后的结果如图 7-98 所示。

图 7-96　选择"雾"选项

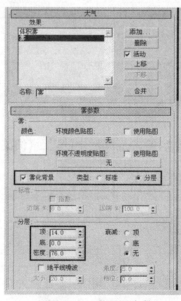

图 7-97　设置雾参数

图 7-98　渲染后的效果

3）柔化层雾边缘。方法：选中"地平线噪波"选项，如图 7-99 所示。然后渲染 Camera01 视图，结果如图 7-100 所示。

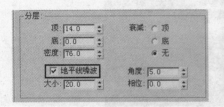

图 7-99　选中"地平线噪波"选项

图 7-100　柔化层雾边缘效果

3. 制作标准雾效果

1）在"环境和效果"对话框中再次单击"添加"按钮，在弹出的"添加大气效果"对话框中选择"雾"选项，单击"确定"按钮。接着设置"雾"参数，如图 7-101 所示。

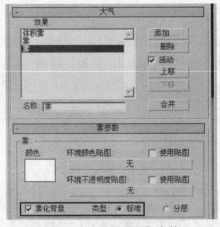

图 7-101　设置"雾"参数

2）选择 Camera01 视图，然后单击工具栏中的 （渲染产品）按钮进行渲染，最终结果如图 7-89 所示。

7.6　习题

1. 填空题

(1) 在 3ds max 2012 灯光面板的下拉列表中，有 ＿＿＿＿ 和 ＿＿＿＿ 两种灯光类型。

(2) 雾的类型有两种，分别是 ＿＿＿＿ 和 ＿＿＿＿。

2. 选择题

(1) 下面需要使用灯光定位的特效是（　　）。

A. 雾　　　　　　B. 体积雾　　　　　　C. 火焰　　　　　　D. 体积光

（2）下列属于聚光灯形状的是（　　）。

A. 矩形　　　　　　B. 星形　　　　　　C. 圆　　　　　　D. 多边形

3. 问答题/上机练习

（1）环境对话框分为几部分，每一部分各有什么作用？

（2）练习：利用体光制作光线穿过窗户照射到房间的效果，如图 7-102 所示。

图 7-102　光线穿过窗户照射到房间的效果

第8章　动画与动画控制器

本章重点

本章将要接触到最让人激动的部分——动画。学习本章，读者应了解动画制作的一般流程，掌握基本动画的制作方法，并能够利用轨迹视图对动画轨迹进行控制。另外，应熟练掌握利用常用的动画控制器制作动画的方法。

8.1　动画制作基础理论

前面各章讲述的关于 3ds max 的建模、材质等，都是静止不动的，用其他软件，甚至是手绘同样能够制作出逼真的静止画面，而 3ds max 最为突出的优势在于制作动画，用户可以通过它制作出真正意义上的高端动画。

8.1.1　动画基础知识

动画基本原理与电影一样，当一系列相关的静态图片快速从眼前闪过，利用人眼的视觉暂留现象，人们会认为它是连续运动的。这一系列相关的图片称为动画序列，其中每一张图片称为一帧。一个最基本的动画最少要 15 帧／秒，过去的黑白影片播放速率少于 15 帧／秒，以至于看到的都是些不自然的运动画面。这是因为人眼的视觉暂留时间是 0.04 秒，所以要形成连续的播放，每秒必须有 24 帧图像。

根据不同的需要应选择相应的帧速率（制式），人们日常接触的帧速率（制式）主要有以下 4 种。

- NTSC（N 制式）：美国和日本录像播放使用的制式，其播放速率为 30fps（帧／秒）。
- PAL（P 制式）：欧洲录像播放使用的制式，其播放速率为 25fps（帧／秒）。
- 电影制式：它的播放速率为 24fps（帧／秒）。
- 卡通片制式：它的播放速率为 15fps（帧／秒）。

每一段动画都是由若干动画序列组成的，而每一个动画序列则由若干帧组成。关键帧是一个动画序列中起决定性作用的帧，它记录着动画对象的改变点的全部参数。一般而言，一个动画序列的第一帧和最后一帧是默认的关键帧，关键帧的多少与动画的复杂程度有关。在3ds max 中关键帧之间的帧称为中间帧，中间帧是由系统自动计算出来的，不需要逐帧设置。

8.1.2　制作动画的一般过程

制作动画前，首先要对制作的动画进行整体构思，确定作品要向观众表达的某种感情或某种观点。有很多人将精力放在如何建模、如何运用材质、渲染等制作上，而动画的主题不明确，结果观众对他要表达的东西很模糊，那么，这样的作品就是不成功的。

明确了动画所要表达的主题，接下来就是确定动画的内容，制定动画的情节。在有限的动画时间里，将自己的思想表达出来，内容太多是不现实的。要用有代表性的内容，有限的情节，使观众感受到动画的情感所在，与观众产生共鸣。

在确定了动画内容后，接下来是对具体场景、镜头的设计。每一个场景中要发生什么事，通过什么物件或通过主人公的什么动作来表现自己的感情，考虑每个镜头由几个分镜头组成，以及过程中的场景变换，都是这一步中需要明确的。

在具体场景中建模是动画制作中不可缺少的环节。它是动画制作过程中将设计表现为实物的主要途径，也是动画制作人员的基本功之一。建模要符合场景的设计风格，灯光、色调要和谐，给人一种自然真实的感觉。

最后一步就是对场景进行剪辑，添加一些特殊效果，从而得到最终的作品。

整个动画制作过程的示意图如图 8-1 所示。

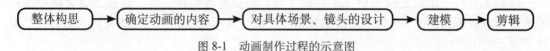

图 8-1　动画制作过程的示意图

8.2　轨迹视图

轨迹视图提供了精确修改物体运动轨迹的功能。单击工具栏中的 ▨（曲线编辑器）按钮，即可进入轨迹视图。轨迹视图有两种不同的模式：曲线编辑器模式和摄影表模式，在不同的模式下轨迹视图显示的内容是不同的。曲线编辑器模式是以功能曲线的方式来显示动画，通过它可以形象地对物体的运动、变形进行修改。摄影表模式是将动画的所有关键点和范围显示在一张数据表格上，通过它可以很方便地编辑关键点。轨迹视图可分为菜单栏、编辑工具栏、树状结构图和轨迹视图区域 4 部分，如图 8-2 所示。

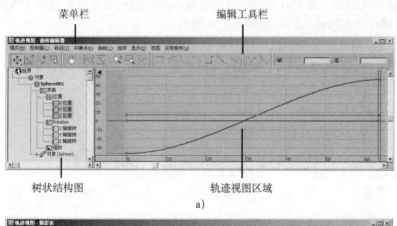

a)

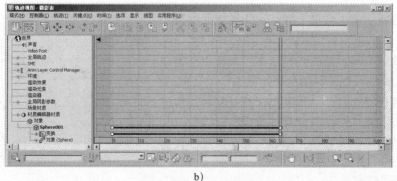

b)

图 8-2　轨迹视图的两种模式

a) 曲线编辑模式　b) 摄影表模式

8.2.1 菜单栏

菜单栏位于轨迹视图的最上方，3ds max 2012 轨迹视图的"曲线编辑器"模式下的菜单栏中包含"模式"、"控制器"、"轨迹"、"关键点"、"曲线"、"选项"、"显示"、"视图"和"实用程序"9 个菜单，3ds max 2012 轨迹视图的"摄影表"模式下的菜单栏中包含"模式"、"控制器"、"轨迹"、"关键点"、"时间"、"选项"、"显示"、"视图"和"实用程序"9 个菜单。

8.2.2 编辑工具栏

编辑工具栏位于轨迹视图中菜单栏的下方，包括各种编辑工具，这些工具会随着模式的改变而有所不同。图 8-3 为"曲线编辑器"模式下显示的工具栏，图 8-4 为"摄影表"模式下显示的工具栏。

图 8-3 "曲线编辑器"模式下显示的工具栏

图 8-4 "摄影表"模式下显示的工具栏

1. "曲线编辑器"模式工具栏上的按钮

移动关键点：用于对关键点进行移动，其中包括水平与垂直两个方向的移动钮，配合〈Shift〉键可以在移动的同时复制新的关键点。

绘制曲线：用于在编辑窗口中绘制需要的轨迹曲线。

插入关键点：单击该按钮，在编辑窗口中单击鼠标，可以在指定位置加入一个新的关键点。

区域工具：使用该工具，可以轻松移动和缩放曲线编辑器中的关键点组。

平移：使用该按钮可以推移视窗的位置。

水平方向最大化显示：将编辑窗口内容按水平方向满屏显示。

最大化显示值：将编辑窗口内容按垂直方向满屏显示。

缩放：将编辑窗口内容进行窗口缩放操作，它包括（缩放时间）和（缩放值）两个按钮。

缩放区域：该工具用于将选定的区域充满整个编辑窗口。

孤立曲线：当多条曲线显示在"关键点"窗口中时，使用此命令可以临时简化显示。

将切线设置为自动：其中包含（将内切线设置为自动）和（将外切线设置为自动）两个扩展按钮，它们的控制柄的颜色为蓝色。图 8-5 为将切线设置为自动的效果。

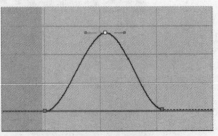

图 8-5 将切线设置为自动

将切线切换为样条线：其中包含（将内切线设置为样条线）和（将外切线设置为样条线）两个扩展按钮，它们的控制柄的颜色为黑色。

将切线设置为快速:其中包含 (将内切线设置为快速) 和 (将外切线设置为快速) 两个扩展按钮。图 8-6 为将切线设置为快速的效果。

将切线设置为慢速:其中包含 (将内切线设置为慢速) 和 (将外切线设置为慢速) 两个扩展按钮。图 8-7 为将切线设置为慢速的效果。

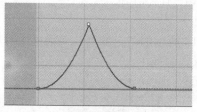

图 8-6　将切线设置为快速

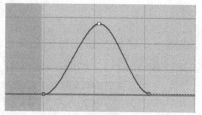

图 8-7　将切线设置为慢速

将切线设置为阶梯式:其中包含 (将内切线设置为阶梯式) 和 (将外切线设置为阶梯式) 两个扩展按钮。图 8-8 为将切线设置为阶梯式的效果。

将切线设置为线性:其中包含 (将内切线设置为线性) 和 (将外切线设置为线性) 两个扩展按钮。图 8-9 为将切线设置为线性的效果。

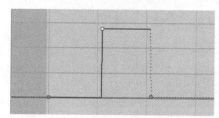

图 8-8　将切线设置为阶梯式

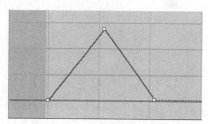

图 8-9　将切线设置为线性

将切线设置为平滑:其中包含 (将内切线设置为平滑) 和 (将外切线设置为平滑) 两个扩展按钮。图 8-10 为将切线设置为平滑的效果。

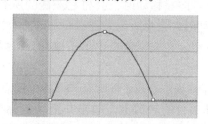

图 8-10　将切线设置为平滑

切开切线:用于切开切线。

统一切线:用于将两段切线进行连接。

2. "摄影表" 模式工具栏上的功能按钮

编辑关键点:以黑色关键点和编辑条棒显示在编辑窗口中,不仅可以控制每个关键点的位置,还能改变编辑条棒的范围。

编辑范围:以一种表示作用范围的黑色条棒来显示所有的轨迹,主要用于快速缩放和移动整个动画轨迹。在其两侧拖动可以放大和缩小范围条棒,在其上拖动可以移动整个动画轨迹。图 8-11 为移动位置范围的前后效果比较。

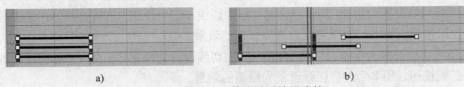

图 8-11 移动位置范围前后效果比较
a) 移动前 b) 移动后

过滤器：单击该按钮，可以在弹出的图 8-12 所示的"过滤器"对话框中对项目窗口中的列表类型和编辑窗口中的轨迹曲线进行过滤或限制显示。

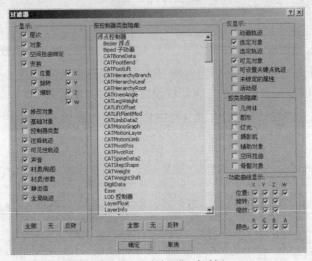

图 8-12 "过滤器"对话框

移动关键点：对关键点进行移动，其中包括水平与垂直两个方向的移动钮，配合〈Shift〉键可以在移动的同时复制新的关键点。

滑动关键点：选择关键点向左移动时，会将它左侧的所有关键点一起向左推动，相互之间的距离不变。当向右移动时，会将所选关键点右侧的所有关键点一同向右推动。

插入关键点：单击该按钮，在编辑窗口中单击鼠标，可以在指定位置加入一个新的关键点。

缩放关键点：以当前所在帧为中心点，将所有选择的关键点进行相互之间的距离缩放。

选择时间：在当前选择项目的轨道上，单击并拖动鼠标可拉出一个选择的时间段，起始与结束时间显示在下方数字框中。双击该轨道，可以将全部时间段选择。

删除时间：将当前选择的时间段删除。

反转时间：将当前选择的时间段反向操作。如果想将一段动画倒转播放，最好使用此命令。

缩放时间：在新的位置单击并拖动鼠标，可以完成与 （选择时间）相同的选择功能。如果在时间段上拖动鼠标，则会对这段时间进行缩放变化。

插入时间：单击并向右拖动鼠标，可以插入一段新的时间。如果向左拖动，则会将右侧时间段向左侧缩小。

剪切时间：将当前选择的时间段暂时放在剪切板上。

复制时间：将当前选择的时间段复制到剪切板上。

粘贴时间：将当前剪切板中复制的时间段粘贴到指定的位置，新的时间段会覆盖旧的时间段。

锁定当前选择：将当前选择的关键点或轨迹曲线上的调节点锁定，这时无论鼠标点在哪里，都只能对选择项进行操作。

捕捉帧：将关键点和时间范围线与最靠近的帧对齐。

显示可设置关键点的图标：在项目窗口中显示可以锁住的项目分支。

修改子树：可作用于 3 种编辑类型，分别是关键点、时间和范围。对父物体的相关属性的编辑会影响其子物体的相关属性。

修改子对象关键点：用于修改子对象的相关关键点属性。

8.2.3 树状结构图

在轨迹视图的左边是树状结构图，如图 8-13 所示，在其范围内根据物体的不同属性可分为很多种类型，它可以很清楚地显示出物体之间及物体内部的各种关系。

整个场景中的属性有：声音、Video post、全局轨迹、环境、渲染效果、渲染元素、渲染器、全局阴影参数、场景材质、材质编辑器材质和对象等。

树状图中前面有加号的选项，单击加号后，可以弹出下一级的子项，例如"对象"下面就有该对象的所有参数，"变换"选项下面就有"位置"、"旋转"和"缩放"3 个子项，而"位置"下有三维空间中 3 个轴向的子项。

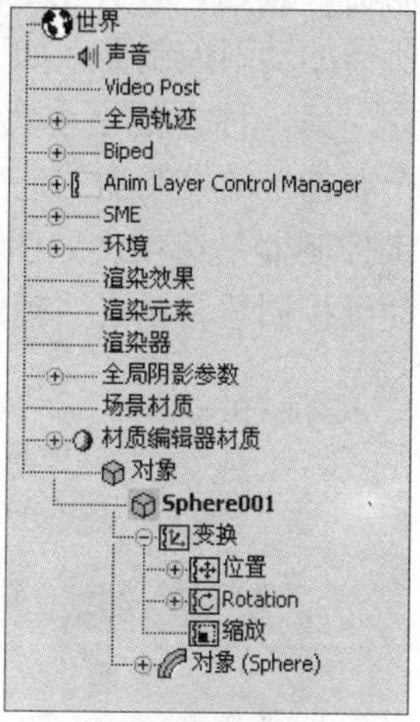

图 8-13 树状结构图

8.2.4 轨迹视图区域

轨迹视图区域位于树状结构图的右边，是和树状结构图的各选项紧密相连的窗口。当选择树状结构图列表中的不同选项时，轨迹视图区域的内容将同步变化。轨迹视图区域从左往右显示对象的特征参数在动画中的作用历程，并以黑色的线段表示，黑色的长度范围代表动画历程的起止，称为范围线。

有些选项，诸如"位置"，轨迹视图窗口将在动画关键点处显示关键点。用户可以通过拖动的方法来改变关键点的位置，并且可以利用黑色的范围线来控制动画关键点的移动或比例变化。

8.3 动画控制器

3ds max 2012 之所以具有强大的动画设计功能，在很大程度上得力于动画控制器的功能。所谓动画控制器，指的是用来控制物体运动规律的功能模块，能够决定各项动画参数在动画各帧中的数值，以及在整个动画过程中这些参数的变化规律。

8.3.1 动画控制器概述

在 3ds max 2012 中，创建的任何一个对象都被指定了一个默认的控制器。轨迹视图中的关键点控制器以及各种轨迹曲线也都被指定了系统的缺省控制器，它们具有强大的编辑、修改和调整功能。如果用户要制作一些与变换不同的动画，就需要指定其他的动画控制器。在控制器的左边有">"标记的，表明是当前使用的控制器，或是系统默认的设置，如图 8-14 所示。

1. 指定动画控制器的方法

3ds max 2012 提供了两种应用动画控制器的方法。

一种是通过"运动"命令面板。方法：单击 ◎（运动）按钮打开"运动"命令面板，然后展开"指定控制器"卷展栏，在窗口中选择要指定的控制器的位置。接着单击 （指定控制器）按钮，在弹出的"指定变换控制器"的对话框中选择所需的动画控制器，如图 8-15 所示，单击"确定"按钮。

另一种方法是在轨迹视图中，右击项目窗口中的任意一个要指定的控制器的选项，然后在弹出的快捷菜单中选择"指

图 8-14　当前使用的控制器

定控制器"选项，如图 8-16 所示，接着在弹出的"指定变换控制器"对话框中选择所需的动画控制器，单击"确定"按钮。

> 提示：在"运动"命令面板的指定控制器卷展栏中有"变换"、"位置"、"旋转"和"缩放"4个项目，单击其中某个项目，将会弹出相应的控制器设置对话框。对于不同的控制器设置对话框而言，其中的大部分控制器类型也不相同。

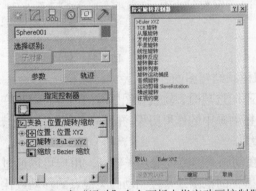

图 8-15　在"运动"命令面板中指定动画控制器

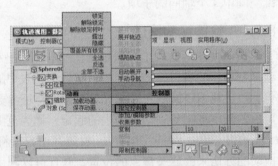

图 8-16　选择"指定控制器"选项

2. 动画控制器分类

按参数类型分类，动画控制器可分为单一参数型和复合参数型。单一参数型的动画控制器位于层次列表的最下一层，返回值既有单一量值又有复合量值，既可以是参数型的又可以是关键点型的。复合参数型控制器是把其他控制器的输出看做它的输入，然后将该数据与联系复合控制器的任何参数连接起来，处理数据并输出结果。比如说，"链接约束控制器"、"位置 XYZ 控制器"和"Euler XYZ 控制器"等都是复合控制器。

另外一种分类方法是把动画控制器分为参数型控制器和关键点控制器。参数型控制器输入用户指定的数据，通过计算机计算输出。噪波控制器就是一个参数型控制器。关键点

型控制器是把用户指定的特定时间的数据值看作输入，把适合任何时间的插入值作为输入，比如"欧拉 XYZ 控制器"和"TBC 旋转控制器"就是关键点控制器。

8.3.2　常用动画控制器

3ds max 2012 中的动画控制器类型很多，针对不同的项目要使用不同的控制器。下面将介绍一些常用的动画控制器。

1．"变换"控制器

3ds max 2012 的控制器可在轨迹视图和"运动"面板中进行指定，这两个地方的内容和效果完全相同，只是面板形式不同而已。

进入 ◎（运动）面板，然后选择"变换"选项，如图 8-17 所示。接着单击 ☑（指定控制器）按钮，会弹出"指定变换控制器"面板，如图 8-18 所示。它包括"CATGizmoTransform"、"CATHDPivotTrans"、"CATHIPivotTrans"、"CATTransformOffset"、"变换脚本"、"链接约束"、"外部参照控制器"和"位置／旋转／缩放"8 种控制器。其中前 4 种控制器在以前版本的 3ds max 中需要单独以插件的形式安装，而到了 3ds max 2011，这 4 种控制器已经内置在软件中。这 4 种控制器主要用于控制肢体动作。后面 4 种控制器的参数解释如下。

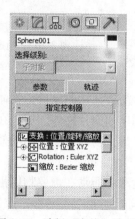

图 8-17　选择"变换"选项

图 8-18　"指定变换控制器"面板

● 变换脚本：用脚本来设置变换控制器。

● 链接约束：用于将源对象连接到一个目标对象上，源对象会继承目标对象的位置、旋转和尺寸大小等参数，比如小球传递动画，如图 8-19 所示。。

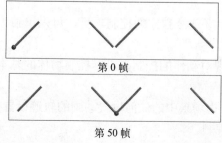

第 0 帧

第 50 帧

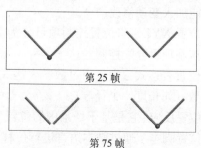

第 25 帧

第 75 帧

图 8-19　小球传递动画

● 外部参照控制器：用于调用外部 3ds max 文件中相关对象的控制器来控制当前对象。

● 位置／旋转／缩放：改变控制器对话框中的系统默认设置，使用非常普遍，是大多数
  物体默认使用的控制器,它将变换控制分为"位置"、"旋转"和"缩放"3 个子控制项目,
  分别分配不同的控制器。

2. "位置"控制器

进入 （运动）面板,选择"位置"选项,然后单击 （指
定控制器）按钮,会弹出"指定位置控制器"面板,如图 8-20
所示。它包括多种"位置"控制器,下面介绍一些常用的"位
置"控制器类型。

● Bezier 位置：这是 3ds max2012 中使用最广泛的动画控
  制器之一,它在两个关键点之间使用一个可调的样条
  曲线来控制动作插值,对大多数参数而言均可用,所
  以"位置"控制器对话框中选择它作为默认设置。它
  允许以函数曲线方式控制曲线的形态,从而影响运动
  效果。还可以通过贝塞尔控制器控制关键点两侧曲线
  衔接的圆滑程度。

● TCB 位置：它通过"张力"、"连续性"和"偏移"3
  个参数项目来调节动画。

图 8-20 "指定位置控制器"面板

● 弹簧：它通过"张力"和"阻尼"两个参数项目来产
  生弹簧动画。

● 附加：将一个物体结合到另一个物体的表面。需要注意的是目标物体必须是一个网格
  物体,或者能够转化为网格物体的 NURBS 物体和面片物体。通过在不同关键点分配
  不同的附属物控制器,可以制作出一个物体在另一物体表面移动的效果。如果目标物
  体表面是变化的,它将发生相应的变化。

● 路径约束：使物体沿一个样条曲线路径进行运动,通常在需要物体沿路径轨迹运动且
  不发生变形时使用。如果物体沿路径运动的同时还要产生变形,应使用"路径变形"
  修改器修改或空间扭曲。

● 曲面：使一个物体沿另一个物体表面运动,但是对目标物体要求较多。目标物体必须
  是球体、圆锥体、圆柱体、圆环、四边形面片、NURBS 物体。除此之外,都不能作
  为曲面控制器的目标物体,而且这些物体要保持完整性,不能使用"切片"处理,不
  能加入变动修改命令。

● 位置 XYZ：将位置控制项目分为 X、Y、Z 3 个独立的控制项目,可以单独为每一个
  控制项目分配控制器。

● 位置表达式：它是通过数学表达式来实现对动作的控制。可以控制物体的基本创建参
  数（如长度、半径等）。

● 位置反应：它是基于场景中的位置变量,为场景中的任何设置动画的轨迹设置控制器。

● 位置脚本：通过脚本语言进行位移动画控制。

- 位置列表：它是一个组合其他控制器的合成控制器，能将其他种类的控制器组合在一起，按从上到下的顺序进行计算，从而产生组合控制效果。
- 位置约束：用于约束一个对象跟随另一个对象的位置或者几个对象的权重平均位置。
- 位置运动捕捉：在 3ds max2012 中，允许使用外接设置控制和记录物体的运动，目前可用的外接设备包括鼠标、键盘、游戏杆和 MIDI。
- 线性位置：它是在两个关键点之间平衡地进行动画插值计算，从而得到标准的直线性动画，常用于一些规则的动画效果，如机器人关节的运动。
- 音频位置：它是通过一个声音的频率和振幅来控制动画物体的位移运动节奏，基本上可以作用于所有类型的控制参数。可以使用 WAVE、AVI 等文件的声音，也可以由外部直接用声音同步动作。
- 噪波位置：此控制器产生一个随机值，可在功能曲线上看到波峰及波谷。它没有关键点的位置，而是使用一些参数来控制噪声曲线，从而影响动作。

3. "旋转" 控制器

进入 ◎（运动）面板，选择"旋转"选项，然后单击 （指定控制器）按钮，会弹出"指定旋转控制器"面板，如图 8-21 所示。它包括多种"旋转"控制器，下面介绍一些常用的"旋转"控制器类型。

图 8-21 "指定旋转控制器"面板

- Euler XYZ：一种合成控制器，通过它可将旋转控制分离为 X、Y、Z 3 个项目，分别控制在 3 个轴向上的旋转，然后可对每个轴分配其他的动画控制器。这样做的目的是实现对旋转轨迹的精细控制。
- TCB 旋转：它通过"张力"、"连续性"和"偏移" 3 个参数项目来调节旋转动画。该控制器提供类似 Bezier 控制器的曲线，但没有切线类型和切线控制手柄。
- 平滑旋转：完成平滑自然的旋转动作，与线性旋转相同，没有可调的函数曲线，只能在轨迹视图中改变时间范围，或者在视图中旋转物体来改变旋转值。
- 线性旋转：它是在两个关键点之间得到稳定的旋转动画，常用于一些规律性的动画旋转效果。
- 旋转脚本：它是通过脚本语言进行旋转动画控制。
- 旋转列表：它不是一个具体的控制器，而是含有一个或多个控制器的组合，能将其他种类的控制器组合在一起，按从上到下的排列顺序进行计算，产生组合的控制效果。
- 旋转运动捕捉：当旋转运动捕捉控制器分配后，原控制器将变为下一级控制器，同样发生控制作用。接通外设后，旋转运动捕捉控制器可以反复进行物体旋转运动的捕捉，最后的运动结果将在每一帧建立一个关键点，可以使用轨迹视图中的 （减少关键点）工具对它们进行精简。
- 音频旋转：它是通过一个声音的频率和振幅来控制动画物体的旋转运动节奏，基本上可以作用于所有类型的控制参数。

● 噪波旋转：此控制器产生一个随机值，可在功能曲线上看到波峰及波谷，产生随机的旋转动作变化。它没有关键点的设置，而是使用一些参数来控制噪声曲线，从而影响旋转动作。

● 注视约束：它可以将源对象的一个轴在运动过程中始终指向另一个目标对象，就好像注视着它一样，比如眼球随着物体运动而运动，如图8-22所示。

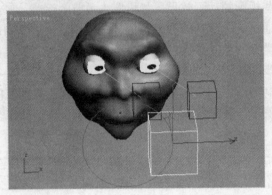

图8-22　眼球随着物体运动而运动

4."缩放"控制器

进入 ◎ (运动) 面板，选择"缩放"选项，然后单击 □ (指定控制器) 按钮，会弹出"指定缩放控制器"面板，如图8-23所示。它包括多种"缩放"控制器，下面介绍一些常用的"缩放"控制器类型。

● Bezier缩放：它是默认的"缩放"控制器，它允许通过函数曲线方式控制物体缩放曲线的形态，从而影响运动效果。

● TCB缩放：它通过"张力"、"连续性"、"偏移"3个参数项目来调节物体的缩放动画。该控制器提供类似Bezier控制器的曲线，但没有切线类型和切线手柄。

● 缩放XYZ：它将缩放控制项目分离为X、Y、Z3个独立的控制项目，可以单独为每一个控制项目分配控制器。

图8-23　"指定缩放控制器"面板

● 缩放表达式：它通过数学表达式来实现对动作的控制。可以控制物体的基本创建参数（如长度、半径等），可以控制对象的缩放运动。

● 缩放脚本：它通过脚本语言进行缩放动画控制。

● 缩放列表：它不是一个具体的控制器，而是含有一个或多个控制器的组合。能将其他种类的控制器组合在一起，按从上到下的排列顺序进行计算，从而产生组合的控制效果。

● 缩放运动捕捉：它首次分配时要在轨迹视图或运动面板中完成，修改和调试动作时要在程序命令面板的运动捕捉程序中完成。分配缩放运动捕捉控制器后，原控制器将变为下一级控制器，同样发挥控制作用。接通外设，缩放运动捕捉控制器可以反复进行物体缩放运动的捕捉，最后的结果将在每一帧建立一个关键点。

- 线性缩放：常用于一些规律性的动画效果。
- 音频比例：它通过声音的频率和振幅来控制动画物体的缩放运动节奏，基本上可以作用于所有类型的控制参数。
- 噪波缩放：此控制器产生一个随机值，可在功能曲线上看到波峰及波谷，产生随机的缩放动作变化。没有关键点的设置，而是使用一些参数来控制噪声曲线，从而影响对象的缩放动作。

8.4　实例讲解

本节将通过"制作弹跳的小球"和"制作传送装置动画"两个实例来讲解一下动画与动画控制器的应用。

8.4.1　制作弹跳的小球

 要点：

本例将制作弹跳的皮球效果，如图 8-24 所示。学习本例，读者应重点掌握利用轨迹视图来控制物体缩放和运动轨迹的方法。

第 0 和 20 帧　　　　第 8 帧　　　　第 10 帧　　　　第 12 帧

图 8-24　弹跳的皮球效果

 操作步骤：

1. 制作小球上下循环运动

1) 单击菜单栏左侧的快速访问工具栏中的 按钮，从弹出的下拉菜单中选择"重置"命令，重置场景。

2) 单击 (创建)命令面板下 (标准几何体)中的 球体 按钮，在场景中创建一个"球体"，半径设为 10，并选择"轴心在底部"复选框，如图 8-25 所示。

3) 制作球体上下运动动画。方法：激活 自动关键点 按钮，然后将时间滑块移至第 10 帧，如图 8-26 所示。接着将小球向下移动 10 个单位，如图 8-27 所示。最后选中时间线上的第 0 帧，按住键盘上的〈Shift〉键，将第 0 帧复制到第 20 帧，如图 8-28 所示。此时预览，小球已经是一个完整的上下运动过程。

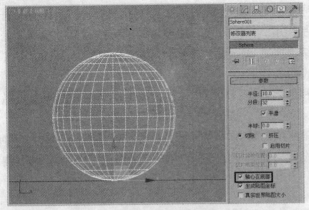

图 8-25 选择"轴心在底部"复选框

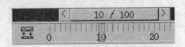

图 8-26 将时间滑块移到第 10 帧

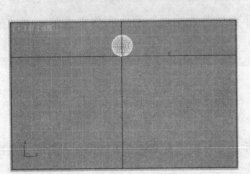

第 0 帧

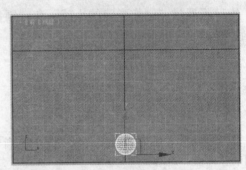

第 10 帧

图 8-27 小球向下移动 10 个单位

图 8-28 将第 0 帧复制到第 20 帧

4）制作球体上下循环运动动画。方法：单击工具栏上的▦（曲线编辑器）按钮，进入轨迹视图，如图 8-29 所示。然后执行轨迹视图菜单栏中的"控制器|超出范围类型"命令，在弹出的对话框中选择"循环"选项，如图 8-30 所示。此时小球运动为循环运动，轨迹视图如图 8-31 所示。

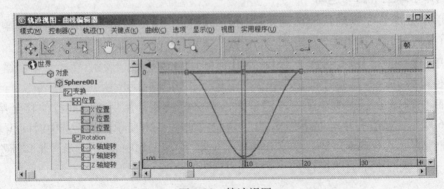

图 8-29 轨迹视图

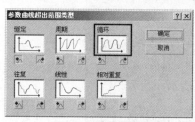

图 8-30 选择"循环"

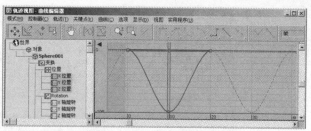

图 8-31 "循环"后的轨迹视图

2. 制作小球向下做加速运动向上做减速运动

此时小球上下运动不正常，为了使小球向上运动为减速运动，向下运动为加速运动，需要进一步进行设置。

方法：用鼠标右击轨迹视窗中的第 10 帧，在弹出的对话框中进行设置，如图 8-32 所示，设置后的轨迹视图如图 8-33 所示。此时就完成了小球向下加速、向上减速的循环运动。

图 8-32 设置曲线

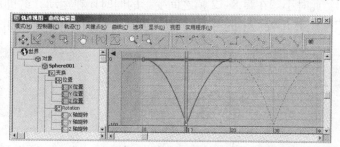

图 8-33 设置后的轨迹视图

3. 制作小球与地面接触时的挤压动画

1）保持动画录制状态，然后将时间滑块移动到第 10 帧，单击工具栏上的 ％ （百分比捕捉）按钮，再单击 （挤压）按钮，在前视图中对球体进行挤压，挤压参数设置如图 8-34 所示。接着单击工具栏上的 （曲线编辑器）按钮，进入轨迹视图，再执行菜单中的"模式 | 摄影表"命令，以摄影表的模式显示轨迹视图，如图 8-35 所示。

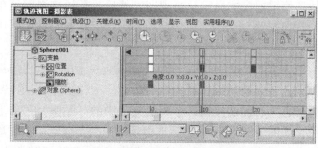

图 8-35 摄影表模式显示的轨迹视图

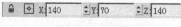

图 8-34 挤压参数

2）在轨迹视图中选中"缩放"的第 1 帧，按住键盘上的〈Shift〉键，将第 1 帧复制到第 20 帧，如图 8-36 所示。

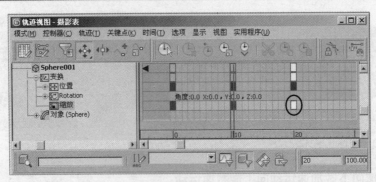

图 8-36 将"缩放"第 1 帧复制到第 20 帧

3）此时预览会发现小球向下运动时开始挤压变形，向上运动时开始恢复原状，这是不正确的。为了解决这个问题，可以将"缩放"中的第 1 帧分别复制到第 8 帧和第 12 帧，如图 8-37 所示，使小球只在第 8~12 帧之间变形。

4）此时小球在第 8~12 帧之间变形的同时还在运动，这也是不正确的，为此可以将"位置"下的"Z 位置"中的第 10 帧复制到第 8 帧和第 12 帧，如图 8-38 所示。

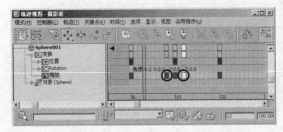

图 8-37 将"缩放"中的第 1 帧分别复制
到第 8 帧和第 12 帧

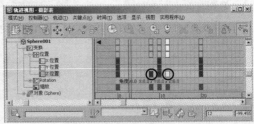

图 8-38 将"Z 位置"中的第 10 帧复
制到第 8 帧和第 12 帧

5）此时整个小球弹跳动画制作完毕，但是预览会发现，小球挤压动画不能够自动循环，解决这个问题的方法很简单，只要执行轨迹视图菜单栏中的"模式 | 曲线编辑器"命令，以轨迹编辑器模式显示轨迹视图。然后执行轨迹视图菜单栏中的"控制器 | 超出范围类型"命令，在弹出的对话框中重新选择"循环"选项即可。

6）赋给小球材质。方法：单击工具栏上的 （材质编辑器）按钮，进入材质编辑器。然后选择一个材质球，指定给"漫反射颜色"右侧的按钮一个配套光盘中的"贴图\皮球.jpg"贴图，如图 8-39 所示。然后选中场景中的小球，单击材质编辑器上的 （将材质指定给选定对象）按钮，将材质赋给小球。

7）至此整个动画制作完毕，这个动画的整个运动过程是：小球从第 0 帧开始向下作加速运动，在第 8 帧到达底部后开始挤压，在第 10 帧挤压到极限，在第 12 帧恢复原状，然后向上作减速运动，如图 8-24 所示。

图 8-39 制作小球材质

8.4.2　制作传送装置动画

　要点：

本例将制作茶壶在传送带上的传送效果，如图 8-40 所示。学习本例，读者应掌握"变换"控制器中的"链接约束"控制器的使用以及旋转和位移关键帧的插入方法。

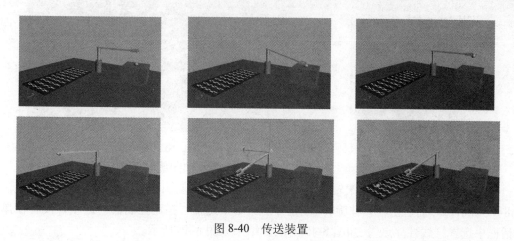

图 8-40　传送装置

操作步骤：

1. 传送带的制作

1）单击菜单栏左侧的快速访问工具栏中的 按钮，然后从弹出的下拉菜单中选择"重置"命令，重置场景。

2）在顶视图中创建多个矩形，然后利用"编辑样条线"中的 附加 命令将它们结合成一个整体。

3）进入 （修改）命令面板，执行"修改器"下拉列表中的"挤出"命令，使二维物体延伸成为三维物体，结果如图 8-41 所示。

图 8-41　利用"挤出"命令将二维物体延伸成为三维物体

4）利用"圆柱体"制作传送带上的滚轴。

提示：为了便于在场景中观看效果，可以进入材质编辑器制作一种"棋盘格"材质，如图8-42所示。然后赋给滚轴，结果如图8-43所示。

图 8-42 制作"棋盘格"材质

图 8-43 赋予滚轴材质

5）选中前视图，激活 自动关键点 按钮，在第 100 帧沿 Z 轴向旋转滚轴 −720°。

6）此时预览滚轴会发现滚轴运动不匀速。为了解决这个问题，只要进入轨迹视窗，如图 8-44 所示。然后右击"Y 轴旋转"，在弹出菜单中选择"指定控制器"选项，接着在弹出对话框中选择"线性浮点"，如图 8-45 所示。结果如图 8-46 所示。

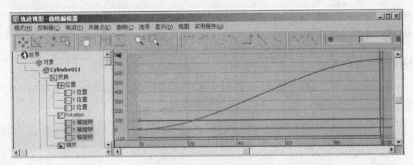

图 8-44 进入轨迹视图

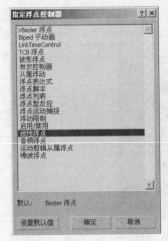

图 8-45 选择"线性浮点"

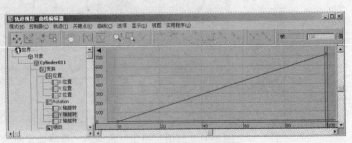

图 8-46 "线性浮点"效果

此时滚轴旋转就正常了。最后复制滚轴如图 8-47 所示。

7）将传送带组成一个整体，便于以后操作。方法：选中场景中所有的物体，执行菜单中的"组 | 成组"命令，在弹出的对话框中设置如图 8-48 所示，单击"确定"按钮。

图 8-47　复制滚轴效果

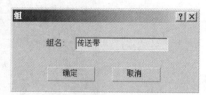

图 8-48　"组"对话框

2. 机械手臂的制作

1）在场景中创建如图 8-49 所示的机械手臂模型（由于比较简单在这里就不做说明了）。

2）制作机械手臂各部位的链接关系。方法：利用工具栏上的 🔗（选择并链接）工具，将抓手链接到手臂，手臂链接到支柱，支柱链接到底座上。此时可以通过单击工具栏上的 🔲（按名称选择）按钮观看结果，如图 8-50 所示。

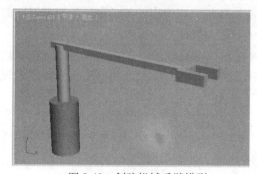

图 8-49　创建机械手臂模型

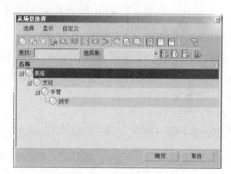

图 8-50　查看链接关系

3）选中机械手臂的手臂部分，进入命令面板中的 🔲（层次）面板，单击 ▭ 仅影响轴 ▭ 按钮，将场景中手臂的轴心点移到与支柱相交处，如图 8-51 所示。

图 8-51　将场景中手臂的轴心点移到与支柱相交处

3. 制作地面茶壶和茶壶下的盒状体

1）这一步十分简单，地面是用"平面"创建的。要注意的是茶壶与机械手臂的抓手之间的大小关系以及场景中每个物体的位置关系。

2）场景中的模型全部完成之后创建一架摄像机，并将透视图切换为摄像机视图，结果如图 8-52 所示。

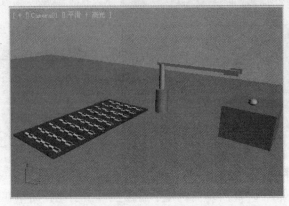

图 8-52　将透视图切换为摄像机视图

4. 制作茶壶的传送过程

1）给茶壶指定控制器。方法：选择茶壶，进入命令面板中的 ◎（运动）面板，选择"变换"，如图 8-53 所示。然后单击 （指定控制器）按钮，在弹出的"指定变换控制器"的面板中选择"链接约束"，如图 8-54 所示，单击"确定"按钮。

2）制作茶壶传递过程。方法：激活 自动关键点 按钮，在第 0 帧单击 添加链接 按钮后拾取场景中的长方体，使茶壶在第 0 帧与盒状体相链接。然后在第 20 帧移动长方体到机械手臂下，如图 8-55 所示。

提示：此时由于茶壶与盒状体相链接，茶壶会随盒状体一起移动。

图 8-53　选择"变换"　　图 8-54　选择"链接约束"　　图 8-55　在第 20 帧移动长方体

3）选中机械手臂的手臂部分，在时间线的第 20 和 30 帧分别单击鼠标右键，在弹出的对话框中设置如图 8-56 所示，单击"确定"按钮，这样就在机械手臂的第 20 和 30 帧分别插入两个关键帧。然后在第 30 帧旋转机械手臂如图 8-57 所示。

4）在第 30 帧选中茶壶，进入命令面板中的 ◎（运动）面板，单击"添加链接"按钮后拾取视图中机械手臂的抓手。这时茶壶在第 30 帧与长方体解除了链接关系，而与抓手链接，此时运动面板如图 8-58 所示。然后再次单击"添加链接"按钮取消激活状态。

图 8-56　创建关键点

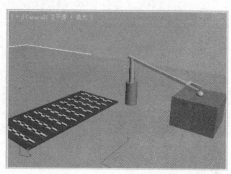

图 8-57　在第 30 帧旋转机械手臂

图 8-58　"运动"面板

5）制作机械手臂的手臂部分的旋转动画。方法：确认激活 自动关键点 按钮。在第 40、50 和 60 帧旋转机械手臂，如图 8-59、图 8-60 和图 8-61 所示。

图 8-59　第 40 帧

图 8-60　第 50 帧

图 8-61　第 60 帧

6）此时预览茶壶到达传送带时不是水平的，如图 8-62 所示。为了解决这个问题，必须选中茶壶，并在第 30 和 60 帧插入两个旋转关键帧，然后确认激活 自动关键点 按钮，在第 60 帧旋转茶壶使之水平，如图 8-63 所示。

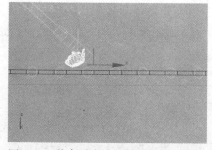

图 8-62　茶壶到达传送带时不是水平的

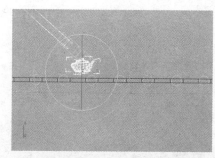

图 8-63　在第 60 帧旋转茶壶使之水平

7）制作茶壶沿传送带传输动画。

提示：茶壶此时由于与抓手相链接，不能直接沿传送带传输，为了解决这个问题必须利用虚拟体。

首先单击"虚拟对象"按钮，如图 8-64 所示。在场景中创建一个虚拟体，并利用工具栏上的 ⊟（对齐）工具将茶壶和虚拟体中心对齐。然后选中茶壶，进入命令面板中的 ◎（运动）面板，在第 60 帧单击"添加链接"按钮后拾取场景中的虚拟体。这样茶壶在第 60 帧与抓手解除链接关系，而与虚拟体建立链接，如图 8-65 所示。最后再次单击"添加链接"按钮取消激活状态。

图 8-64　单击"虚拟对象"按钮

图 8-65　链接显示

选中虚拟体，在时间线上用鼠标右击第 60 帧，在弹出的对话框中设置关键点，如图 8-66 所示，此时就在第 60 帧插入了一个位移关键帧。然后确认激活 自动关键点 按钮，在第 100 帧左视图中移动虚拟体，此时茶壶会随虚拟体一起移动，如图 8-67 所示。

图 8-66　创建关键点

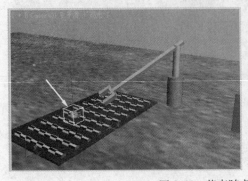

图 8-67　茶壶随虚拟体一起移动

8）至此，整个动画制作完毕。播放动画，即可看到传送装置的动画效果。

8.5　习题

1. 填空题

（1）轨迹视图有 ＿＿＿＿ 和 ＿＿＿＿ 两种不同的模式。

（2）动画控制器按参数类型分类可分为 ＿＿＿＿ 和 ＿＿＿＿ 两种类型。

2. 选择题

（1）制作如图 8-68 所示的小球传递动画需要的动画控制器是（　　）。

A. 链接约束控制器　　B. 路径约束控制器　　C. TCB 控制器　　D. 噪波控制器

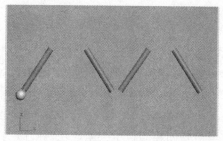

图 8-68　小球传递效果

（2）下列模式不属于"增强曲线超出范围"对话框中的模式的是（　　）。

A. 一致　　　　　　B. 恒定　　　　　　C. 周期　　　　　　D. 往复

3. 问答题/上机练习

（1）制作动画的一般过程是什么？

（2）练习 1：通过轨迹视图制作文字从水平到垂直，然后旋转一周的效果，如图 8-69 所示。

图 8-69　练习 1 效果

（3）练习 2：通过"路径约束"控制器、"噪波"控制器和轨迹视图制作小球沿螺旋线运动、中途停止、然后继续运动到顶端后跳动的效果，如图 8-70 所示。

图 8-70　练习 2 效果

第9章 粒子系统与空间扭曲

本章重点

粒子系统与空间扭曲工具都是动画制作中非常有用的特效工具。粒子系统可以模拟自然界中的真实的烟、雾、飞溅的水花、星空等效果。空间扭曲听起来好像是科幻影片中的特殊效果，其实它是不可渲染的对象，就像是一种无形的力量，可以通过多种奇特的方式来影响场景中的对象，如产生引力、风吹、涟漪等特殊效果。学习本章，读者应掌握常用的粒子系统和空间扭曲工具的使用方法。

9.1 粒子系统

3ds max 2012 中的粒子系统共有 7 种粒子，分别是：PF Source、喷射、雪、超级喷射、暴风雪、粒子阵列和粒子云，如图 9-1 所示。

图 9-1 "粒子系统"面板

创建粒子系统的方法如下。

1）创建一个粒子发射器。单击要创建的粒子类型，在视图窗口中拖拉出一个粒子发射器。所有的粒子系统都要有一个发射器，有的用粒子系统图标，有的则直接用场景中的物体作为发射器。

2）定义粒子的数量。设置粒子发射的"速度"、"开始"发射粒子以及粒子"寿命"等参数，以及给定时间内粒子的数量。

3）设置粒子的形状和大小。可以从标准粒子类型中选择，也可以拾取场景中的对象作为一个粒子。

4）设置初始的粒子运动。主要包括粒子发射器的速度、方向、旋转和随机性。粒子还受到粒子发射器动画的影响。

5）修改粒子的运动。可以在粒子离开发射器之后，使用空间扭曲来影响粒子的运动。

9.1.1 "喷射"粒子

"喷射"粒子是最简单的粒子系统，但是如果充分掌握喷射粒子系统的使用，同样可以创建出许多特效，比如喷泉、降雨等效果。图 9-2 为使用喷射粒子创建的喷泉效果。

打开粒子系统，单击"喷射"按钮，即可看到"喷射"粒子的参数面板，如图 9-3 所示。"喷射"粒子的"参数"卷展栏的各参数解释如下。

1."粒子"选项组

"粒子"选项组用于设定粒子本身的属性。

● "视口计数"用于控制在视图中显示出的粒子的数量。

● "渲染计数"用于控制在渲染输出时的粒子数量。

> 提示：将视图中的粒子数量和渲染输出时的粒子数量分开设置，是因为粒子系统非常占用内存，所以在
> 编辑调整时，可以将数量调少一些，从而加快显示速度。

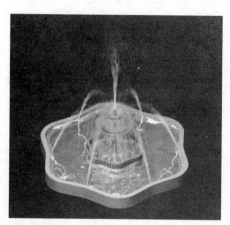

图 9-2 喷泉

图 9-3 "喷射"粒子参数面板

- "水滴大小"用于控制单个粒子的尺寸大小。
- "速度"用于控制粒子从发射器中喷射出来的初始速度。
- "变化"用于控制粒子的喷射方向以及速度发生变化的程度,这个参数可以使各个粒子之间有所不同,其余粒子系统中也有这个参数。
- 选中"水滴"单选框后粒子的形状是水滴状;选中"圆点"单选框后粒子的形状成为点状;选中"十字叉"单选框后粒子形状成为十字形。

2. "渲染"选项组

"渲染"选项组用于设定粒子物体渲染后的显示状态。

选中"四面体"单选框后,渲染时粒子成四面体状的晶体,如图 9-4 所示。

选中"面"单选框后,粒子的每个面都将被渲染输出,如图 9-5 所示。

图 9-4 四面体

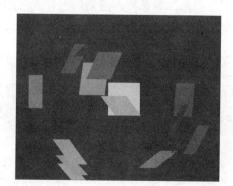

图 9-5 面片状

3. "计时"选项组

"计时"选项组用于设定粒子动画产生的时间。

- "开始"数值框用于设定粒子系统产生粒子的起始时间。

● "寿命"数值框用于设定粒子产生后在视图中存在的时间。

● "出生速率"数值框用于设定粒子产生的速率。

● 选中"恒定"复选框后,粒子产生的速率将被固定下来。

4. "发射器"选项组

"发射器"选项组用于控制发射器是否显示以及显示的尺寸。

● "宽度"数值框用于控制发射器的宽度。

● "长度"数值框用于控制发射器的长度。

● 选中"隐藏"复选框后,发射器将被隐藏起来,不在视图中显示。

9.1.2 "雪"粒子

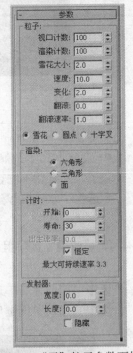

"雪"粒子系统主要用于模拟下雪和乱飞的纸屑等柔软的小片物体,它的参数与"喷射"粒子很相似,它们的区别在于"雪"粒子自身的运动。换句话说,"雪"粒子在下落的过程中可自身不停地翻滚,而"喷射"粒子是没有这个功能的。

打开粒子系统,单击"雪"按钮,即可看到"雪"粒子的参数面板,如图9-6所示。

"雪"粒子的"参数"卷展栏的主要参数解释如下。

1. "粒子"选项组

"粒子"选项组同样是设置物体的自身属性。

● "雪花大小"数值框可设定粒子的尺寸大小。

● "翻滚"数值框可以设定粒子随机翻转变化的程度。

● "翻滚速率"数值框用来设置翻转的频率。

2. "渲染"选项组

选中"六角形"单选框,渲染后雪花成六角星形,如图9-7所示;选中"三角形"单选框,渲染后雪花成三角形,如图9-8所示;选中"面"单选框,渲染后雪花成四方形,如图9-9所示。

图9-6 "雪"粒子参数面板

图9-7 六角星形

图9-8 三角形

图9-9 四方形

9.1.3 "暴风雪"粒子

顾名思义,"暴风雪"粒子系统是很猛烈的降雪,从表面上看,它不过是比"雪"粒子在强度上要大一些,但是从参数上看,它比"雪"粒子要复杂的多,参数复杂主要是为了对粒子的控制性更强。从运用效果上看，可以模拟的自然现象也更多，更为逼真。

打开粒子系统，单击"暴风雪"按钮，即可看到"暴风雪"粒子的参数面板，如图 9-10 所示。

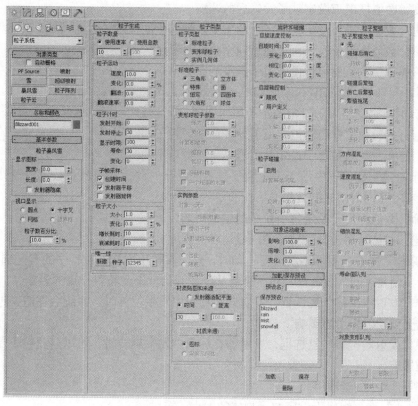

图 9-10　"暴风雪"粒子的参数面板

"暴风雪"粒子面板的主要参数及按钮功能解释如下。

1. "基本参数"卷展栏

"基本参数"卷展栏主要用于设定发射器和视图显示的相关属性。

"暴风雪"粒子的参数很多，其中很多参数在另外几种粒子中同时存在。

"显示图标"选项组中的参数与先前介绍的"喷射"和"雪"粒子基本相同。选中"发射器隐藏"复选框，系统会将发射器隐藏起来。

"视口显示"选项组中可设定粒子在视图中显示的形状，下面 4 个单选框代表了 4 种形状：圆点、十字叉、网格和边界框。

2. "粒子生成"卷展栏

"粒子生成"卷展栏的参数可以定义场景中的粒子数量。由于暴风雪粒子物体会随着时间的不同而改变形状，所以这里的设置比先前介绍的简单粒子系统要复杂一些。

（1）"粒子数量"选项组

"粒子数量"选项组用于设定产生的粒子数量，下面有"使用速率"和"使用总数"两个单选框。单击"使用速率"单选框后，在下面的数值框中可以输入每帧产生的粒子数量。

而选中"使用总数"单选框后，在下面的数值框中可以设置产生的粒子总量。

(2)"粒子运动"选项组

"粒子运动"选项组用于设定物体运动的相关选项。

● "速度"数值框用于设定粒子发射后的速度。

● "变化"数值框用于设定粒子在运动中不规则变化的程度。

● "翻滚"数值框用于设定粒子在运动中的翻滚程度。

● "翻滚速率"数值框用于设定粒子翻滚的频率。

(3)"粒子计时"选项组

"粒子计时"选项组用于设定粒子的周期选项。

● "发射开始"数值框用于设定发射器开始发射粒子的时间。

● "发射停止"数值框用于设定发射器结束发射粒子的时间。

● "显示时限"数值框中用于设定粒子显示的终止时间，利用此参数可以设计出某一时
  间所有粒子同时消失的效果。

● "寿命"数值框用于设定每个粒子的生命周期。

● "变化"数值框用于设定粒子的随机运动的程度。

"子帧采样"是在发射器本身进行运动时，粒子在输出取样的过程中的有关选项。

● 选中"创建时间"复选框，粒子系统从创建开始就不受喷射作用的影响。

● 选中"发射器平移"复选框，发射器在场景中发生位移时，系统会在渲染过程中避免
  粒子受到喷射作用的影响。

● 选中"发射器旋转"复选框，发射器在场景中发生旋转时，可以避免粒子受到喷射作
  用的影响。

(4)"粒子大小"选项组

"粒子大小"选项组用于设定粒子物体的大小。

● "大小"数值框用于设定粒子物体的大小，不过此粒子是系统生成的粒子，而非用户
  自定义的粒子物体。在暴风雪中，用户可以自定义某种物体作为粒子物体。

● "变化"数值框用于设定粒子间大小不同的差异值，这种差异实际上是相当小的。

● "增长耗时"数值框中的数值是粒子物体由开始发射到指定尺寸的时间。

● "衰减耗时"数值框设定粒子物体由开始衰减到完全消失的时间。

(5)"唯一性"选项组

"唯一性"选项组用于设定粒子产生时的外观布局，粒子开始发射时的布局是很随意的，
这实际上是计算机随机安排的一种布局。

● 单击"新建"按钮后，重新设定随机数值。

● "种子"数值框用于设定系统所取的随机数值。

3. "粒子类型"卷展栏

"粒子类型"卷展栏用于设定暴风雪粒子的类型。

(1)"粒子类型"选项组

"粒子类型"选项组用于设定粒子的基本类型。"粒子类型"选项组中有"标准粒子"、"变
形球粒子"和"实例几何体"3种粒子形式可供选择。

- "标准粒子"是系统默认的粒子物体形式，这种粒子形式可以选择多种内部系统提供的方式，用户可以在下面的"标准粒子"栏中选择系统提供的方式。
- "变形球粒子"可用来模拟液体形态的粒子，如图9-11所示。
- "实例几何体"实际上就是由用户指定粒子的形式，这样用户可以自行创建粒子的形状，图9-12所示为指定茶壶为粒子形状的结果。

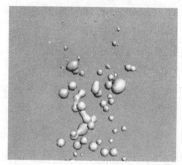

图9-11 变形球粒子

图9-12 指定茶壶为粒子形状

（2）"标准粒子"选项组

"标准粒子"选项组提供了8种标准形式的粒子，如图9-13所示。

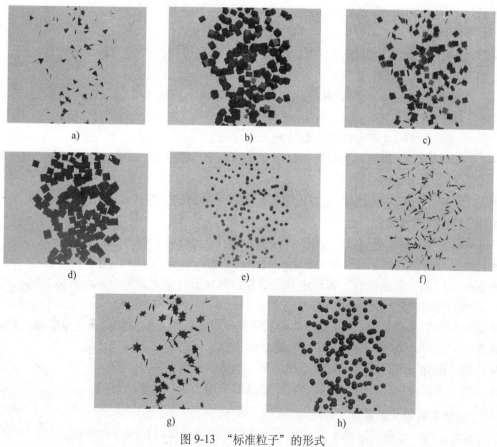

图9-13 "标准粒子"的形式

a）三角形 b）立方体 c）特殊 d）面 e）恒定 f）四面体 g）六角形 h）球体

（3）"变形球粒子参数"选项组

"变形球粒子参数"选项组用于设置用户选择变形球粒子形式时的相关参数。

● "张力"数值框用于设置变形球粒子物体间的紧密程度，该参数值越高，代表粒子物体越容易结合在一起。

● "变化"数值框用于设定"张力"参数值的变化程度。

● "计算粗糙值"用于设定系统对于变形球粒子的计算细节，此参数值越高，系统会忽略越多细节，缩短变形粒子物体的作业时间。

  ① "渲染"和"视口"数值框可分别设定渲染结果和视图的粗糙值。

  ② 选中"自动粗糙"复选框，系统会自动计算"粗糙值"的参数。

  ③ 选中"一个相连的水滴"复选框，系统会将所有的粒子结合成一个粒子。

（4）"实例参数"选项组

"实例参数"选项组用于选中"实例几何体"粒子后的有关设置。"实例几何体"粒子是非常有用的一种粒子形式，在创作过程中，最大的乐趣便是自由，如果只能使用系统提供的几种形状，无疑会约束用户的思维。利用"实例参数"选项组可以创作出奔跑的兽群、飞翔的鸟类等大规模的集群物体。

● 单击"拾取对象"按钮后，可以选中场景中的物体作为粒子物体。

● 选中"使用子树"复选框，选择的物体将包含链接关系，可以将子物体一并选中作为粒子物体。

● "动画偏移关键点"是指当实例物体本身具有动画编辑的关键点时，用户可以设定的动画操作方式。具体有以下 3 种方式：

  ① 单击"无"，实例物体的运动仍然采用原来本身的关键点。

  ② 单击"出生"，设定实例粒子物体以第一个产生的粒子物体为依据，其后产生的粒子物体皆和此粒子物体的形态相同。

  ③ 单击"随机"，以随机形式来决定实例粒子物体的形态，用户可以配合"帧偏移"来设定变化的程度。

● "帧偏移"数值框可设定距离目前多长时间以后物体的形态。

（5）"材质贴图和来源"选项组

"材质贴图和来源"选项组用于设定实例形式的粒子物体的材质来源。

● 选中"发射器适配平面"单选框后，粒子材质将与发射器平面匹配。

● 选中"时间"单选框后，可设定粒子自发射到材质完全表现的时间，具体时间在其下面的数值框中进行设定。

● 选中"距离"单选框后，可在其下面的数值框中设定粒子自发射到材质完全表现的距离。

● 选中"材质来源"按钮后，可以在场景中选择作为材质来源的物体。

● 单击"图标"单选框后，可以选择场景中物体的材质。

● 单击"实例几何体"单选框后，可设定材质来源为实例物体的材质。

4. "旋转与碰撞"卷展栏

"旋转与碰撞"卷展栏中用于设定有关粒子物体自身的旋转和碰撞的参数。

（1）"自旋速度控制"选项组

"自旋速度控制"选项组用于设定粒子旋转运动的相关选项。

●"自旋时间"数值框用于设定粒子物体旋转的时间。

●"变化"数值框用于设定旋转效果的变化程度。

●"相位"数值框用于设定粒子物体旋转的初始角度。

●"变化"数值框用于设定相位的变化程度。

(2)"自旋轴控制"选项组

"自旋轴控制"选项组用于设定粒子发生旋转作用时的轴向控制。

●单击"随机"单选框后可随机选取旋转轴向。

●单击"用户定义"单选框后,用户可以自行定义粒子的旋转轴向,下面的 X、Y、Z 轴向以及(变化)数值框用于设置旋转轴向。

(3)"粒子碰撞"选项组

"粒子碰撞"选项组用于设定各个粒子在运动过程中发生碰撞的有关设置。

●选中"启用"复选框后,允许在粒子系统的生成过程中发生粒子碰撞事件。

●"计算每帧间隔"数值框用于设定每帧动画中粒子的碰撞次数。

●"反弹"数值框用于设定粒子碰撞后发生反弹的程度。

●"变化"数值框用于设定粒子碰撞的变化程度。

5."对象运动继承"卷展栏

"对象运动继承"卷展栏用于设定有关粒子物体在运动体系中反映的选项。

●"影响"数值框用于设定粒子受到发射位向的影响程度,该数值越大,所受到的影响也就越大。

●"倍增"数值框用于设定粒子受到发射器位向影响时的繁殖数量。

●"变化"数值框用于设定"倍增"的变化程度。

6."粒子繁殖"卷展栏

"粒子繁殖"指的是这样一种现象:在粒子发生碰撞的情况下,会产生新的粒子。使用好这一类参数能够模仿出两个物体相撞的逼真效果。

(1)"粒子繁殖效果"选项组

"粒子繁殖效果"选项组用于设定粒子碰撞后所产生的效果的相关选项。

●单击"无"单选框后,粒子物体在碰撞后不会产生任何效果。

●单击"碰撞后消亡"单选框后,可使粒子碰撞后消失。

●"持续"和"变化"数值框分别控制碰撞后存留的时间以及变化程度。

●单击"碰撞后繁殖"单选框后,碰撞后的粒子物体会在移动时产生新的次粒子物体。

●单击"消亡后繁殖"单选框后,粒子物体会在破灭时产生新的次粒子物体。

●单击"繁殖拖尾"单选框后,碰撞后的粒子物体会沿运动轨迹产生新的次粒子物体。

●"繁殖数"数值框用于设定产生新的次粒子的数量。

●"影响"数值框用于设定有多少比例的粒子会产生新的次粒子。

●"倍增"数值框用于设定粒子在碰撞后会以多少倍率的数量产生新的次粒子。

●"变化"数值框可设定"倍增"参数变化程度。

（2）"方向混乱"选项组

"方向混乱"选项组用于设定增生粒子物体在运动方向的随机程度。

（3）"速度混乱"选项组

"速度混乱"选项组用于设定增生粒子物体在速度上的随机选项。

● "因子"数值框用于设定碰撞后粒子产生速度变化的要素值，当参数为0时不会产生任何变化。下面的"慢"、"快"和"二者"3个单选框用于设定碰撞后粒子的速度变化趋势。

● 选中"继承父粒子速度"复选框后，新生的粒子物体以母体的速度作为变化的依据。

● 选中"使用固定值"复选框后，系统会以一个固定的值作为速度的变化。

（4）"缩放混乱"选项组

"缩放混乱"选项组用于设定粒子新生后在尺寸上的随机选项。

● "因子"数值框用于设定碰撞后粒子产生尺寸变化的要素值，当参数值为0时不会产生任何变化。下面的"向下"、"向上"和"二者"3个单选框代表尺寸变化的3种趋势。

● 选中"使用固定值"复选框后，系统会以一个固定的值作为尺寸的变化。

（5）"寿命值队列"选项组

"寿命值队列"选项组用于让用户指定次粒子的生命周期。

● 单击"添加"按钮，可将"生命"数值框所设定的参数增加到列表框中；单击"删除"按钮，将删除生命列表框中的参数；单击"替换"按钮，将替换生命列表框中的参数。

● "寿命"数值框中的数值是次粒子物体的生命值。

（6）"对象变形队列"选项组

"对象变形队列"选项组中提供了在关联粒子物体以及次粒子物体间进行切换的能力。

● 单击"拾取"按钮，可将场景中拾取的物体加入到"对象变形队列"列表框中。

● 单击"删除"按钮，可将"对象变形队列"列表框中的物体删除。

● 单击"替换"按钮，可用选中的物体取代"对象变形队列"列表框中的物体。

7．"加载/保存预设"卷展栏

"加载/保存预设"卷展栏用于直接载入或保存先前设置好的参数。全部重新设置很复杂，而粒子系统描述的很多场景都是自然现象，在许多场合都比较类似，用户可以多次调用设置好的参数，从而大大提高工作效率。

● "预设名"是预先设置好的参数资料名称。

● 单击"加载"按钮，可载入需要的参数资料。

● 单击"保存"按钮，可存储设置好的参数资料。

● 单击"删除"按钮，可将列表框中选中的参数资料删除。

9.1.4 "粒子阵列"粒子

"粒子阵列"同暴风雪一样，也可以将其他物体作为粒子物体，用户可以利用粒子阵列轻松地创建出气泡、碎片或者是熔岩等特效。图9-14为利用"粒子阵列"制作出的"地雷爆炸"时的碎片效果。

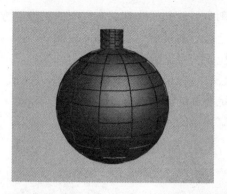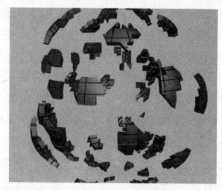

图 9-14　"地雷爆炸"效果

打开粒子系统，单击"粒子阵列"按钮，即可看到"粒子阵列"的参数面板，如图 9-15 所示。

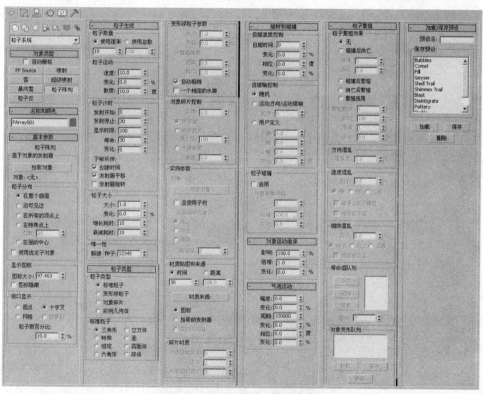

图 9-15　"粒子阵列"的参数面板

"粒子阵列"参数面板的主要参数及按钮功能解释如下。

1. "基本参数"卷展栏

"基本参数"卷展栏的参数与"暴风雪"的基本参数有所不同，粒子阵列增加了一个拾取发射器的功能，即可以选择粒子发射器作为粒子物体。单击"基于对象的发射器"选项组中的"选取对象"按钮，就能够在场景中任意选择物体作为粒子发射器。

"粒子分布"选项组用于设定发射器的粒子发射方式。粒子阵列共有以下5种发射方式。

- 单击"在整个曲面"单选框后，系统会设定粒子的发射位置为物体表面。
- 单击"沿可见边"单选框后，系统会设定粒子的可见沿边。
- 单击"在所有的顶点上"单选框后，系统会设定粒子的顶点。
- 单击"在特殊点上"单选框后，系统会设定粒子的特殊点。
- 单击"在面的中心"单选框后，系统会设定粒子的表面中心。

图9-16为5种情况的比较。

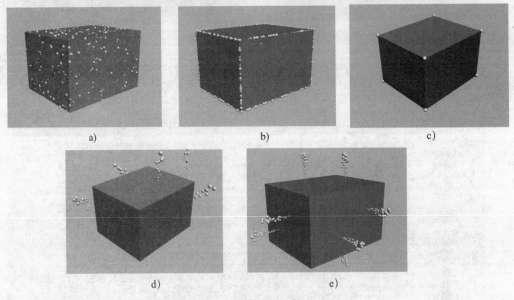

图9-16　5种情况的比较

a）在整个曲面　b）沿可见边　c）在所有的顶点上　d）在特殊点上（此时设为5）　e）在面的中心

- 选中"使用选定子对象"复选框后，只将选中的物体的一部分作为物体发射的位置，如图9-17所示。

图9-17　选中"使用选定子对象"复选框后的效果

2. "气泡运动"卷展栏

"粒子阵列"与"暴风雪"相比，多了一个"气泡运动"卷展栏，在其中可以设定粒子物体气泡运动的相关参数。所谓"气泡运动"，是指物体在运动过程中自身的一些振动。

- ●"幅度"数值框用于设定粒子进行左右摇晃的幅度。
- ●"变化"数值框用于设定"幅度"的变化程度。
- ●"周期"数值框用于设定粒子物体振动的周期。
- ●"变化"数值框用于设定"周期"的变化程度。
- ●"相位"数值框用于设定粒子在初始状态下距离喷射方向的位移。
- ●"变化"数值框用于设定"相位"的变化程度。

9.1.5 "粒子云"粒子

　　"粒子云"粒子适合于创建云雾，参数与"粒子阵列"基本类似，其中粒子种类有一些变化。系统默认的粒子云系统是静态的，如果想让设计的云雾动起来，可通过调整一些参数来录制动画。

　　打开粒子系统，单击"粒子云"按钮，即可看到"粒子云"粒子的参数面板，如图 9-18所示。

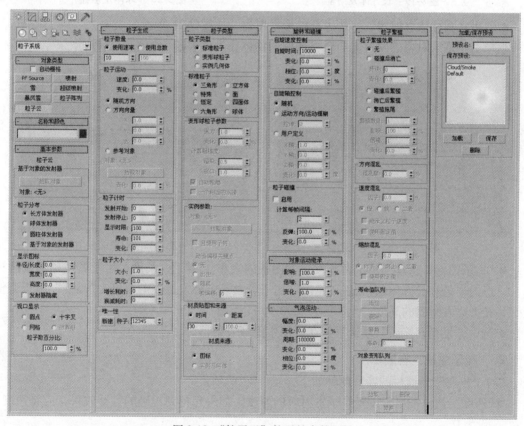

图 9-18　"粒子云"粒子的参数面板

　　"粒子云"参数面板的主要参数解释如下。

1. "基本参数"卷展栏

　　"基本参数"卷展栏的各参数解释如下。

- 激活"拾取对象"按钮,可以在场景中选择物体作为发射器的基体。当用户在"粒子分布"选项组中选择了"基于对象的发射器"选项时,"选取对象"按钮才可用。
- 单击"长方体发射器"将选用一个立方体形状的发射器,如图 9-19 所示。
- 单击"球体发射器"将选用球形发射器,如图 9-20 所示。

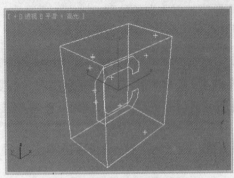 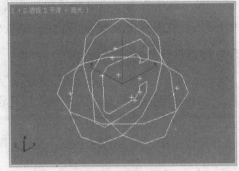

图 9-19　长方体发射器　　　　　　　　　图 9-20　　球体发射器

- 单击"圆柱体发射器"将选用圆柱形发射器,如图 9-21 所示。
- 单击"基于对象的发射器"会将选取的物体作为发射器,如图 9-22 所示。

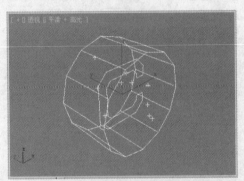 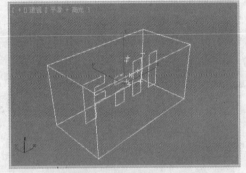

图 9-21　圆柱体发射器　　　　　　　　　图 9-22　基于对象的发射器

- "显示图标"选项组用于调整发射器图标的大小。"半径 / 长度"用于调整球形或圆柱形的半径和长方体的长度;"宽度"用于调整长方体发射器的宽度;"高度"用于调整长方体发射器的高度。
- 选中"发射器隐藏"复选框将在视图中隐藏发射器。

2. "粒子生成"卷展栏

"粒子生成"卷展栏的参数解释如下。

- "速度"数值框用于设置粒子发射时的速度。如果想得到正确的容器效果,应将速度设为 0。
- "变化"数值框用于设置发射速度的变化百分数。
- 单击"随机方向"单选框,可控制粒子发射方向为任何方向随机发射。
- 单击"方向向量"单选框,可由 X/Y/Z 组成的矢量控制发射方向。
- 单击"参考对象"单选框,将沿指定的对象的 Z 轴发射粒子。
- "变化"数值框可控制方向变化的百分比。

9.1.6　"超级喷射"粒子

　　"超级喷射"是"喷射"的增强粒子系统,它可以提供准确的粒子流。"超级喷射"与"喷射"粒子的参数基本相同,不同之处在于它自动从图标的中心喷射而出,并且超级喷射并不需要发射器。超级喷射用来模仿大量的群体运动,电影中常见的奔跑的恐龙群、蚂蚁奇兵等都可以用此粒子系统制作。

　　打开粒子系统,单击"超级喷射"按钮,即可看到"超级喷射"粒子的参数面板,如图 9-23 所示。图 9-24 为以茶壶作为发射粒子的效果。

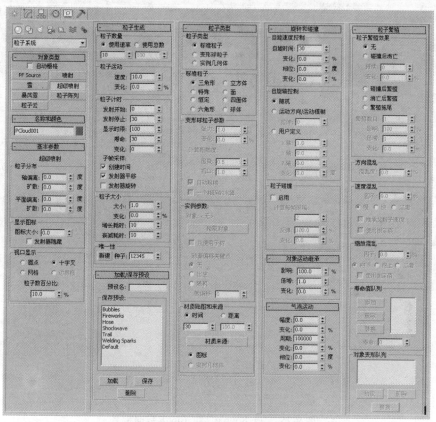

图 9-23　"超级喷射"粒子的参数面板

图 9-24　以茶壶作为发射粒子的效果

9.1.7 "PF Source"粒子

通常所说的高级粒子系统,也就是"PF Source"粒子,它的创建方法没有特别之处,与其他粒子系统一样。

打开粒子系统,单击"PF Source"按钮,即可看到"PF Source"粒子的参数面板,如图9-25所示。

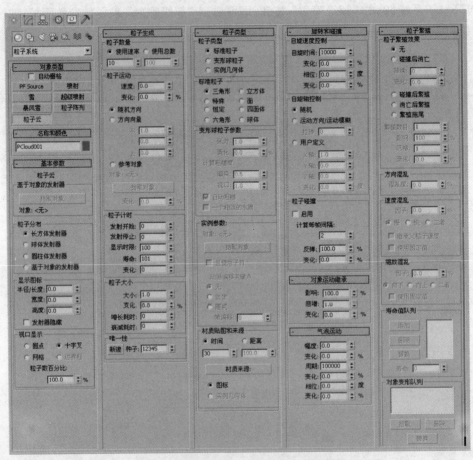

图9-25 "PF Source"粒子的参数面板

PF Source 粒子与先前介绍的粒子系统最为不同的一点是它是一种具有"事件触发"类型的粒子系统。也就是说,它生成的粒子状态可以由其他事件引发而进行改变。这个特性大大地增强了粒子系统的可控性,从效果上来说,它可以制作出千变万化、无比真实的粒子喷射场景。图9-26为使用 PF Source 产生的一群鱼的效果。

图9-26 使用 PF Source 产生的一群鱼的效果

9.2 空间扭曲

"空间扭曲"工具是 3ds max 系统提供的一个外部插入工具，通过它可以影响视图中移动的对象以及对象周围的三维空间，最终影响对象在动画中的表现。

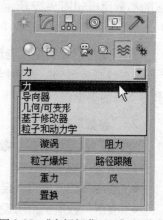

图 9-27 "空间扭曲工具"的种类

3ds max 2012 中空间扭曲工具分为 5 类：力、导向器、几何 / 可变形、基于修改器、粒子和动力学，如图 9-27 所示。

空间扭曲看起来有些像修改器，但是两者的区别在于空间扭曲影响的是世界坐标，而修改器影响的却是物体自己的坐标。

当用户创建一个空间扭曲物体时，在视图中显示的是一个线框符号，可以像别的物体一样对空间扭曲的符号进行变形处理，这些变形都可以改变空间扭曲的作用效果。

（1）创建空间扭曲的步骤

1）单击创建面板中的 ≋（空间扭曲）面板，在下拉列表中选择合适的类别。

2）选择要创建的空间扭曲工具按钮。

3）在视图中拖动鼠标，即可生成一个空间扭曲工具图标。

（2）使用空间变形的步骤

1）创建一个空间扭曲对象。

2）利用工具栏上的 ≋（绑定到空间扭曲）按钮，将物体绑定到空间扭曲对象上。

3）调整扭曲的参数。

4）对空间扭曲进行平移、旋转、比例缩放等调整。

下面以"力"类型为例说明一下空间扭曲参数面板中的参数。3ds max 2012 中"力"空间扭曲面板包括 9 种力，分别是：推力、马达、漩涡、阻力、粒子爆炸、路径跟随、置换、重力和风，如图 9-28 所示。

图 9-28 "力"空间扭曲面板

9.2.1 重力

"重力"也就是重力系统，它用于模拟自然界的重力，可以作用于粒子系统或动态效果，它的参数面板如图 9-29 所示。

"重力"参数面板的各参数解释如下。

1. "支持对象类型"卷展栏

"支持对象类型"卷展栏有"粒子系统"和"动态效果"两种重力支持的类型。

2. "参数"卷展栏

"参数"卷展栏的各参数解释如下。

(1)"力"选项组

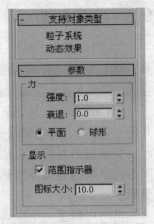

图 9-29 "重力"参数面板

● "强度"数值框用于定义重力的作用强度。

● "衰退"数值框用于设置远离图标时的衰减速度。

● 单击"平面"单选框,将使用"平面"力场,平面力场可使粒子系统喷射的粒子或物体沿箭头方向运动。

● 单击"球形"单选框,将使用"球形"力场,球形力场将吸引粒子或物体向球面符号运动。图 9-30 为"平面"和"球形"力场的比较。

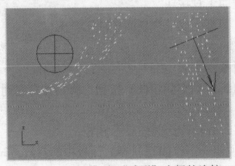

图 9-30 "平面"和"球形"力场的比较

(2)"显示"选项组

● 选中"范围指示器"复选框,当"衰退"值大于 0 时,用于指示力场在什么位置衰减到了原来的一半。

● "图标大小"数值框可定义图标的大小。

9.2.2 风

"风"用于模拟风吹对粒子系统的影响,粒子在顺风方向加速运动,在迎风方向减速运动。风与重力系统非常相似,风增加了一些自然界中风的特点,比如气流的紊乱等,它的参数面板如图 9-31 所示,大部分参数与重力系统相同,这里只说明一下"风"选项组。

"风"空间扭曲的"参数"卷展栏中的"风"选项组的主要参数解释如下:

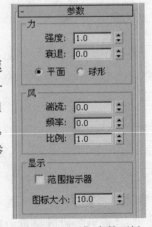

图 9-31 "风"参数面板

● "湍流"数值框用于定义风的紊乱量。

● "频率"数值框用于定义动画中风的频率。

● "比例"数值框用于定义风对粒子的作用程度。

9.2.3 置换

"置换"空间扭曲可以模拟力场对物体表面的三维变形效果，与"置换"修改器效果类似，它的参数面板如图 9-32 所示。

"置换"空间扭曲"参数"卷展栏的主要参数解释如下。

1. "置换"选项组

- "强度"数值框用于设置"置换"工具的作用效果，当值为 0 时，没有效果，值越大效果越明显。
- "衰退"数值框用于设置置换强度从强到弱的衰减程度。
- 选中"亮度中心"复选框将使用"亮度中心"。
- "中心"数值框用以设置以哪一级灰度值作为亮度中心值，缺省值是 50%。

2. "图像"选项组

"图像"选项组用于选择图像作为错位影响。

- 单击"无"按钮可以指定一幅用于图片置换。
- "移除位图"按钮用于去除该图片。
- "模糊"数值框用于定义图像的模糊程度，以便增加错位的真实感。

图 9-32 "置换"参数面板

3. "贴图"选项组

"贴图"选项组用于定义所采用的贴图类型。

- "平面"、"柱形"、"球形"和"收缩包裹"用于控制以何种方式将图片映射为置换效果。
- "长度"、"宽度"和"高度"数值框用于控制空间扭曲工具的大小，高度并不影响平面贴图效果。
- "U/V/W 向平铺"用于控制在 UVW 平面上的平铺。

9.2.4 粒子爆炸

"粒子爆炸"空间扭曲用于产生一次冲击波，使粒子系统发生爆炸，它的参数面板如图 9-33 所示。

"粒子爆炸"空间扭曲的"基本参数"卷展栏的主要参数解释如下。

1. "爆炸对称"选项组

- "球形"、"柱形"和"平面"用于控制不同的爆炸对称类型。
- "混乱度"数值框用于设置爆炸的混乱程度。

2. "爆炸参数"选项组

该选项组用于设置爆炸的参数。

- "开始时间"数值框用于设置爆炸发生的时间帧数。
- "持续时间"数值框用于定义爆炸持续的时间。

图 9-33 "粒子爆炸"参数面板

- "强度"数值框用于设定爆炸的强度。
- 单击"无限范围"单选框表示爆炸影响整个场景范围。
- 单击"线性"单选框表示爆炸力量以线性衰减。
- 单击"指数"单选框表示爆炸力量以指数衰减。
- "范围"数值框用于确定爆炸的范围,它从空间扭曲的图标中心开始计算。

9.2.5 漩涡

"漩涡"空间扭曲应用于粒子系统,会对粒子施加一个旋转的力,使它们形成一个漩涡,类似龙卷风,可以很方便地创建黑洞、漩涡或漏洞状的物体,它的参数面板如图 9-34 所示。

"漩涡"空间扭曲的"参数"卷展栏的主要参数解释如下。

1."旋涡外形"选项组

"旋涡外形"选项组用于控制漩涡的大小形状。

- "锥化长度"数值框用于控制漩涡的长度,较小值会使漩涡看起来比较紧,而较大值可以得到稀松的漩涡。
- "锥化曲线"数值框用于控制漩涡的外形,较小值时的漩涡开口比较宽大,而较大值可以得到几乎垂直的入口。

2."捕获和运动"选项组

"捕获和运动"选项组包含了一系列对漩涡的控制。

- 选中"无限范围"复选框,漩涡将在无限范围内发挥作用。
- "轴向下拉"数值框用于控制粒子在漩涡内沿轴向下落的速度。
- "范围"数值框用于定义轴向阻尼具有完全作用的范围。
- "衰减"数值框用于定义在轴向阻尼的完全作用范围之外分布范围。
- "阻尼"数值框用于定义轴向阻尼。
- "轨道速度"数值框用于控制粒子旋转的速度。
- "径向拉力"数值框用于控制粒子开始旋转时与轴的距离。

图 9-34 "漩涡"参数面板

3."显示"选项组

"显示"选项组用于控制视图中图标的显示大小。

9.2.6 阻力

"阻力"空间扭曲其实就是一个粒子运动阻尼器,在指定的范围内以特定的方式减慢粒子的运动速度,可以是线性的、球状的或圆柱形的。在模拟风的阻力或粒子在水中的运动时有很好的效果,它的参数面板如图 9-35 所示。

"阻尼特性"选项组是它特有的选项组,通过它可以选择不同的阻尼器形式,以及一系列的参数设置,它的各参数解释如下。

- 选中"无限范围"复选框,阻尼效果将在无限的范围内产生相同的大小作用;不选中,则"范围"和"衰减"就会起作用。

- 选中"线性阻尼"单选框，会根据阻尼工具本身的坐标定义一个 XYZ 矢量，每个粒子都要受到垂直于这个矢量的平面的阻尼，阻尼平面的厚度由"范围"决定。
- "X/Y/Z 轴"用于定义在阻尼工具本身的坐标方向上影响粒子的程度，也就是粒子在阻尼工具本身坐标轴方向上受到的阻尼程度。
- "范围"数值框用于定义阻尼平面的厚度，在此平面厚度内，阻尼作用是 100% 的。
- "衰减"数值框用于定义阻尼在"范围"以外，以线性规律衰减的范围。
- 选中"球形阻尼"单选框，阻尼器图标显示为两个同心的球，离子的运动被分解为径向和切向，球形阻尼分别在这两个方向对粒子施加作用，作用范围由相应的"范围"和"衰减"确定。
- 选中"柱形阻尼"单选框，阻尼器图标显示为两个套在一起的圆柱，阻尼工具分别在"径向"、"切向"和"轴"对粒子施加作用，作用范围分别由相应的"范围"和"衰减"确定。

图 9-35 "阻力"参数面板

9.2.7　路径跟随

"路径跟随"空间扭曲可使粒子沿着某一条曲线路径运动，它的参数面板如图 9-36 所示。

"路径跟随"空间扭曲的参数面板的各参数解释如下。

1. "当前路径"选项组

该选项组用于选择作为样条曲线路径的物体。

- 单击"拾取图形对象"按钮可以在视图中指定某个对象作为路径。
- 选中"无限范围"复选框后，"范围"数值框将不可使用。
- "范围"数值框用于指定从路径到粒子的距离。

2. "运动计时"选项组

"运动计时"选项组用于设置运动的时间参数。

- "开始帧"数值框用于确定粒子开始跟随路径运动的起始时间。
- "通过时间"数值框用于确定粒子通过整个路径需要的时间帧数。
- "变化"数值框用于设置粒子随机变化的比率。
- "上一帧"数值框用于确定粒子不再跟随路径运动的时间。

3. "粒子运动"选项组

"粒子运动"选项组用于控制粒子沿路径运动的方式。

图 9-36 "路径跟随"参数面板

- 选中"沿偏移样条线"单选框表示粒子沿着与原样条曲线有一定偏移量的样条曲线运动。
- 选中"沿平行样条线"单选框表示所有粒子从初始位置沿着平行于路径的样条曲线运动。
- 选中"恒定速度"复选框表示粒子以相同的速度运动。
- "粒子流锥化"数值框用于设置粒子在一段时间内从路径移开的幅度。
- 选中"会聚"单选框，所有的粒子在运动时汇聚在路径上。
- 选中"发散"单选框，所有的粒子在运动时沿路径越来越分散。
- 选中"二者"单选框，粒子在运动时产生两种效果。
- "漩涡流动"数值框用于设定粒子绕路径旋转的圈数。
- "顺时针"、"逆时针"和"双向"用于控制粒子运动的方向。

4. "唯一性"选项组

"唯一性"选项组中的"种子"数值框用于为当前的路径跟随效果设置一个随机的种子数。

9.3 实例讲解

本节将通过"茶壶倒水"和"茶壶摔碎后被风吹走"两个实例来讲解空间扭曲和粒子系统的应用。

9.3.1 茶壶倒水

 要点：

本例将制作茶壶倒水效果，如图9-37所示。学习本例，读者应主要掌握"喷射"粒子、"重力"空间扭曲的综合应用。

图9-37 茶壶倒水效果

 操作步骤：

1. 创建茶杯和茶壶造型

1）单击菜单栏左侧的快速访问工具栏中的 按钮，然后从弹出的下拉菜单中选择"重置"命令，重置场景。

2）在顶视图中创建一个圆柱体，设置参数及结果如图9-38所示。

3）选择圆柱体，进入 （修改）命令面板，执行修改器中的"锥化"命令，参数设置及结果如图9-39所示。

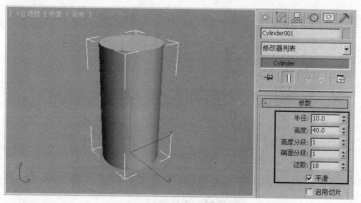

图 9-38 创建圆柱体

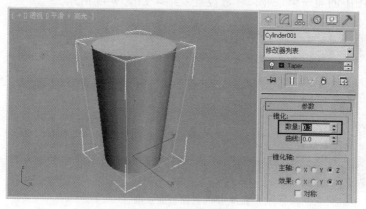

图 9-39 "锥化"效果

4) 复制圆柱体。方法:按快捷键〈Shift〉键单击视图中的模型,在弹出的对话框中选择"复制",如图 9-40 所示,然后单击"确定"按钮。此时原地复制圆柱体模型。

5) 选择视图中的复制后的圆柱体模型,进入 (修改)命令面板修改参数,然后将其向上移动,如图 9-41 所示。

图 9-40 选择"复制"选项

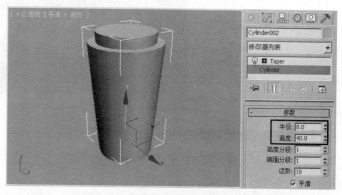

图 9-41 调整复制的圆柱体的位置和参数

6) 选择原来的圆柱体模型,通过"布尔"运算减去复制后的圆柱体,结果完成茶杯的制作,如图 9-42 所示。

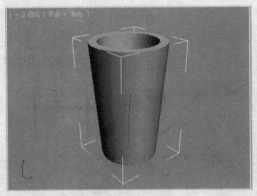

图 9-42　茶杯模型

7）在顶视图中创建一个茶壶，参数设置及结果如图 9-43 所示。

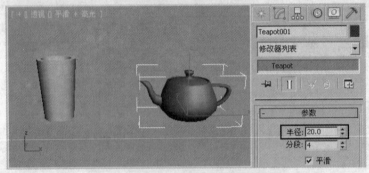

图 9-43　创建茶壶模型

8）在顶视图中创建一个长方体作为桌面，放置位置如图 9-44 所示。

图 9-44　创建长方体作为桌面

2. 创建茶壶中的水流造型

下面通过"喷射"粒子系统创建茶壶的水流，并通过"重力"和"导向板"扭曲对象确定水流的方向和位置。

1）在顶视图中创建一个"喷射"粒子系统，如图 9-45 所示。

2）利用工具栏上的 ⊕（选择并移动）和 ○（选择并旋转）工具将粒子的发射方向调整为向上，并移到茶壶嘴边，如图 9-46 所示。

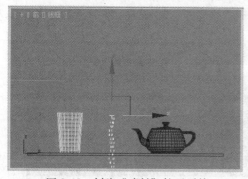

图 9-45　创建"喷射"粒子系统　　　　图 9-46　调整"喷射"粒子系统的位置

3）选择视图中的"喷射"粒子系统，利用工具栏上的 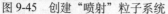（选择并链接）工具，将其链接到茶壶对象上。此时移动茶壶可以看到粒子跟随茶壶一起移动。

4）现在给水流创建一个地球引力使水流向下。方法：单击 ≋（空间扭曲）按钮，然后单击其下的"重力"按钮，接着在顶视图中创建一个重力矩形图标，设置参数如图 9-47 所示。

5）选择工具栏上的 ≋（绑定到空间扭曲）工具，将视图中的"喷射"捆绑到"重力"上。此时水流受到重力影响向下流动，如图 9-48 所示。

图 9-47　设置"重力"参数

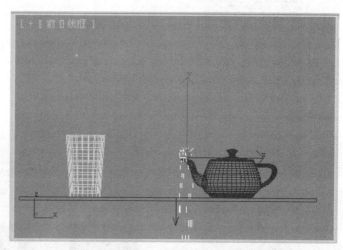

图 9-48　"喷射"捆绑到"重力"上的效果

3. 录制动画

1）在第 0 帧设置场景如图 9-49 所示。

2）单击动画控制区中的 自动关键点 按钮，打开动画录制器，将时间滑块移到 30 帧，移动茶壶到如图 9-50 所示的位置。然后再次单击 自动关键点 按钮，关闭动画录制器。

图 9-49　设置第 0 帧场景

图 9-50　录制第 30 帧的场景

3）此时水流在第 0 帧就开始流下，这是不正确的。为了解决这个问题，进入 （修改）命令面板的"喷射"级别，将"开始"数值框由 0 改为 30，如图 9-51 所示。

4）将时间滑块移动到第 100 帧，会发现水流穿透茶杯，如图 9-52 所示。为了解决这个问题需添加一个"导向板"，将水流挡在茶杯内。方法：单击 （空间扭曲）按钮，选择  ，然后单击其下的"导向板"按钮，在顶视图中创建一个导向板。接着在命令面板中设置参数如图 9-53 所示，放置位置如图 9-54 所示。

5）选择工具栏上的 （绑定到空间扭曲）工具，将视图中的"喷射"粒子捆绑到导向板上。此时导向板会挡住透过茶杯的粒子。

图 9-51　设置"喷射"开始时间

图 9-52　水流会穿透茶杯效果

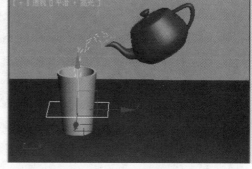

图 9-53 设置"导向板"参数　　　　图 9-54 导向板放置位置

6）单击动画控制区中的 自动关键点 按钮，打开动画录制器，将时间滑块移到 30 帧，设置"喷射"的水滴大小为 3.5；然后将时间滑块移到 80 帧，设置"喷射"的水滴大小为 0。接着再次单击 自动关键点 按钮，关闭动画录制器。

7）制作茶壶倒水后的复位动画。方法：选择视图中的茶壶，在时间轴上按下〈Shift〉键将第 0 帧复制到第 100 帧，第 30 帧复制到第 80 帧。

8）执行菜单中的"渲染|渲染"命令，将文件渲染输出"倒水茶壶 .avi"文件。图 9-37 所示的是不同帧时的渲染结果。

9.3.2 茶壶摔碎后被风吹走

 要点：

本例将制作茶壶摔碎后被风吹走的效果，如图 9-55 所示。学习本例，读者应掌握"粒子阵列"粒子、轨迹视图、"重力"和"风"空间扭曲的综合应用。

图 9-55 茶壶摔碎后被风吹走效果

 操作步骤：

1. 制作茶壶0～50帧向下加速运动

1）单击菜单栏左侧的快速访问工具栏中的 按钮，然后从弹出的下拉菜单中选择"重置"命令，重置场景。

2）在顶视图中创建一个茶壶，参数设置及结果如图9-56所示。

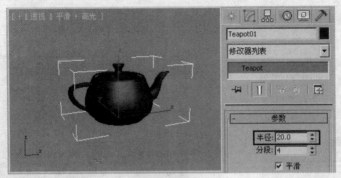

图9-56 创建茶壶

3）在第50帧打开 自动关键点 按钮，将茶壶在前视图向下移动一段距离，然后关闭动画录制按钮。

4）此时预览动画可以发现茶壶向下运动不是加速的。为了解决这个问题，可以单击 （曲线编辑器）按钮，进入轨迹视图，如图9-57所示。然后单击 （移动关键点）按钮，调节节点的控制柄如图9-58所示。此时预览茶壶运动就正常了。

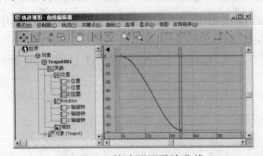
图9-57 轨迹视图默认曲线

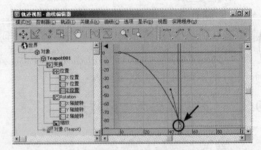
图9-58 修改后曲线

2. 制作茶壶50帧后摔碎，茶壶体消失

1）在场景中创建一个"粒子阵列"粒子系统，然后单击 拾取对象 按钮后点中场景中的茶壶模型。接着选择视图中创建的"粒子阵列"，进入 （修改）命令面板，单击"对象碎片"，如图9-59所示，使茶壶以物体碎片方式破碎。

2）在"基本参数"卷展栏的"视图显示"选项组中单击"网格"，如图9-60所示。

提示：这是为了让茶壶50帧后在视图中以碎片方式显示。

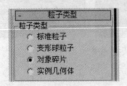
图9-59 单击"对象碎片"

图9-60 单击"网格"

3）在"粒子类型"卷展栏的"物体碎片控制"选项组中单击"碎片数目"选项。然后设置其下的"最小值"值100，这样所有表面将随机组合，产生100个大的碎片，各碎片的

大小和形状都是随机的。接着设置"厚度"值为 1，如图 9-61 所示，这样每个碎片的厚度将增加，更具有立体感。结果如图 9-62 所示。

图 9-61 设置"物体碎片控制"选项组参数

图 9-62 茶壶破碎效果

4）此时茶壶碎片和原来材质不一致，为了解决这个问题可以在"材质贴图和来源"选项组中，单击"材质来源"按钮，然后拾取视图中的茶壶，此时茶壶碎片材质就和茶壶材质一致了，结果如图 9-63 所示。接着设定碎片开始显现的时间为 50 帧，设定如图 9-64 所示。

图 9-63 单击"材质来源"按钮拾取视图中的茶壶效果

图 9-64 设置"发射开始"数值为 50

5）对茶壶增加可视曲线。方法：单击 （曲线编辑器）按钮，进入轨迹视窗，然后执行轨迹视图菜单中"模式|摄影表"命令，切换到摄影表模式。接着在左侧选择"Teapot01"，执行菜单中的"轨迹|可视性轨迹|添加"命令，添加可视性轨迹，如图 9-65 所示。

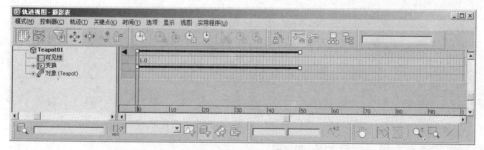

图 9-65 添加可视性轨迹

6）此时看不到可视性轨迹，为了解决这个问题，可以选中项目窗口中的"可视性"并单击鼠标右键，在弹出菜单中选择"指定控制器"选项，如图 9-66 所示。然后在弹出菜单中选择"启用 / 禁用"选项，如图 9-67 所示，单击"确定"按钮，结果如图 9-68 所示。

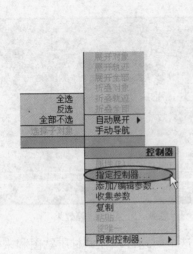

图 9-66　选择"指定控制器"选项　　　图 9-67　选择"启用 / 禁用"选项

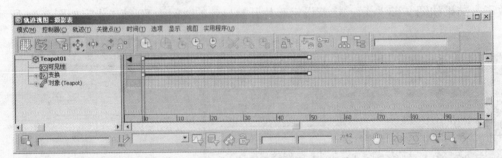

图 9-68　显示可视性轨迹

7）设置茶壶 50 帧后隐藏效果。方法：单击轨迹视窗工具栏上的 （插入关键点）按钮，在可视性轨迹的第 50 帧上单击，结果如图 9-69 所示。此时预览可以看到茶壶在 50 帧后消失了，取而代之的是茶壶碎片。

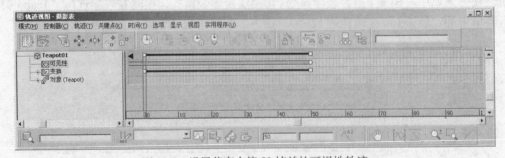

图 9-69　设置茶壶在第 50 帧前的可视性轨迹

3. 制作茶壶撞击导向板后的反弹效果

在顶视图中创建一个导向板，设置参数如图 9-70 所示。然后利用 （绑定到空间扭曲）工具约束"粒子阵列"粒子。

4. 制作茶壶碎片受重力影响效果

1）在顶视图中创建一个"重力"，如图 9-71 所示。然后利用 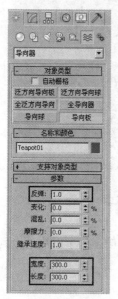（绑定到空间扭曲）工具约束"粒子阵列"粒子。

2）此时预览会发现有两个问题要解决，一是茶壶碎片反弹高度太高；二是茶壶碎片在 80 帧后消失而不是在 100 帧，且碎片散开速度太快。下面先来解决第 1 个问题。方法：选中导向板后进入 （修改）命令面板，将"反弹"数值设为 0.4 即可，如图 9-72 所示。

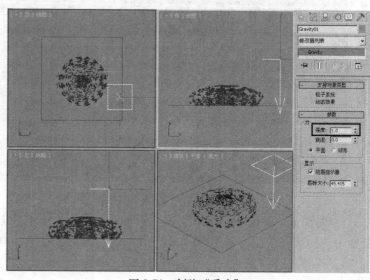

图 9-70　设置"导向板"参数　　　　　　图 9-71　创建"重力"

3）解决第 2 个问题。方法：选择"粒子阵列"进入修改面板，回到"粒子阵列"级别，将"粒子定时"选项组下的"寿命"数值由 30 改为 50，将"粒子运动"选项组下的"速度"由 10 改为 2 即可，如图 9-73 所示。

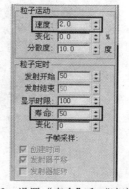

图 9-72　设置"反弹"参数　　　图 9-73　设置"寿命"和"速度"参数

5. 制作茶壶碎片70帧后被风吹走的效果

1）在顶视图中创建一个"风"，如图 9-74 所示。然后利用 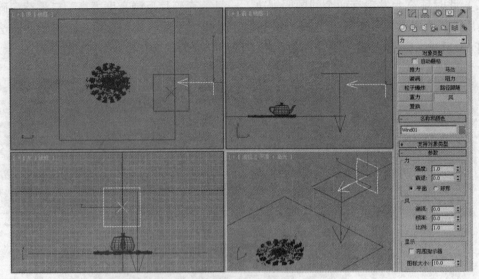（绑定到空间扭曲）工具约束"粒子阵列"。

图 9-74　创建"风"

2）此时预览会发现，茶壶碎片是在 50 帧就被吹走了而不是 70 帧，为了解决这个问题，需要单击动画录制按钮，将第 70 帧时"风"的"强度"值设为 0，第 100 帧时的"风"的强度"强度"值设为 1。

6. 完成场景中的灯光部分

1）在顶视图中创建一个长方体作为桌面，放置位置如图 9-75 所示。

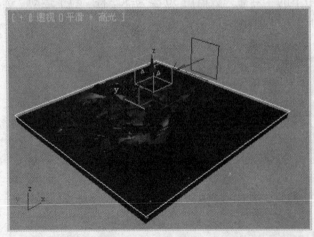

图 9-75　创建桌面

2）在场景中放置一盏"泛光灯"，放置位置如图 9-76 所示，并使之显示阴影。

3）执行菜单中的"渲染 | 渲染"命令，将文件渲染输出成"茶壶摔碎后被风吹走 .avi"文件。

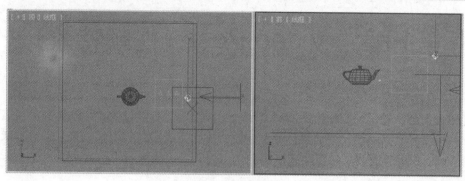

图 9-76　创建泛光灯

9.4　习题

1. 填空题

（1）3ds max 2012 粒子系统共有 7 种粒子，分别是 _____、_____、_____、_____、_____、_____ 和 _____。

（2）3ds max 2012 中空间扭曲工具分为 5 类，分别是 _____、_____、_____、_____ 和 _____。

2. 选择题

（1）"雪"粒子系统主要用于模拟下雪和乱飞的纸屑等柔软的小片物体，它的参数与下面哪种粒子很相似？（　）

　　A. 喷射　　　　B. 超级喷射　　　　C. 暴风雪　　　　D. 粒子阵列

（2）3ds max 2012 中哪种空间扭曲面板包括推力、马达、漩涡、阻力、粒子爆炸、路径跟随、置换、重力和风 9 种作用力？（　）

　　A. 导向器　　　B. 粒子和动力学　　C. 基于修改器　　D. 力

3. 问答题/上机练习

（1）空间扭曲工具与一般的修改工具有什么不同？

（2）练习 1：利用"喷射"粒子制作喷泉，如图 9-77 所示。

（3）练习 2：利用"超级喷射"制作水泡效果，如图 9-78 所示。

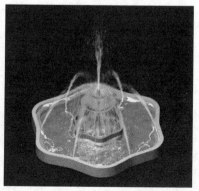

图 9-77　练习 1 效果

图 9-78　练习 2 效果

第10章　Video Post（视频特效）

本章重点

通过前面各章的学习制作出来的只是一些半成品，只有经过 Video Post 的深加工（主要指编辑片段、音效搭配以及添加各种滤镜特效）才能完成最终的动画效果。学习本章，读者应掌握 Video Post 界面及事件、序列概念和常用视频合成滤镜的使用方法。

10.1　Video Post界面介绍

后期制作是三维动画制作的最后一个步骤，利用它可以制作出令人难以置信的动画效果。后期制作的目的是剪接样片、配合声音效果以及增加镜头特效。3ds max 是通过自带的 Video Post 来完成此项工作的。

3ds max 2012 中的 Video Post 的工作方法是：先将场景调入编辑队列中，再加入针对此场景的事件，最后将编辑效果输出。

执行菜单中的"渲染|Video Post"命令，即可进入 Video Post 界面。

Video Post 界面分为 5 个区域，分别是：编辑工具栏、队列视图、时间编辑视图、视图控制工具和状态栏，如图 10-1 所示。

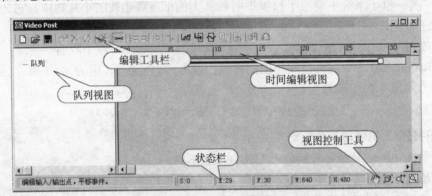

图 10-1　Video Post 界面组成

1. 编辑工具栏

编辑工具栏提供了 Video Post 编辑所需要的全部工具。

- （新建序列）：新建影响后期制作序列。
- （打开序列）：打开用户指定的序列。
- （保存序列）：将当前编辑的序列存盘。
- （编辑当前事件）：对当前编辑的事件进行设定。
- （删除当前事件）：删除当前选中的事件。
- （交换事件）：将选中的两个事件的顺序相互交换。
- （执行序列）：将编辑好的序列渲染输出。

　　（编辑范围栏）：选定编辑的范围。

　　（将选定项靠左对齐）：将队列中的所有选中事件左对齐，使其能够在同一时间开始。

　　（将选定项靠右对齐）：将队列中的所有选中事件右对齐，使其能够在同一时间结束。

　　（使选定项大小相同）：将队列中的选取事件的作业时间长度设为相同。

　　（关于选定项）：使选中的两个事件靠在一起，目的是使这两个事件能够连续执行。

　　（添加场景事件）：在队列中增加一个作业场景。

　　（添加图像输入事件）：在动态影像中加入静态影象作为特殊效果。

　　（添加图像过滤事件）：在影像中加入滤镜特殊效果。

　　（添加图像分层事件）：用于将两个子级事件以某种特殊方式与父级事件合成在一起。

　　（添加图像输出事件）：系统能将事件以不同的格式进行输出，用户可指定要存储的文件及位置。

　　（添加外部事件）：用于添加外部事件。

　　（添加循环事件）：系统会在影像中加入循环处理效果。

2. 队列视图

Video Post 对话框左侧区域为队列视图，队列视图是以分支树的形式列出后期处理序列中包括的所有事件。

事件就是编辑的内容，通常一个完整的后期制作至少需要 3 个事件：场景事件、滤镜事件和输出事件。

- 场景事件：调入需要进行后期制作的场景。
- 滤镜事件：对场景物体进行影像处理的有关设置。
- 输出事件：将编辑好的场景进行输出。

3. 时间编辑视图

Video Post 对话框右侧区域为时间编辑视图，视图中深蓝色的范围线表示事件作用的时间段，当选中某个事件以后，编辑窗口中对应的范围线会变成红色。

选择多条范围线可以进行各种对齐操作。双击某个事件的范围线可以通过它的参数控制面板进行参数设置。

范围线两端的方块标志了该事件的最初一帧和最后一帧，拖动两端的方块可以加长和缩短事件作用的时间范围，拖动两端方块之间的部分则可以整体移动范围线。当范围线超出了给定的动画帧数时，系统会自动添加一些附加帧。

4. 视图控制工具

视图控制工具主要用于控制时间编辑视图的显示。

　　（平移）：可以将时间编辑视图上下左右移动，方便观察。

　　（最大化显示）：将队列中所有事件的编辑线条在时间编辑视图中最大化显示。

　　（缩放时间）：选择该工具后，可以在时间视图中通过左右移动鼠标指针来缩放时间。

　　（缩放区域）：选择该工具后，可以对动画轨迹进行缩放，对时间轨迹进行水平缩放，用鼠标上下位移，来查看看不见的全局时间区域。

5. 状态栏

"状态栏"位于视图控制工具左方，其中各个数值框中的数值意义如下：S（Start）代表起始帧、E（End）代表结束帧、F（Frame）代表目前的编辑的帧总数、W（Width）代表输出影像的宽度、H（Height）代表输出影像的高度。

10.2 滤镜特效类型

3ds max 2012 中有 11 种滤镜特效，分别为：淡入淡出、底片、对比度、简单擦拭、镜头效果高光、镜头效果光斑、镜头效果光晕、镜头效果焦点、图像 Alpha、伪 Alpha 和星空。下面主要讲解镜头效果高光、镜头效果光斑、镜头效果光晕 3 种常用的滤镜特效。

10.2.1 镜头效果高光

"镜头效果高光"可以制作明亮的、星形的高光区，用户可以在有光泽的材质对象上使用它。比如：一个吊灯的金属边缘闪闪发光，如图 10-2 所示。用户可以决定物体的哪一部分将被添加高光效果，还可以决定这些高光效果将如何被应用。

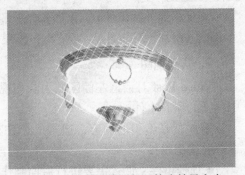

图 10-2　吊灯边缘添加了镜头效果高光

1. 添加"镜头效果高光"滤镜的方法

执行菜单中的"渲染 | Video Post"命令，单击 ⊠（添加场景事件）按钮，在弹出的对话框中选择渲染视图，如图 10-3 所示，单击"确定"按钮。然后单击 ⊟（添加图像过滤事件）按钮，在弹出的对话框中选择"镜头效果高光"滤镜，如图 10-4 所示，单击"确定"按钮。

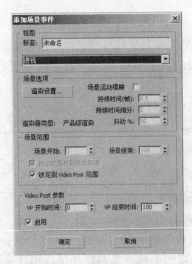

图 10-3　选择渲染视图

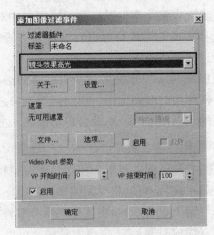

图 10-4　选择"镜头效果高光"滤镜

2. 操作界面

在"队列视图"中双击"镜头效果高光"滤镜，在弹出的"编辑图像过滤事件"对话框中单击"设置"按钮,进入"镜头效果高光"设置对话框。然后单击"预览"按钮,预览结果如图 10-5 所示。

　　"镜头效果高光"滤镜参数设置面板的上半部分为预览区域,在预览区域里用户可以实时看到滤镜设置的效果。3d max 将使用默认的场景来表现滤镜的效果。按下"VP队列"按钮后,在"属性"面板中选择事先设定好的"对像 ID"号或"效果 ID"号,这时预览窗口内会显示具体场景中的效果。

图 10-5 "镜头效果高光"对话框

　　(1)"属性"选项卡

　　属性选项卡包括"源"和"过滤"两个选项组。

　　1)"源"选项组中,可以应用一个镜头效果高光到场景中任何"G 缓冲区"数据所对应的对象上。

- 选中"全部"复选框后会将镜头效果高光应用到整个场景,而不只是一个单独的几何体。
- 选中"对象 ID"复选框后会将镜头效果高光应用到一个场景中对应指定对象 ID 号的对象上。指定对象 ID 号的方法是选中对象,然后单击右键,在弹出的"对象属性"对话框中设定对象 ID 号,如图 10-6 所示。
- 选中"效果 ID"复选框后会将镜头效果高光应用到具有一个效果 ID 号的对象上。指定效果 ID 号是通过在材质编辑器中分配给材质一个材质效果通道实现的,如图 10-7 所示。

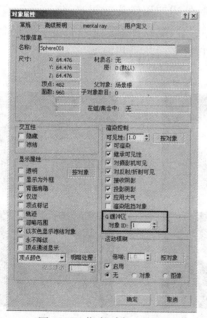

图 10-6 指定对象 ID 号

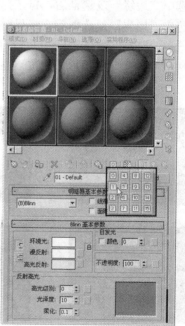

图 10-7 指定材质 ID 号

- 选中"非钳制"复选框,当场景包含明亮的金属高光区或爆炸的时候,3ds max 将跟踪这些容易出现"热区"的像素点。微调器让用户决定被选定作为镜头效果高光的像素的最低亮度值。纯粹的白色对应一个 1 的值。当这个微调器被设定成 1 的时候，任何一个像素在具有高于 255 的亮度是都将会发光。

- 选中"曲面法线"选项，将基于对象表面法线和摄像机的角度来选择镜头效果高光。数值设置为 0 则表示与屏幕平行的面；设置为 90 则表示正交，也就是对屏幕的垂直线；如果设定为 45，则只有法线角度比 45° 大的表面将会发光。
- "遮罩"是指高光图像的蒙版通道。微调器的数值代表了一个蒙版中灰色的层次，当这个参数被设定，蒙版图像中任何灰度值比这个值大的像素都会在最后的图像中发光。用户可以通过单击右边的"I"按钮反转这个值，它的取值范围是 0 到 255。
- Alpha 选项是指图像的 Alpha 通道，它的作用与图像蒙版通道相反。
- "Z 高"和"Z 低"选项，是根据一个物体到摄像机的距离来设置镜头效果高光。"Z 高"是最大的距离，"Z 低"是最小的距离，在它们之间的所有对象将会被选定为镜头效果高光。

2)"过滤"选项组用于对高光区进行进一步的过滤。比如：场景中有两个物体都具有相同的对象 ID 号，但是有不同的颜色。如果用户设定镜头效果高光为对象 ID1，那么镜头效果高光将只被应用到这两个物体上。而"过滤"选项组可以使用户更精确地控制镜头效果高光具体应用到哪个物体上，它包括"全部"、"周边 Alpha"、"边缘"、"周界"、"亮度"和"色调"6 个选项组。

- 选中"全部"复选框后，场景中所有的像素都将应用镜头效果高光。
- 选中"周界 Alpha"复选框后，将以对象的 Alpha 通道为基础应用镜头效果高光。
- 选中"边缘"复选框后，将选择所有的边缘像素应用一个镜头效果高光。
- 选中"周界"复选框后，将只对对象边缘的外边应用镜头效果高光。
- 选中"亮度"复选框后，可根据微调器重新设定的一个亮度值过滤镜头效果高光对象。
- 选中"色调"复选框后，可根据对象的色调过滤镜头效果高光。

图 10-8 为 6 种选项的比较图。

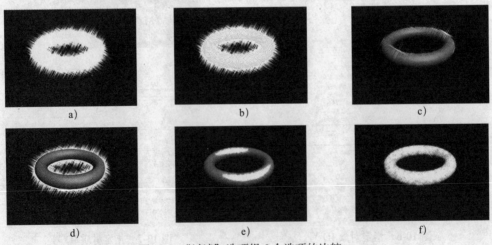

a)	b)	c)
d)	e)	f)

图 10-8 "过滤"选项组 6 个选项的比较

a) 选中"全部"选项　b) 选中"周边 Alpha"选项　c) 选中"边缘"选项
d) 选中"周界"选项　e) 选中"亮度"选项　　f) 选中"色调"选项

（2）"几何体"选项卡

"几何体"选项卡包括"效果"、"变化"和"旋转"3 个选项组，如图 10-9 所示。

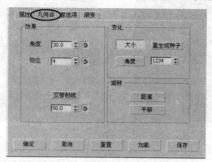

图 10-9　"几何体"选项卡

1）"效果"选项组用于设置"镜头效果高光"的"角度"和"上限"。

● "角度"用于设定镜头效果高光的角度，图 10-10 为不同"角度"值的比较。

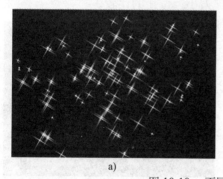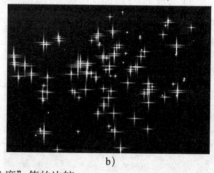

a)　　　　　　　　　　　　　　　　b)

图 10-10　不同"角度"值的比较

a) 角度为 30°　b) 角度为 0°

● "钳位"用于设定需要存在多少个像素才可以创建一个镜头效果高光，图 10-11 为不同"钳位"值的比较。

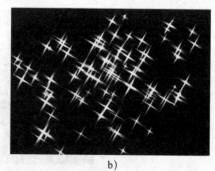

a)　　　　　　　　　　　　　　　　b)

图 10-11　不同"钳位"值的比较

a) 钳位为"100"　b) 钳位为"1"

● 激活"交替射线"按钮，可改变高光点周围光线的长度，它是以光线的完整长度为基础，根据微调器中的数值设置变化的百分比，关闭它后将恢复原有光线的长度，如图 10-12 所示。

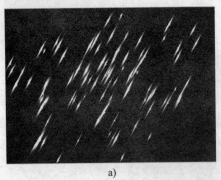 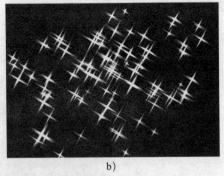

a) b)

图 10-12 激活和关闭"交替射线"按钮的比较

a）激活"交替射线"按钮并将数值设为 30 b）关闭"交替射线"按钮

2）"变化"选项组用于给镜头效果高光加入随机的变化。

● 激活"大小"按钮，可随机改变每个高光区的尺寸大小。关闭"大小"按钮，每个高光点将是等大的。图 10-13 为激活和关闭"大小"按钮的比较。

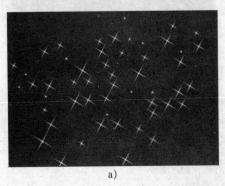 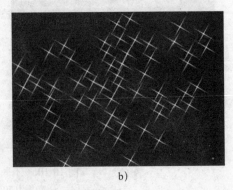

a) b)

图 10-13 激活和关闭"大小"按钮的比较

a）激活"大小"按钮 b）关闭"大小"按钮

● 激活"角度"按钮可改变每个高光区光线的方向，如图 10-14 所示。

图 10-14 激活"角度"按钮

● 激活"重生成种子"按钮，可强迫使用一个不同的随机数产生新的随机效果。

3）"旋转"选项组用于控制镜头效果高光根据它们在场景中的相对位置自动地旋转。

● 激活"距离"按钮，可在屏幕中前后方向移动高光点时自动地旋转每个高光点。移动越快，它们将会旋转得越快，如图 10-15 所示。

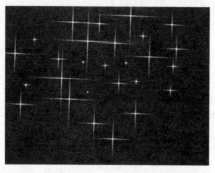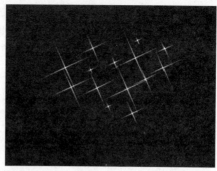

图 10-15　前后平移高光点效果

- 激活"平移"按钮，可在屏幕中上下左右平移高光点时自动旋转高光效果，如图 10-16 所示。

图 10-16　上下左右平移高光点效果

（3）"首选项"选项卡

"首选项"选项卡包括"场景"、"距离褪光"、"效果"和"颜色"4 个选项组，如图 10-17 所示。

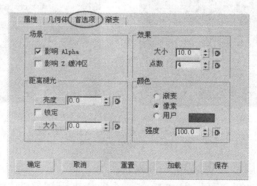

图 10-17　"首选项"选项卡

1）"场景"选项组包括"影响 Alpha"和"影响 Z 缓冲区"两个复选框。

- 选中"影响 Alpha"复选框后，当渲染图像到一个 32 位色的文件格式时，高光设置会影响图形的 Alpha 值。
- "影响 Z 缓冲区"决定高光是否影响图像的 Z 缓冲区。选中这个复选框，高光效果离摄像机的距离将被记录下来,以便能在一些可以利用 Z 缓冲区的特别效果中被使用。

2)"距离褪光"选项组用于设置"亮度"和"大小"参数。

● 激活"亮度"按钮可以根据镜头效果高光距摄像机的距离来变化高光效果的亮度。

● 激活"大小"按钮可以根据镜头效果、高光距摄像机的距离来变化高光效果的大小。

● 选中"锁定"选项可以同步锁定"亮度"和"大小"的数值。

3)"效果"选项组用于设置"大小"和"点数"参数。

● "大小"数值框用于控制镜头效果高光的尺寸大小,它以像素为单位计算。图 10-18 为不同"大小"值的比较。

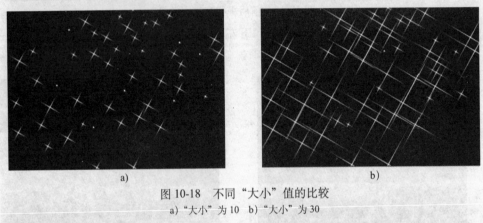

图 10-18　不同"大小"值的比较
a)"大小"为 10　b)"大小"为 30

● "点数"数值框用于控制镜头效果高光产生的光线的数目。图 10-19 为不同"点数"值的比较。

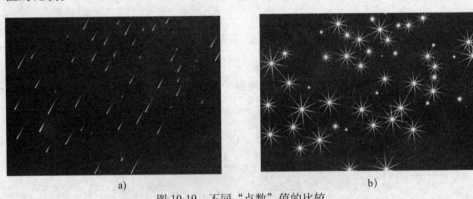

图 10-19　不同"点数"值的比较
a)"点数"为 10　b)"点数"为 30

4)"颜色"选项组用于设定高光点的颜色。

● 选中"渐变"单选框,可根据"渐变"选项栏来设置镜头效果高光。

● 选中"像素"单选框,可根据高光点的像素颜色来创建高光效果,这是系统默认的选项,它的计算速度最快。

● 选中"用户"单选框,可根据后面颜色框的颜色来改变高光点的颜色。

● "强度"数值框用于控制高光区的强度或亮度,它的取值范围为 0~100。图 10-20 为不同"强度"值的比较。

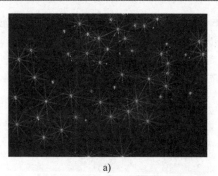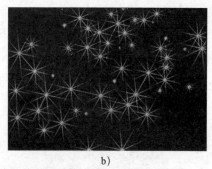

a)　　　　　　　　　　　　　　　　　　b)

图 10-20　不同"强度"值的比较

a)"强度"为 50　b)"强度"为 100

（4）"渐变"选项卡

"渐变"选项卡中有"径向颜色"、"径向透明度"、"环绕颜色"、"环绕透明度"和"径向大小"5 条渐变条，如图 10-21 所示。

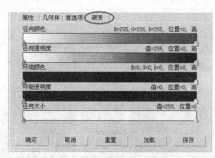

图 10-21　"渐变"选项卡

要在渐变条上增加一个标志块，只需要双击渐变条上相应的位置就可以了。要编辑标志块的颜色也是在标志块上双击。要删除一个标志块，只需将标志块拖动到渐变条的两端最边缘处。

10.2.2　镜头效果光斑

"镜头效果光斑"滤镜可模拟镜头在光源下因反射所造成的光斑效果，如图 10-22 所示。

图 10-22　"镜头效果光斑"滤镜效果

1. 添加"镜头效果光斑"滤镜的方法

执行菜单中的"渲染|Video Post"命令，单击 ⬚（添加场景事件）按钮，在弹出的对话

框中选择渲染视图，如图10-23所示，单击"确定"按钮。然后单击 （添加图像过滤事件）按钮，在弹出的对话框中选择"镜头效果光斑"滤镜，如图10-24所示，单击"确定"按钮。

图 10-23　选择渲染视图

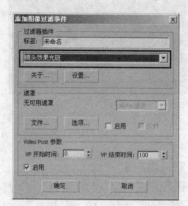

图 10-24　选择"镜头效果光斑"滤镜

2. 操作界面

在"队列视图"中双击"镜头效果光斑"滤镜，在弹出的"编辑图像过滤事件"对话框中单击"设置"按钮，进入"镜头效果光斑"设置对话框，如图10-25所示。

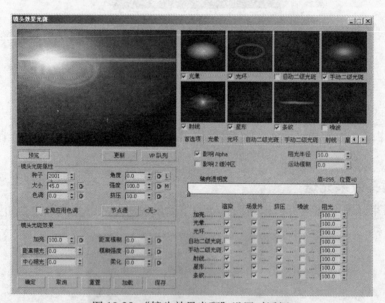

图 10-25　"镜头效果光斑"设置对话框

光斑特效的设置面板分为左右两部分，左面是物体特性参数，右面则是针对光斑的各个子项目进行具体设置。

（1）总体特性参数

单击"预览"按钮后，可在最上面的窗口中预览效果。单击"更新"按钮后，观察窗口内会随时更新效果。单击"VP队列"按钮后，观察窗口内会显示光斑在具体场景中的效果。

1）"镜头光斑属性"选项组可设置"镜头效果光斑"的全局属性。

●"种子"数值框中是光斑发生的起始值。

● "大小"数值框用于设置"镜头效果光斑"的大小。图 10-26 为不同"大小"值的比较。

a)   b)

图 10-26 不同"大小"值的比较
a)"大小"为 5   b)"大小"为 20

● "色调"数值框在选中"全局应用色调"选项后可控制对"镜头效果光斑"应用光源像素的色调的比例。

● "角度"数值框用于设置"镜头效果光斑"旋转的角度。

● "强度"数值框用于控制"镜头效果光斑"的全局亮度和不透明度。

● "挤压"数值框用于控制水平或垂直压缩"镜头效果光斑"的大小，为不同的渲染帧的长宽比做比例补偿。比如，如果为了在电视上使用而转换一个电影胶片，应用"挤压"可以使"镜头效果光斑"在屏幕上看起来比例恰当，虽然一个画面宽度为 35mm 的胶片的长宽比远比一般的电视要大得多（前者为 16∶9，后者为 4∶3）。

● 激活"节点源"按钮可以在场景中选中一个物体作为光斑的发生源。通常这个源物体是虚拟物体，并不实际渲染。在场景中移动源物体，就能够使光斑跟着移动。

2）"镜头光斑效果"选项组

"镜头光斑效果"选项组可设置特殊的全局效果，比如衰减、加亮和柔化处理等。

● "加亮"数值框用于设定整个图形的全局亮度。

● 激活"距离褪光"按钮，可在它的数值框设置与摄像机的距离衰减镜头的光斑效果。

● 激活"中心褪光"按钮，可沿着"镜头光斑效果"的主轴衰减次级闪光。

● "距离模糊"数值框可根据和摄像机的距离模糊镜头的光斑效果。

● "模糊强度"数值框可在"距离模糊"被应用时设置模糊的强度。

● "柔化"数值框可设置全局的柔化处理效果。图 10-27 为不同"柔化"值的比较。

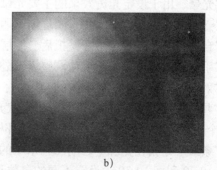

a)   b)

图 10-27 不同"柔化"值的比较
a)"柔化"为 0   b)"柔化"为 10

（2）选项卡参数

"镜头效果光斑"包括"首选项"、"光晕"、"光环"、"自动二级光斑"、"手动二级光斑"、"射线"、"星形"、"条纹"和"噪波"9个选项卡。

1)"首选项"选项卡主要控制光斑各个组成部分的作用程度，如图 10-28 所示。其中大部分内容和前面所提到的内容有很多相似的地方。

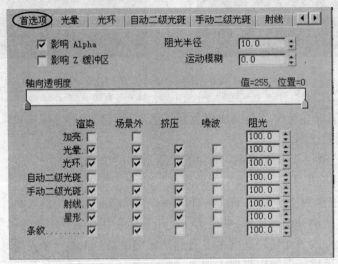

图 10-28 "首选项"选项卡

- "阻光半径"数值框用于设定透镜闪耀效果从背后穿过一个遮挡住它的对象时，对象边缘开始模糊的半径。
- "运动模糊"数值框用于设定在渲染时是否对一个动画的透镜闪耀效果使用运动模糊。
- 选中"渲染"下的复选框，相应的组成部分就会生效。
- "场景外"复选框的作用是表示光斑在场景外面是否被显示。
- "挤压"复选框的作用是表示相应的光斑组成部分是否被挤压。
- 选中"噪波"复选框，将影响"渲染"的每一个部分的效果。
- "阻光"数值框用于设置阻光度。
- "加亮"用于设定光斑效果的亮度。
- "光晕"用于设定光斑效果的主要光晕效果。
- "光环"是指光斑周围的一圈逐渐减弱的光环。
- "自动二级光斑"可用来模拟后一级层次的外围光晕。
- "手动二级光斑"用于手动调整模拟外围光晕。
- "射线"是指从中心放射出的光线。
- "星形"是指光源中心周围的放射状光线轨迹。一个星形效果比射线效果大，且由6个或更多的芒角组成，而不像射线那样有数百道的光线。
- "条纹"是指在光源中心的一种水平的光线特效。

图 10-29 和图 10-30 为设置不同的参数和选项卡使光斑的特性发生变化的效果。

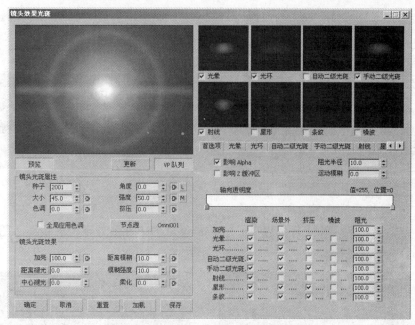

图 10-29　参数、选项卡改变前的效果

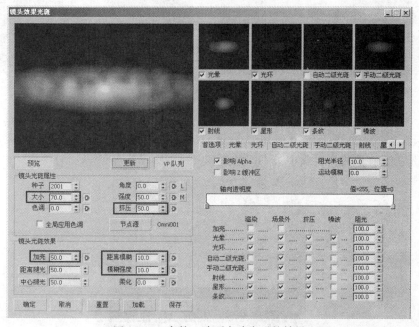

图 10-30　参数、选项卡改变后的效果

2）"光晕"选项卡可以设置光晕的有关选项，如图 10-31 所示。

● "大小"数值框用于设定"光晕"的直径，它是以渲染帧画面大小的百分比来计算的。

● "色调"数值框用于设定"光晕"的颜色。

● "隐藏在几何体后"用于将"光晕"效果置于几何体对象的背后。

3）"光环"选项卡用于设置光环的相关选项，如图 10-32 所示。

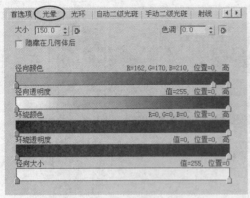 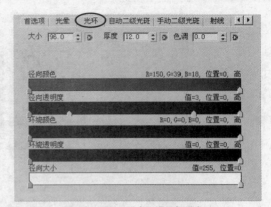

图 10-31 "光晕"选项卡　　　　　　　　图 10-32 "光环"选项卡

"厚度"数值框用于设定环的厚度,它控制环从内半径到外半径的距离。图 10-33 为不同厚度值的比较。

 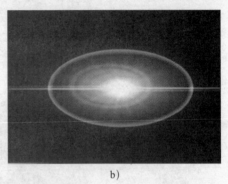

　　　　　　a)　　　　　　　　　　　　　　　　　　b)

图 10-33 不同"厚度"值的比较

a)"厚度"为 50　b)"厚度"为 10

4)"自动二级光斑"选项卡用于设置自动二级光斑的相关选项,如图 10-34 所示。这些光斑是由光在照相机镜头中被不同的透镜元件折射所产生的。

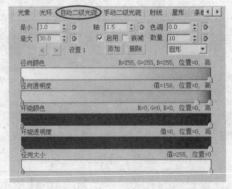

图 10-34 "自动二级光斑"选项卡

- ●"最小"数值框可控制目前的组中二级光圈的最小尺寸。
- ●"最大"数值框可控制目前的组中二级光圈的最大尺寸。
- ●"设置 1"可用来选定用于渲染的二级光圈的闪耀效果组。

● "轴"数值框用于定义二级闪耀效果的光轴的长度。增大这个值则每个光圈之间的距离增大，反之距离减小，它的取值范围从 0~5。

● 选中"启用"复选框可启用这一组自动二级光圈效果。

● 选中"衰减"复选框可启用轴向衰减。

● "数量"数值框可控制出现在当前效果组中的光圈的数目。

● 圆形 用于控制闪耀光圈的形状。 默认值是圆形，用户可以选择 3~8 边的光圈效果。

5）"手动二级光斑"选项卡用于设置手动二级光斑的相关选项，如图 10-35 所示。

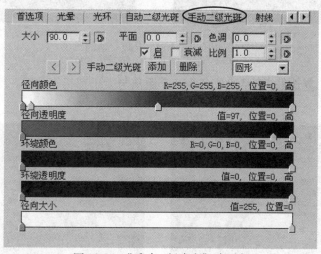

图 10-35 "手动二级光斑"选项卡

"平面"数值框用于控制光源和手动二级光斑之间的距离。正值是在光源之前放置次级光斑效果，而负值则把次级光斑效果放在光源的背后。

6）"射线"选项卡用于设置射线的相关选项，如图 10-36 所示。

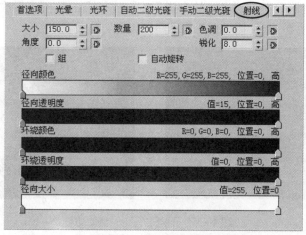

图 10-36 "射线"选项卡

● "角度"数值框用于设置光线的角度。可以使用光线的正值或者负值,这样在制作动画的时候,光线将沿顺时针或逆时针方向旋转。图10-37为不同"角度"值的比较。

a)   b)

图10-37   不同"角度"值的比较
a)"角度"为0°   b)"角度"为30°

● 选中"组"复选框,可将光线分为8个距离与大小都相等的组。图10-38为选中"组"前后的比较。

a)   b)

图10-38   选中"组"选项前后的比较
a)未选中"组"选项   b)选中"组"选项

● 选中"自动旋转"复选框,可自动旋转光线的角度。

● "锐化"数值框用于设置光线的尖锐程度。比较高的数值可生成明亮清晰的光线,它的取值范围从0~10。图10-39为不同"锐化"值的比较。

a)   b)

图10-39   不同"锐化"值的比较
a)"锐化"为5   b)"锐化"为10

7)"星形"选项卡用于设置星形的相关选项,如图10-40所示。

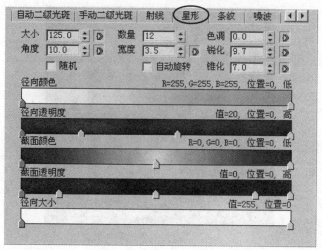

图 10-40 "星形"选项卡

- 选中"随机"复选框，可随机设置芒角在闪耀效果中心的角度间隔。
- "数量"数值框可设定星形效果中芒角的数目，默认值为 6。
- "宽度"数值框用于设置芒角的宽度。
- "锥化"数值框用于控制星形效果中芒角的锥度，默认值为 0。

8）"条纹"选项卡用于设置条纹的相关选项，如图 10-41 所示。

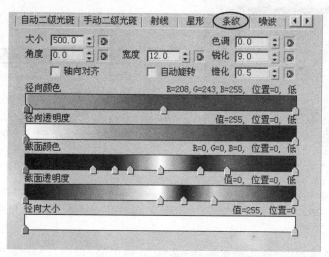

图 10-41 "条纹"选项卡

选中"轴向对齐"复选框，可强迫"条纹"和二级光斑的光轴对齐。

9）"噪波"选项卡的参数与前面所讲的相同，这里不再重复。

10.2.3 镜头效果光晕

"镜头效果光晕"可以让用户在任何被选定的对象周围增加一个发光的晕圈，如图 10-42 所示。

图 10-42 "镜头效果光晕"效果

1. 添加"镜头效果光晕"滤镜的方法

执行菜单中的"渲染 | Video Post"命令，单击 （添加场景事件）按钮，在弹出的对话框中选择渲染视图，如图 10-43 所示，单击"确定"按钮。然后单击 （添加图像过滤事件）按钮，在弹出的对话框中选择"镜头效果光晕"滤镜，如图 10-44 所示，单击"确定"按钮。

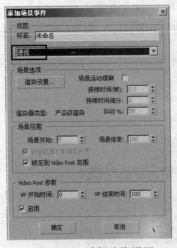

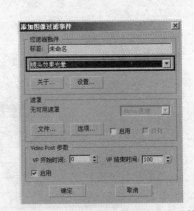

图 10-43 选择渲染视图　　　　　图 10-44 选择"镜头效果光晕"滤镜

2. 操作界面

在"队列视图"中双击"镜头效果光晕"滤镜，在弹出的"编辑过滤事件"对话框中单击"设置"按钮，进入"镜头效果光晕"设置对话框。然后单击"预览"按钮，预览如图 10-45 所示。

"镜头效果光晕"大部分参数选项卡的内容和含义与"镜头效果高光"是一致的，这里不再重复，下面主要介绍"镜头效果高光"中没有的选项卡——"噪波"选项卡。

"噪波"选项卡通过在"镜头效果光晕"滤镜的 R、G、B 色彩通道中添加随机噪声，使用户可以创建例如物体发光、爆炸和烟雾等效果，它的参数面板分为"设置"和"参数"两个选项组，如图 10-46 所示。

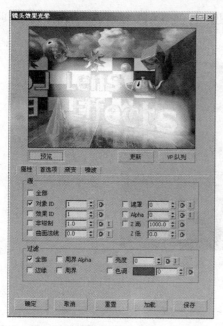

图 10-45 "镜头效果光晕"对话框

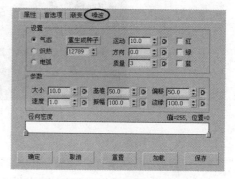

图 10-46 "噪波"选项卡

（1）"设置"选项组

"设置"选项组用于设置"噪波"的种类。

● 选中"气态"单选框，产生的噪波比较柔和，时常用来模拟云和烟雾，如图 10-47 所示。

● 选中"炽热"单选框，产生的噪波具有明亮而且清晰的边缘，时常用来模拟火焰，如
　图 10-48 所示。

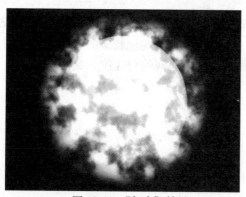

图 10-47 "气态"效果

图 10-48 "炽热"效果

● 选中"电弧"单选框，产生的噪波具有长条状卷曲的边缘，可以用来制作类似弧形闪
　电的效果，如图 10-49 所示。

● 单击"重生成种子"按钮，将重新生成一个随机噪波。

● "运动"数值框用于设定制作噪波动画时，在指定方向上噪波效果移动的速度。

● "方向"数值框用于设置运动的方向，单位为度，0 被定义为指向 12 点钟的方向。

● "质量"数值框用于设定噪波效果的质量，数值越高，质量越好。

● "红／绿／蓝"复选框用于设置是否同时使用红色／绿色／蓝色通道或只使用其中某个通道。

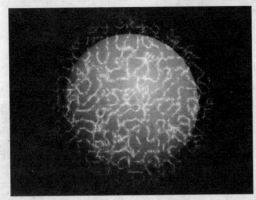

图 10-49 "电弧"效果

(2) "参数"选项组

"参数"选项组用于设置"噪波"的参数。

● "大小"数值框用于设定噪波图案的大小。比较小的数值产生小的颗粒状的噪波，比较高的数值产生比较大的更柔和的图案。

● "速度"数值框用于设置随机噪波变化的速度。数值较高时，噪波图案中会产生比较快的变化。

● "基准"数值框用于指定噪波效果的颜色亮度。比较高的数值会造成比较明亮的彩色和混乱的效果，比较低的数值会造成阴暗的、比较软的效果。

● "振幅"数值框用于控制噪波效果的最大亮度值。

● "偏移"数值框用于设置向彩色范围的某一端偏置颜色，设置为50时没有任何效果，在50以上颜色向比较明亮的方向偏移，在50以下颜色向比较暗的方向偏移。

● "边缘"数值框用于控制颜色亮的区域和暗的区域之间的对比度，高的数值产生高的对比度和明确的边缘交界。

● "径向密度"用于设置噪波效果在直径方向上的透明度。

10.3   实例讲解

本节将通过"闪闪发光的魔棒"和"发光字效"两个实例来讲解"镜头效果高光"和"镜头效果光晕"滤镜的综合应用。

10.3.1   闪闪发光的魔棒

  要点：

本例将制作一根闪闪发光的魔棒，如图 10-50 所示。学习本例，读者应掌握粒子系统、"粒子年龄"贴图和"镜头效果高光"滤镜的综合应用。

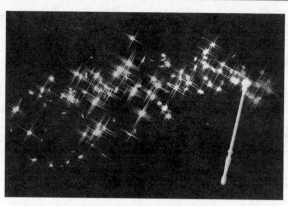

图 10-50　闪闪发光的魔棒

 操作步骤：

1．创建魔棒模型

1）单击菜单栏左侧的快速访问工具栏中的 按钮，然后从弹出的下拉菜单中选择"重置"命令，重置场景。

2）创建魔棒。方法：单击 （创建）命令面板下 （图形）中的"线"按钮，在前视图中绘制魔棒的轮廓图案。然后执行修改器中的"车削"命令，结果如图 10-51 所示。最后赋予其材质后进行渲染，效果如图 10-52 所示。

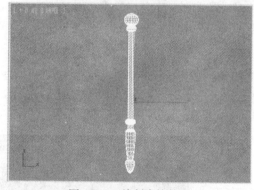

图 10-51　绘制魔棒轮廓

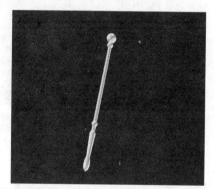

图 10-52　赋予材质后的魔棒

2．创建五颜六色的粒子

1）创建雪花粒子效果。方法：单击 （创建）命令面板下 （几何体）中"粒子系统"下拉列表里的"雪"按钮，如图 10-53 所示。然后用鼠标在视图中拖出一个雪花粒子发射器，接着进入 （修改）命令面板将"速度"设为 2，"变化"设为 1.5，"开始"设为 –30，此时视图中便出现一束雪花，如图 10-54 所示。

2）编辑雪花材质。方法：单击工具箱上 （材质编辑器）按钮，打开材质编辑器。然后选择一个空白的材质球，勾选"自发光"下的"颜色"复选框，再将数值设为 100，如图 10-55 所示。

图 10-53　单击"雪"按钮

图 10-54　视图中显示出雪花

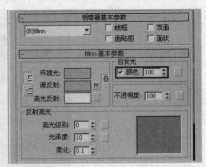

图 10-55　编辑自发光材质

3）利用"粒子年龄"贴图制作雪花随着时间的变化而出现不同颜色的效果。方法：单击"漫反射颜色"右边的按钮，然后在贴图类型列表中选择"粒子年龄"贴图，如图 10-56 所示。接着在"粒子年龄"贴图，设置面板分别将 3 个颜色窗口设置为不同的颜色，如图 10-57 所示。最后渲染视图，可以看到雪花粒子在不同的年龄段呈现出不同的颜色，如图 10-58 所示。

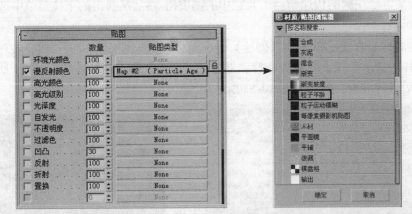

图 10-56　设置漫反射贴图

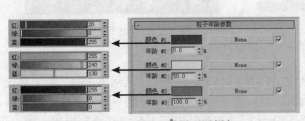

图 10-57　设置不同颜色

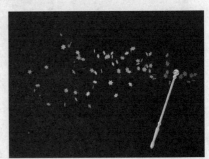

图 10-58　不同阶段出现不同颜色

3. 制作粒子的高光效果

1）赋予雪花粒子 ID。方法：在雪花粒子上单击右键，在弹出的快捷菜单中选择"属性"命令，然后在弹出的"对象属性"对话框中将"G 缓冲区 | 对象 ID"设置为 1，如图 10-59 所示，单击"确定"按钮。

　　2）执行菜单中的"渲染 | Video Post"命令，在弹出的设置面板上单击 （添加场景事件）按钮，将渲染视图设置为"透视"，如图 10-60 所示，单击"确定"按钮。然后单击 （添加图像过滤事件）按钮，设置为"镜头效果高光"，如图 10-61 所示，单击"设置"按钮，会弹出"镜头效果高光"设置对话框。

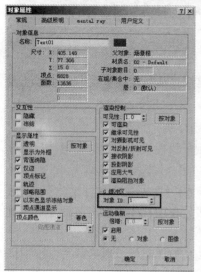
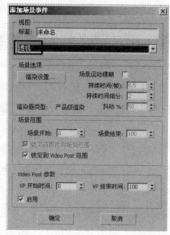

　　图 10-59　设置 ID　　　图 10-60　将渲染视图设置为"透视"　　图 10-61　选择镜头效果高光

　　3）在"镜头效果高光"设置面板上将"对象 ID"设为 1，单击"预览"按钮和"VP 队列"按钮就可以看到雪花的高亮效果，如图 10-62 所示。然后在"视频编辑工具栏"中单击 （添加图像输出事件）设定文件名、存储位置及格式等，再单击 （执行序列），稍后生成最终的效果，如图 10-50 所示。

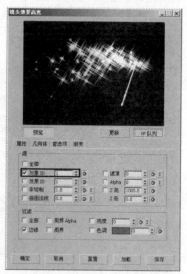

　　提示："镜头效果高光"在调节时的预视效果不能作为最后效果的参考，因为它是针对像素进行计算的，而预览窗口图像的尺寸只有320×40像素左右大小。实际渲染时，只有在渲染320×40像素的图像时效果才会与预览窗口相符，而其他尺寸则会相应地发生变化，如实际渲染图像的尺寸为640×80像素，产生光芒的区域与预览窗口相比会增多，光芒的数量也会增多。最后效果的确定要以实际尺寸的渲染为准。后面讲的"镜头效果光晕"效果也是一样的道理。

　　图 10-62　设置参数并预览

10.3.2　发光字效

　要点：

　　本例将制作发光字效，如图10-63所示。学习本例，读者应掌握目标聚光灯、路径变形（WSM）修改器和"镜头效果光晕"滤镜的综合应用。

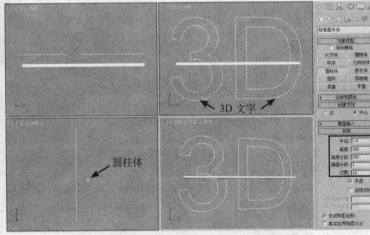

图 10-63　发光字效

 操作步骤：

　　1）单击菜单栏左侧的快速访问工具栏中的 按钮，然后从弹出的下拉菜单中选择"重置"命令，重置场景。

　　2）将总帧数调到 200 帧，选择 PAL 制，如图 10-64 所示。

　　3）建立背景。方法：在前视图中创建一个"平面"，赋予材质，然后创建一盏"目标聚光灯"照亮"平面"。

　　4）创建 3D 文字。方法：单击 （创建）命令面板下 （图形）中的"文本"按钮，在文字框内输入"3D"，在"字体"下拉菜单选择字体。然后在前视图中单击鼠标左键，此时字体的图案就出现在前视图中。

　　5）单击 （创建）命令面板中的 （几何体）按钮，进入几何体面板。然后单击"圆柱体"按钮，在左视图中建立一个"圆柱体"，半径设为 1，高度设为 100，高度分段设为 200，其他使用默认值即可，如图 10-65 所示。

　　提示：如果图形简单，可以适当减小高度分段数。如果很复杂，200（最大值）仍无法满足要求，可以通过"放样"制作，或将多个圆柱体"附加"结合在一起。

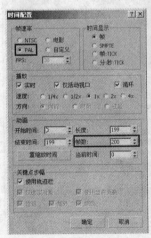

图 10-64　设置制式和总帧数　　　　图 10-65　创建 3D 图形和圆柱体

　　6）执行修改器中的"路径变形（WSM）"命令，单击"选取路径"按钮后拾取视图中"3"图形。然后单击"转到路径"按钮，结果圆柱体被放置在轮廓线上，如图 10-66 所示。

　　7）将"拉伸"值设为 0，拨动时间滑块至 80 帧，打开"自动关键点模式"按钮。然后将"拉伸"值设为 3，这时应该正好将轮廓封闭。接着关闭"自动关键点模式"按钮，拨动滑块看一下伸展效果，如图 10-67 所示。

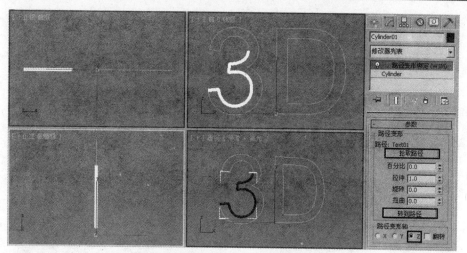

图 10-66　放置圆柱体到轮廓线上

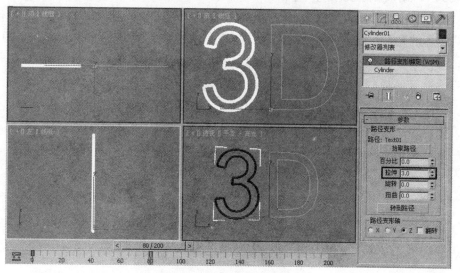

图 10-67　制作伸展动画

8）"D"的制作方法同"3"的制作方法一样。因"3"属于单轮廓图形，而"D"的轮廓是两个图形，所以需将其分离为两个独立的物体。为了先出现"3"再出现"D"，需将"D"的动画开始帧设为 80 帧。

9）为 3D 赋予光晕特效。方法：右击"3D"文字，在弹出的快捷菜单中选择"属性"命令，然后在弹出的"对象属性"面板中将"G 缓冲区"下的"对象通道"设置为 1，单击"确定"按钮。

10）执行菜单中的"渲染 | Video Post"命令，在弹出的设置面板上单击 ⚿（添加场景事件）按钮，将渲染视图设置为"透视"，如图 10-68 所示，单击"确定"按钮。接着单击 ⚿（添加图像过滤事件）按钮，设置为"镜头效果光晕"，如图 10-69 所示，单击"设置"按钮，弹出"镜头效果光晕"设置面板。

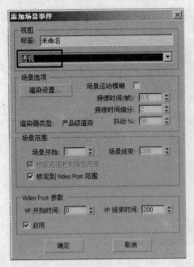

图 10-68　将渲染视图设置为"透视"

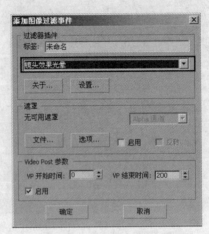

图 10-69　选择镜头效果光晕

在"属性"选项卡中将"对象 ID"设为 1，单击"预览"按钮和"VP 队列"按钮就可以看到"3D"的光晕效果，然后将"首选项"选项卡中的"大小"设为 3.0，如图 10-70 所示。

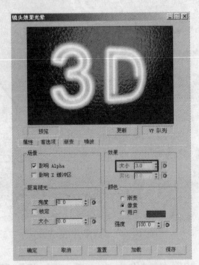

图 10-70　设置镜头效果光晕参数

11）在"视频编辑工具栏"中单击 (添加图像输出事件）按钮，在弹出的对话框中设定文件名、存储位置及格式等，再单击 (执行序列），稍后生成最终的效果，如图 10-63 所示。

10.4　习题

1．填空题

（1）Video Post（视频特效）界面分为 5 个区域，分别是 _____、_____、_____、_____ 和 _____。

（2）执行菜单中的"_____｜_____"命令，即可进入 Video Post 界面。

2. 选择题

（1）下列不属于 3ds max 2012 默认的滤镜特效类型的是哪一个？（　）

A. 镜头效果高光　　　　B. 镜头效果光斑　　　　C. 镜头效果光晕　　　　D. 运动模糊

（2）通常一个完整的后期制作至少需要 3 个事件，以下不属于这 3 个事件的是哪一个？（　）

A. 场景事件　　　　　　B. 滤镜事件　　　　　　C. 输出事件　　　　　　D. 输入事件

3. 问答题/上机练习

（1）3ds max 2012 中 Video post 滤镜有多少种，分别是什么？

（2）练习 1：通过"镜头效果高光"和"镜头效果光斑"滤镜制作高光和光斑效果，如图 10-71 所示。

（3）练习 2：利用粒子系统和"镜头效果光晕"滤镜制作礼花绽放效果，如图 10-72 所示。

图 10-71　练习 1 效果

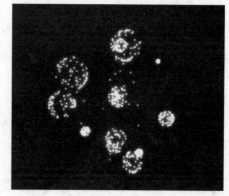

图 10-72　练习 2 效果

习 题 答 案

第1章

1. 填空题

（1）3ds max 2012 用户界面可分为<u>快捷访问工具栏</u>、<u>菜单栏</u>、<u>主工具栏</u>、<u>视图区</u>、<u>命令面板</u>、<u>动画控制区</u>和<u>视图控制区</u> 7 部分。

（2）3ds max 2012 视图区默认有 4 个视图，分别是：<u>顶视图</u>、<u>前视图</u>、<u>左视图</u>和<u>透视图</u>。

（3）3ds max 2012 的菜单栏包括<u>编辑</u>、<u>工具</u>、<u>组</u>、<u>视图</u>、<u>创建</u>、<u>修改器</u>、<u>动画</u>、<u>图形编辑器</u>、<u>渲染</u>、<u>自定义</u>、<u>MAXScript</u> 和<u>帮助</u>，共 12 个菜单。

2. 选择题

（1）答案为 B

（2）答案为 A

第2章

1. 填空题

（1）3ds max 2012 提供了 11 种二维基本样条线，它们是<u>线</u>、<u>矩形</u>、<u>圆</u>、<u>椭圆</u>、<u>弧</u>、<u>圆环</u>、<u>多边形</u>、<u>星形</u>、<u>文本</u>、<u>螺旋线</u>和<u>截面</u>。

（2）3ds max 2012 中有 10 种简单的标准基本体，它们是<u>长方体</u>、<u>圆锥体</u>、<u>球体</u>、<u>几何球体</u>、<u>圆柱体</u>、<u>管状体</u>、<u>圆环</u>、<u>四棱锥</u>、<u>茶壶</u>和<u>平面</u>。

2. 选择题

（1）答案为 B

（2）答案为 ABCD

第3章

1. 填空题

（1）"编辑样条线"修改器包括<u>顶点</u>、<u>分段</u>和<u>样条线</u> 3 个层级。

（2）二维图形布尔运算有 3 种情况，分别是<u>并集</u>、<u>差集</u>和<u>交集</u>。

2. 选择题

（1）答案为 C

（2）答案为 A

（3）答案为 A

第4章

1. 填空题

（1）对放样后的物体进行"变形"有5种方法，分别是<u>缩放</u>、<u>扭曲</u>、<u>倾斜</u>、<u>倒角</u>和<u>拟合</u>。

（2）布尔对象的运算方式有5种，分别是<u>并集</u>、<u>交集</u>、<u>差集（A–B）</u>、<u>差集（B–A）</u>和<u>切割</u>。

（3）在"连接"复合对象的"选取操作对象"卷展栏中，"选取操作对象"按钮的下面有4个单选按钮，分别为<u>参考</u>、<u>复制</u>、<u>移动和实例</u>，代表"连接"对象的4种连接方式。

2. 选择题

（1）答案为 C

（2）答案为 D

（3）答案为 BC

（4）答案为 A

第5章

1. 填空题

（1）3ds max 2012 中高级建模有4种，分别是<u>网格建模</u>、<u>面片建模</u>、<u>多边形建模</u>和<u>NURBS 建模</u>。

（2）"编辑网格"修改器是三维造型最基本的编辑修改器，分为<u>顶点</u>、<u>边</u>、<u>面</u>、<u>多边形和元素</u>5个层级。

2. 选择题

（1）答案为 ABCD

（2）答案为 ABCD

第6章

1. 填空题

（1）材质编辑器可分为<u>样本球区</u>、<u>编辑工具区</u>和<u>材质参数控制区</u>3部分。

（2）在 3ds max 2012 中，材质编辑器的作用就是表示对象是由什么材料组成的，而对象表面的质感就要通过不同的阴影来表现。3ds max2012 中的材质由8种阴影模式组成，分别是 <u>Blinn</u>、<u>Oren-Nayar-Blinn</u>、<u>Phong</u>、<u>Strauss</u>、<u>半透明明暗器</u>、<u>各向异性</u>、<u>多层和金属</u>。

2. 选择题

（1）答案为 C

（2）答案为 ABCD

第7章

1. 填空题

（1）在 3ds max 2012 灯光面板的下拉列表中，有<u>标准</u>和<u>光度学</u>两种灯光类型。

（2）雾的类型有两种，分别是<u>标准</u>和<u>分层</u>。

2. 选择题

（1）答案为 D

（2）答案为 AC

第8章

1. 填空题

（1）轨迹视图有<u>曲线编辑器</u>和<u>摄影表</u>两种不同的模式。

（2）动画控制器按参数类型分类可分为<u>单一参数型</u>和<u>复合参数型</u>两种类型。

2. 选择题

（1）答案为 A

.（2）答案为 A

第9章

1. 填空题

（1）3ds max 2012 中粒子系统共有 7 种粒子，分别是 <u>PF Source</u>、<u>喷射</u>、<u>雪</u>、<u>暴风雪</u>、<u>粒子云</u>、<u>粒子阵列</u>和<u>超级喷射</u>。

（2）3ds max 2012 中空间扭曲工具分为 5 类，分别是<u>力</u>、<u>导向器</u>、<u>几何 / 可变形</u>、<u>基于修改器</u>、<u>粒子和动力学</u>。

2. 选择题

（1）答案为 A

（2）答案为 D

第10章

1. 填空题

（1）Video Post（视频特效）界面分为 5 个区域，分别是<u>编辑工具栏</u>、<u>队列视图</u>、<u>时间编辑视图</u>、<u>视图控制工具</u>和<u>状态栏</u>。

（2）执行菜单中的"<u>渲染 | Video Post</u>"命令，即可进入 Video Post 界面。

2. 选择题

（1）答案为 D

（2）答案为 D